橡胶制品行业 排污许可证管理

申请·核发·执行·监管

卢志强　王文美　邹克华　主编

化学工业出版社

·北京·

内容简介

本书以橡胶制品行业排污许可证申请、核发、执行、监管为主线，在我国全面构建以排污许可制为核心的固定污染源监管制度体系背景下，主要介绍了橡胶企业排污许可证申请流程、填报方法以及持证排污的注意事项，指明了各级环境管理职能部门事中、事后监管的相关要求；同时，阐述了国内外排污许可制度体系现状，分析了行业生产与产排污特征，梳理了行业环境政策标准与排污许可制度的衔接，提出了行业污染防治技术，旨在明确排污主体责任、提高环境污染防治与监管效能，为行业全面顺利落实排污许可制度提供技术支撑。

本书理论与实践并重、内容翔实、重点突出，具有较强的针对性、应用性和参考价值，可供从事环境污染控制、行业减污降碳等的工程技术人员、科研人员和管理人员参考，也可供高等学校环境科学与工程、生态工程、材料工程、化学工程及相关专业师生参阅。

图书在版编目（CIP）数据

橡胶制品行业排污许可证管理：申请·核发·执行·监管/卢志强，王文美，邹克华主编.—北京：化学工业出版社，2022.12

ISBN 978-7-122-42307-8

Ⅰ.①橡… Ⅱ.①卢…②王…③邹… Ⅲ.①橡胶工业-排污许可证-许可证制度-研究-中国 Ⅳ.①X783.3

中国版本图书馆CIP数据核字（2022）第201916号

责任编辑：刘兴春 刘 婧　　　　　　文字编辑：王丽娜
责任校对：田睿涵　　　　　　　　　　装帧设计：韩 飞

出版发行：化学工业出版社（北京市东城区青年湖南街13号　邮政编码100011）
印　　装：北京天宇星印刷厂
787mm×1092mm　1/16　印张16¼　字数371千字　2023年5月北京第1版第1次印刷

购书咨询：010-64518888　　　　　　售后服务：010-64518899
网　　址：http://www.cip.com.cn
凡购买本书，如有缺损质量问题，本社销售中心负责调换。

定　　价：98.00元

《橡胶制品行业排污许可证管理：
申请·核发·执行·监管》

编 委 会

前　言

生态环境是人类生存最为基础的条件，也是我国持续发展最为重要的基础。党的十八大以来，以习近平同志为核心的党中央以前所未有的力度大力推进生态文明理论创新、实践创新、制度创新。排污许可制作为提高环境管理效能、改善环境质量的重要制度保障，是深入贯彻习近平同志生态文明思想的重要体现。党的十九届四中全会审议通过的《中共中央关于坚持和完善中国特色社会主义制度 推进国家治理体系和治理能力现代化若干重大问题的决定》要求，构建以排污许可制为核心的固定污染源监管制度体系。党的十九届五中全会审议通过的《中共中央关于制定国民经济和社会发展第十四个五年规划和二〇三五年远景目标的建议》提出，全面实行排污许可制。党中央把排污许可制定位为固定污染源环境管理核心制度，凸显了这项制度的极端重要性。

全面实施排污许可制度是党中央、国务院从推进生态文明建设的全局出发，全面深化环境治理基础制度改革的一项重要部署。2016 年 11 月，国务院办公厅印发了《控制污染物排放许可制实施方案》（国办发〔2016〕81 号），标志着我国排污许可制度改革进入实施阶段，全国上下紧紧围绕"以环境质量改善为核心，将排污许可制度建设成为固定污染源环境管理的核心制度"的目标，逐步落实各项举措；2021 年 1 月，国务院正式发布《排污许可管理条例》（国令 第 736 号），从此确立了排污许可的法律地位。自全面启动排污许可制改革以来，截至 2020 年年底已基本实现了固定污染源排污许可全覆盖，管控大气污染物排放口 172.9 万个、水污染物排放口 128.3 万个，制度的先进性和生命力在实践中日益显现，而持证排污、依法监管等证后工作亦犹如箭已在弦。

我国是全球最大的橡胶制品工业国，产业分布广泛、企业数量众多、产品种类齐全、原辅材料和生产工艺复杂多样、产排污特点鲜明。作为国民经济的重要基础和战略资源，橡胶制品行业落实排污许可制度的重要性不言而喻。"十三五"期间，以深化供给侧结构性改革为主线，行业经济行稳致远，质量和效益持续改善，大国地位更加巩固。行业经济稳步向好的同时实现更高质量、更有效率、更为健康、更可持续的绿色发展，是橡胶工业大国向工业强国发展的关键。"十四五"时期我国将进入新发展阶段，深入贯彻新发展理念，加快构建新发展格局，推动高质量发展，创造高品质生活，对行业加强生态文明建设、加快推动绿色低碳发展也提出了新的要求。

排污许可制度包括排污许可证的申请、核发、实施、监管多个环节，各阶段都需要相应的技术规范作为支撑。本书基于《排污许可证申请与核发技术规范 橡胶和塑料制品工业》（HJ 1122—2020）研究制定工作，立足于行业落实排污许可制度的实际需求，为全国橡胶企业、各级环境管理部门以及从事环境检测、治理、咨询、科研、教学等企事业单位送"政策"、送"技术"、送"方案"，以保障企业顺利申领排污许可证及依证合规排污，强化企业环境治理的主体责任意识，加强建立从过程到结果的完整守法链条，推动从"要我守法"向"我要守法"转变，全流程、多环节促进企业改进治理和管理水平，主动减少污染物排放，助力形成绿色生产方式，同时为核发权力机关审核确定排污许可要求及证后监管提供参考。

本书以讲解橡胶制品工业排污许可证申请与核发要点以及指引如何做好持证排污、依证监管等内容为主线，大致可分为两部分：第一部分包括第 1 章～第 4 章，为排污许可基础知识内容；第二部分包括第 5 章～第 8 章，为排污许可专业技术内容。本书主要介绍了橡胶企业排污许可证申请流程、填报方法以及持证排污的注意事项，指明了各级环境管理职能部门事中、事后监管的相关要求，阐述了国内外排污许可制度体系现状，分析了行业生产与产排污特征，梳理了行业环境政策标准及其与排污许可制度的衔接，提出了行业污染防治技术，旨在明确排污主体责任、提高执法监管效能，为行业全面顺利落实排污许可制度提供技术支撑。书中理论与实践并重、内容翔实、重点突出，穿插典型案例，力图全面、清晰地为读者提供一个从理论到实践的完整的排污许可知识体系。可供从事环境污染控制、行业减污降碳等的工程技术人员、科研人员和管理人员参考，也供高等学校环境科学与工程、生态工程、材料工程、化学工程及相关专业师生参阅。

本书由天津市生态环境科学研究院、国家环境保护恶臭污染控制重点实验室、中国橡胶工业协会组织编写，卢志强、王文美、邹克华任主编，张志扬、朱红、孟洁任副主编，具体编写分工如下：第 1 章由邹克华、韩萌、王治民编写；第 2 章由王文美、陈璐、杨伟华编写；第 3 章由朱红、董文敏、裴雨飞编写；第 4 章由卢志强、黄丽丽、翟友存编写；第 5 章由孟洁、卢志强、翟增秀编写；第 6 章由肖咸德、荆博宇、曹阳编写；第 7 章由张志扬、张目全、朱明奕编写；第 8 章由孟洁、王文美、宁晓宇编写。全书最后由卢志强、孟洁等统稿并定稿。在组织编写、出版过程中，中国橡胶工业协会及橡胶制品企业为本书提供了大量数据、图片和资料；本书的出版也受到了化学工业出版社的高度重视和鼎力支持，责任编辑和相关工作人员为此辛勤付出，在此一并表示诚挚的感谢！此外，本书内容的选材来自笔者看到的各类国内外专著、文献和会议资料以及编者的学习与科研心得，在此特向这些专著、文献资料的作者表示衷心的感谢！

尽管每位编者在各自领域有着相关研究经历，但由于新政策、新技术、新材料、新工艺的不断涌现，仍不能覆盖所有前沿领域，同时限于编者水平及编写时间，书中难免存在疏漏和不足之处，尚祈读者不吝赐教。

编者

2022 年 5 月

目　录

第 1 章

概　述

　　排污许可制度是以改善环境质量为目标，以污染物排放总量控制为基础，依法规范企事业单位排污行为的基础性环境管理制度，不仅包括排污单位申报登记、排污指标规划分配和排污许可证申请核发，还包括对执行情况的监督检查等内容，与环境影响评价衔接形成了一种对企事业单位环境行为事前、事中、事后的管理模式。排污许可制度作为固定污染源环境管理的核心制度，在管理时段方面，贯穿项目建设和运营的"全生命周期"，以排污许可制度为平台和抓手，整合其他相关环境管理制度，建立起"一证式"的污染源审批监管制度；在管理对象方面，排污许可证中包含大气、水、固体废物、环境风险等多种环境要素的排污行为规范；在管理内容方面，以排污许可证为载体，将各项环境管理制度进行关联整合，消除重复规定，统一环境管理数据，建立有机统一、精简高效的环境管理制度体系。

1.1　国外排污许可制度

　　排污许可制度是国际通行的一项环境管理基本制度，许多国家，特别是发达国家，经过不断发展和完善，使这一环境管理制度能够有效控制环境污染，改善环境质量。美国、欧盟等国家和地区排污许可制度的法律地位普遍较高，制度规定较为全面，法律责任较为严格。我国排污许可制度起步较晚，因此学习和借鉴国外相关立法和实施经验是十分必要的。

1.1.1　美国

　　排污许可制度在美国水、大气管理等多个领域得到广泛应用，并取得了显著成果，被认为是美国环境管理最为有效的措施之一。美国的排污许可制度最早确立于水污染防治领域。1972 年 11 月，美国国会正式通过《联邦水污染控制法修正案》，美国排污许可制度由此正式确立。其后，美国国会于 1977 年对该法案进行修订，最终形成美国防治水污染和实施水污染排污许可制度的法律基础，即《清洁水法》。1990 年，借鉴《清洁水法》，美国国会又修订《清洁空气法》，确立了针对大气污染物排放的许可制度。该制度实施后，颗粒物、臭氧、一氧化碳、二氧化氮和二氧化硫等大气污染物排放量明显降低，有效保护了公众健康并改善了空气质量。

排污许可制度是美国污染控制和污染源管理的核心制度，其具有以下特点。

① 利用排污许可证实现对污染源的"一证式"管理。美国政府对污染对象实施强制性的行政管理职能，这主要体现在执法和处罚及排污许可证的发放管理方面。与我国生态环境管理部门相同，审核、发放、监督排污许可证也是美国环保部门的一项重要行政工作，如果说在我国控制新增污染手段是"不予审批环境影响评价文件"，在美国相应的就是"不予核发排污许可证"。在美国排污许可证是前置审批程序，但它持续延续，贯穿污染源管理的始终。排污单位项目建设前要申请排污许可证，建成后依然以排污许可证为主要依据对排污单位进行监管，实现项目前期审批和中后期运营监管的有效衔接。

② 排污许可证是环保部门与排污单位的桥梁和纽带。美国排污许可证的实施能够促使污染物达标排放，最终使整体环境质量改善。排污许可证同时在美国环境保护行政部门和监管企业之间起到了纽带作用，排污许可证是环保部门对排污单位实施具体的环保监管及检查站执法行为的最重要依据。

③ 排污许可制度提供了实施其他相关环境管理制度的平台。在美国的大气、水污染防治体系中，诸如排污申报、总量控制、行政处罚、排污权交易等多种管理制度，最终都通过排污许可证的操作付诸实施。排污许可制度是其他环境管理制度的承载形式和操作平台，它整合了所有环境管理制度，为美国环境管理提供规范化、系统化的制度支撑。

1.1.2 欧盟

1996 年，欧盟颁布《综合污染预防与控制指令》（Integrated Pollution Prevention and Control Directive，IPPC），表明了欧盟开始采用综合许可证制度，以期对各种环境要素中的污染物进行统一控制。IPPC 作为综合性的污染控制指令，其目标是对环境实施综合管理，预防或减少对大气、水体、土壤等的污染，控制工业和农业设施的废物产生量，确保提高环境保护的水平。

IPPC 的核心要求是要根据经济可达的最佳可行技术（best available technology economically achievable，BAT）对指定行业的污染设施发放综合许可证。IPPC 的核心内容包括环境标准、最佳可行技术应用、许可证制度、环境检查等，其中许可证制度作为一项关键制度，要求欧盟成员国对具有高污染可能性的工农业活动所颁发的许可证及其条款能够确保"有效的综合方法"的运用。

此后，欧盟先后颁布了针对不同行业污染排放的指令。2010 年，欧盟将 IPPC 与工业污染排放控制相关的指令整合为 2010/75/EU 指令，即《欧盟工业排放指令》（Industrial Emission Directive，IED），要求各国将该指令纳入国内法律体系。

欧盟的排污许可制度特点可概括为以下几点。

① 综合性。欧盟将环境作为一个整体，其排污许可制度涵盖水、大气、土壤等所有领域，并以排污设施为单位，综合考虑排污设施所排放的全部污染物对环境的影响，以及废物产生和处理、能源使用效率、噪声污染、事故预防以及排污场地关闭后的修复等。

② 灵活性。IPPC 规定欧盟各成员国的主管机构可在评估环境因素与技术水平的基础上，在一定范围内允许排污者采取灵活的排放设施，并将排污成本及结果记录在案，这种制度设计的目的在于鼓励新兴技术在实践中的应用。

③ 强制性。IPPC 要求欧盟各成员国建立环境监察制度，主管机构根据发放许可证前对排污设施所做评价，定期进行监察。排污者有自行监测并向主管机构报告监测结果的义务。此外，欧盟委员会可在必要时检查排污设施的监测情况，并对许可证发放情况进行监督和管理。

④ 公众参与性。1970 年欧洲共同体理事会通过了《关于自由获取环境信息的指令》（Freedom of Access to Information on the Environment），该指令要求欧盟各成员国制定自由取得环境信息的法律义务，其目的在于使环境法令的适用过程透明化，并间接影响国家环境政策与相关的环境措施。

1.1.3　瑞典

排污许可制度于 20 世纪 70 年代最早在瑞典得以应用。瑞典《环境保护法》在 1969 年颁布、1995 年修订，该法用 30 个法律条文对排污许可制度做了详尽的规定；1999 年，更名后的《瑞典环境法典》对排污许可制度做了更全面、更严格的规定，建立了系统、完善的排污许可制度，确立了该制度的基本法律地位。此外，通过配套法律的完善，瑞典的排污许可制度在环境质量标准制度、环境影响评价（简称环评）制度、环境监管制度、环境补偿和赔偿制度及环境保险制度等的配合下，做到了对污染物产生、处理及排放的管理，以保证排污许可制度成为瑞典最重要的环境管理制度。

瑞典的排污许可制度取得良好的实施效果主要得益于完善的法律制度、环境法庭的作用、综合许可全过程的管理、信息公开与公众参与、先进技术的应用等方面。瑞典综合排污许可制度具有以下特点。

① 完善的审批流程与配套制度。瑞典数年来排污许可制度的实践形成了完善的排污许可申请审批流程及严格的审批标准。瑞典的排污许可制度在环境质量标准制度、环境影响评价制度、环境监管制度、环境补偿和赔偿制度及环境保险制度等的配合下，做到了对污染物排放的事前、事中及事后的管理，以保证排污许可制度成为瑞典最重要的环境管理制度。

② 环境法庭审批制度。在机构设置方面，瑞典为环境管理设立了专门的机构，如国家环境最高法庭等，作为审理环境保护案件的专门机构，以确保法典得到有效执行。另外，在执法手段方面，瑞典环境法庭通过在审批过程中加入公开听证活动来确保许可

证的发放公正合法。

③ 综合许可全过程管理。因企业在环境排污方面的特殊性，瑞典对企业的排污管理采取特殊的管理制度——综合排污许可的管理制度，以达到控制和减少企业污染的目的。它按排污活动对环境影响的大小做出详细的分类，并归给不同行政级别的部门管理。该制度要求企业根据其需求从改扩建开始，就主动通过环境影响评价等活动向相关部门证明其企业活动不会对环境造成不利影响，以确保其通过排污许可证的申请审核，获得许可证。这一要求将环境部门对企业环境行为的监管延伸至建设阶段。

④ 成熟的信息公开和公众参与机制。管理部门、公众和企业可全面参与监督，瑞典公众参与贯穿于许可证审核、颁发的整个过程。另外，环境监测也贯穿这一制度始末。环境监测的实现除了监管部门的监测以外，主要依靠企业的自我监测，企业被要求在进行自我监测的同时定期修正、更新监测方法，并及时向监管部门提交监测报告。

⑤ 最佳可行技术。最佳可行技术是不同行业环境管理的重要依据之一。该文件统计、分析了行业概况、生产技术水平、能源利用与消耗、污染防治能力和水平以及排污状况，从宏观层面提出了行业污染排放水平，为排污许可证审批提供了技术参考文件。

1.1.4　日本

日本环境法律虽未直接使用"排放污染物许可证"的概念，但《大气污染防治法》《水质污染防治法》《噪声控制法》等法律规定了"申报—审查—认可—遵守"的程序以及违规处罚的内容。法律文本主要规范了"排污申报"和许可程序环节，明确环保部门需对符合法律规定的企业出具一份排污申报的"认可证明"材料，即一般意义上的排污许可证。

与其他国家排污许可制度在环境保护制度中的地位相比，日本将总量控制制度作为环境保护的核心制度，同时以排污申报制度作为辅助。日本总量控制目标值的确定过程是由技术水平决定总量控制目标的自下而上过程。区域总量控制目标是基于技术水平，由国家、地方和企业充分考虑地方和企业的执行能力后，提出的目标控制量。总量控制要求排污企业达到所属行业和工业设施类型的 C 值（污染物排放浓度），并不涉及具体减排任务。日本同时实行排污申报制度，申报企业需要向环境管理部门提交污染物产生与排放情况、治理设施设置与运行情况、污染源监测情况等。

1.1.5　澳大利亚

澳大利亚自 20 世纪 90 年代末期开始实施排污许可证管理，各州自治，其中以新南威尔士州最为典型，其排污许可制度较为完善，亦颇具代表性。1999 年，澳大利亚新南威尔士州的排污许可体系基于州《环境保护操作法案》建立，该法案包括多个法规以及行动计划。《环境保护操作法案》取代了《清洁空气法》《清洁水法》《污染控制行动》《废物减量化和管理法》《噪声控制行动》《环境犯罪和处罚法》等多个单项法案，整合了受单项法案约束的企业排污行为，不仅奠定了综合排污许可制度的法律基础，而且详细规定了排污许可证的核发对象、程序、权限和收费标准等具体要求。排污许可证涵盖大气、水、废物和噪声控制，属于典型的综合许可证。

新南威尔士州的排污许可证实施分级管理，《环境保护操作法案》根据项目的性质、规模以及对环境影响的大小，确定了一份行业清单，不同项目由不同级别的部门核发排污许可证。许可证载明了污染物排放标准、排放量，通常还要求相应的监测与记录、年度申报、环境审计、资金保障、环境管理、日常合规管理等。澳大利亚的排污许可证收费情况与企业实际排污量挂钩。新南威尔士州的排污许可制度主要采用基于污染物排放负荷的许可方法。其在设定企业污染物排放限值时，将企业许可费用和实际排放量结合，并规定许可费用与实际排放量成正比。若实际排放量超过排放限值，超出排放限值部分将按照双倍许可费用收取。公众参与、监督是新南威尔士州发放排污许可证的重要环节，公众意见是排污许可申请材料的必要附件之一，公众可通过特定渠道查阅排污许可证申请、发放、变更、收费等信息；企业依法获得豁免权的相关材料、诉讼情况、环境审计报告、环境保护整改通知、部分环境监测结果均需要对公众公开。

澳大利亚排污许可制度的特点主要包括各州排污许可证管理自治、许可证发放对象包括固定源和移动源、"一证式"管理、排污许可证收费与实际排污量挂钩、公众参与贯穿始终。

1.2 中国排污许可制度

1.2.1 排污许可制度的诞生

20 世纪 80 年代至 20 世纪末，环境管理以实施水污染物排放总量控制为目的，我国排污许可制度的实践主要围绕水污染物排放展开，其主要作为实现污染物总量控制的政策工具，而非法律制度。1985 年，《上海市黄浦江上游水源保护条例》的颁布标志着我国排污许可制度正式开始了法律化的进程。1988 年，国家环保局发布了《水污染物排放许可证管理暂行办法》，首次从国家层面规定了排污许可制度，要求全国各地在允许排污许可之前必须进行申报登记，再由地方环境保护行政主管部门根据每个区域经济、环境保护发展状况的差异，分批分期对重点污染源和重点污染物实行排放许可制度。

1989 年，国家环保局颁布了《中华人民共和国水污染防治法实施细则》，该实施细则提出了排污许可证颁发的 2 种情况：a. 对于不超过水污染物排放标准的企业予以发放排污许可证；b. 对于超过水污染物排放标准的企业责令其限期整改，在整改期间所必须排放的污染物，必须符合临时排污许可证的要求。随着我国对水污染排放制度的深入研究和全国各地试点经验的增多，1996 年，全国人大常委会修正的《水污染防治法》出台，扩大了污染源的管理范围，加大了违法排污的处罚力度，系统规定了水污染防治领域的排污许可制度。

在这一时期，我国环保法和行政法都未规定排污许可，导致其法律依据较为薄弱，因此排污许可制度的发展也有很多困境。具体体现在，排污许可制度的定位不明确，排污主体的违法排污行为所应承担的责任没有被落实，以及环境保护部门的监管不力。这些问题都使得排污许可制度在这一时期的成效未能完全发挥。

1.2.2 排污许可制度的发展

2000~2013 年是以排污许可证为手段的污染防治管理时期。在这一时期，我国《大气污染防治法》确立了排污许可制度，排污许可制度不止在水污染防治领域，在大气污染防治领域也开始运用。排污许可证的发放和监督管理变得有法可依，并且初现"一证式"的管理模式。

2000 年 3 月，国务院在《水污染防治法实施细则》中再次规定了排污许可制度。2000 年 4 月，全国人大常委会修订《大气污染防治法》，其中，第十五条规定了大气污染物排放许可制度。同时，为了推进水污染排放许可证制度的发展，国家环境保护总局于 2001 年 7 月发布《淮河和太湖流域排放重点水污染物许可证管理办法（试行）》，对水污染物排放许可制度做出了较为具体的规定，明确了重点水污染物排放不得超过水污染物排放标准和总量控制指标的"双达标"要求，并详细列出了申请排污许可所需的条件和材料，规定了环保部门的审查和监督职责，以及对违反规定的处罚。

为探索以环境容量为基础、以排污许可证为管理手段的"一证式"污染防治管理体系，国家环境保护总局于 2004 年 1 月发布了《关于开展排污许可证试点工作的通知》，决定在唐山等六地市开展排污许可证试点工作，以便为完善排污许可制度提供实践经验。但在实践中各地发证工作进展缓慢，政府不积极、企业不重视。除局部地区外，许可证的实施对于区域环境质量的改善并未产生直接的作用。

2003 年，全国人大常委会通过《行政许可法》，正式确立了行政许可制度。国家环保总局于 2004 年 6 月发布了《环境保护行政许可听证暂行办法》，对环境行政许可制度做出程序上的规定。2004 年 8 月，国家环境保护总局发布《关于发布环境行政许可保留项目的公告》，公布了由环保部门实施的行政许可项目，其中涉及排污许可的行政许可事项有排污许可证（大气、水）核发、向大气排放转炉气等可燃气体的批准等。2008 年 1 月，为满足排污许可管理实践的需求，国家环境保护总局发布了《关于征求对〈排污许可证管理条例〉（征求意见稿）意见的函》，但该条例未通过。2008 年 2 月，全国人大常委会修订《水污染防治法》，其中第二十条明确规定了国家实行排污许可制度。至此，大气污染物排污许可制度和水污染物排污许可制度在法律上得到正式确立。

在发展阶段，排污许可制度具有如下特点：a. 在法律依据方面，国家法律逐步写入排污申报制和排污许可制，水污染物、陆源污染物向海排放和大气污染物的排放许可先后得到了国家法律和行政法规的确认和规定，试点地方也开展了排污许可立法工作；b. 在推行范围方面，在地方开展了一系列试点，但尚未在全国范围推行；c. 在许可种类方面，从针对水或大气污染的单一许可开始转变为探索综合许可；d. 在许可对象方面，仍然只针对重点污染源，许可事项只包含重点污染物排放。

1.2.3　排污许可制度的形成

2013 年至今，"一证式"排污许可制度逐渐成熟。不同于前一阶段排污许可制度的分开管理，本阶段系统提出了排污许可制度改革的顶层设计，明确了排污许可制度建设在固定污染源环境管理中的核心地位，基本形成对固定污染源的"一证式"管理。

自十八大以来，生态文明建设被提高到了前所未有的高度，排污许可制度作为生态文明建设的一项关键制度也受到前所未有的重视。《中共中央关于全面深化改革若干重大问题的决定》《关于加快推进生态文明建设的意见》《生态文明体制改革总体方案》《国民经济与社会发展"十三五"规划纲要》先后强调要完善排污许可制度。2016 年 11 月 10 日，国务院办公厅正式发布《控制污染物排放许可制实施方案》（国办发〔2016〕81 号），提出了全面推行排污许可制度的时间表和路线图。上述政策明确了我国排污许可立法的基本方向和主要内容。

《环境保护法》《大气污染防治法》《水污染防治法》先后对排污许可制度做出规定，为我国排污许可制度的完善奠定了法律基础，同时也搭建了排污许可法律体系的基本框架，而环保部制定的《排污许可证管理暂行规定》《排污许可管理办法（试行）》则为排污许可制度的实施提供了具体的指引。与此同时，排污许可制度改革实践也在大力推进。2017 年 7 月，火电、造纸两个行业率先完成排污许可证的核发工作，进入监督检查阶段，其他行业的排污许可证核发工作也在快速推进。尤为重要的是，自党中央提出生态文明建设以来，环保工作受到高度重视，排污许可制度在这一阶段也得到了各级政府的大力支持。

至此，我国排污许可制度体系已经基本成型，其法律依据也已经初步具备，且国家政策大力支持，全国各省市的实践成效大幅度提升，为形成"一证式"的排污许可制度积累了大量的经验，奠定了良好的基础。从制度本身的发展情况来说，这一阶段的排污许可制度将企业的生产经营信息、排污许可证记载的内容与环境部门的管理要求这三者有机结合，不仅加强了对固定污染源实施全程管理，也在一定程度上改进了对多种污染物的协同控制。但是改革的大幕才刚刚拉开，任务仍然十分艰巨，除了要对排污许可制度的核心地位进行进一步的确认，还要不断探索其与其他环境管理制度的融合渠道，健全排污许可的监管体制，不断强化企业的责任。

我国排污许可制度发展历程如图 1-1 所示。

1.2.4　排污许可制度的未来展望

随着生态文明体制改革的持续深化，作为其中一部分的固定污染源环境管理制度改革也必将在整体的机构、职能、制度改革中理顺关系，调整到位。随着固定污染源的清理与排污许可证核发的全行业推进，下一步的工作也已如箭在弦。

① 创新理念思维，实现许可管理全覆盖。排污许可制度改革的基础是实现固定污染源排污许可全覆盖，既包括所有行业企业全覆盖，也包括所有环境要素全覆盖，更包括陆域、流域、海域全覆盖。例如，依法将噪声纳入排污许可管理，开展将温室气体纳

图 1-1 我国排污许可制度发展历程

入许可体系协同管理的可行性及实施路径研究，将入河入海排污口、海洋污染源等纳入排污许可管理等，这些工作需要强化改革理念创新、思路创新和机制创新。

② 深度衔接融合，发挥核心制度效能。通过研究，解决固定污染源制度衔接在法律法规体系、管理体系、技术体系等方面存在的问题，打通固定污染源全过程管理体系和技术体系，形成"环评管准入、许可管排污、执法管落实"的全新固定污染源管理体系。进一步深化排污许可制度与环境影响评价制度、总量控制制度、环境统计、环境税、环境执法等其他环境管理制度的有效衔接融合，夯实排污许可制作为固定污染源环境管理核心制度的基础。

③ 严格依证监管，完善污染源监管制度体系。在固定污染源全覆盖基础上，生态环境管理部门要实现依证监管，将排污许可证执行情况纳入强化监督检查内容，督促地方严格排污许可执法监管；继续严厉打击无证排污、不按证排污的违法行为，处罚、曝

光违法企业，形成严管重罚的强大震慑，营造良好的社会氛围，推动实现"规范一个行业，达标一个行业"的管理目标。

历史的车轮滚滚向前，改革开弓没有回头箭。排污许可制度本身，不仅是经历了工业化过程的各国验证了的科学有效的管理工具，也是我国环保事业发展到一定阶段之后的必然选择，是环保管理由粗放转向精细化，由"保姆式"转向法治化的结果。排污许可制改革不仅是环保管理现代化建设的一部分，也是现代企业制度建设的一部分，是实现行业经济高质量发展的制度保障，是整个经济社会成熟化的必经之路。

第2章

法规政策与制度体系

2.1　法规政策

党中央、国务院高度重视排污许可管理工作。党的十八大和十八届三中、四中、五中全会均提出要求完善污染物排放许可制,《中共中央关于全面深化改革若干重大问题的决定》提出,完善污染物排放许可制,实行企事业单位污染物排放总量控制制度;《中共中央国务院关于加快推进生态文明建设的意见》提出,完善污染物排放许可证制度,禁止无证排污和超标准、超总量排污;《生态文明体制改革总体方案》提出,完善污染物排放许可制,尽快在全国范围建立统一公平、覆盖所有固定污染源的企事业排放许可制,依法核发排污许可证,排污者必须持证排污,禁止无证排污或不按许可证规定排污;《中共中央关于制定国民经济和社会发展第十三个五年规划的建议》提出,改革环境治理基础制度,建立覆盖所有固定污染源的企事业单位排放许可制。特别是近年来,党的十九届四中全会审议通过的《中共中央关于坚持和完善中国特色社会主义制度　推进国家治理体系和治理能力现代化若干重大问题的决定》要求,构建以排污许可制为核心的固定污染源监管制度体系。党的十九届五中全会审议通过的《中共中央关于制定国民经济和社会发展第十四个五年规划和二〇三五年远景目标的建议》提出,全面实行排污许可制。

为加强排污许可法制化,我国 2014 年修订的《中华人民共和国环境保护法》、2018年修正的《中华人民共和国大气污染防治法》、2018 年颁布的《中华人民共和国土壤污染防治法》、2020 年修订的《中华人民共和国固体废物污染环境防治法》等均进一步明确提出实行排污许可管理制度,较原法律有了更为具体的规定和更为严厉的处罚;为了能够更好地规制企业的排污行为,对固定污染源排放进行约束和控制,我国制定了《排污许可管理条例》(国令 第 736 号),于 2021 年 3 月 1 日起施行,明确了控排企业"违证排污"的法律责任。此外,2016 年 11 月,国务院办公厅印发《国务院办公厅关于印发控制污染物排放许可制实施方案的通知》（国办发〔2016〕81 号），标志着我国的排污许可制度改革正式启动。为落实该方案，环境保护部（现为生态环境部）于 2016 年 12 月发布《排污许可证管理暂行规定》（环水体〔2016〕186 号），并在该文件基础上，认真总结火电、造纸行业先行先试的成功经验，于 2018 年 1 月 10 日环境保护部发布《排污许可管理办法（试行）》（部令　第 48 号），该管理办法是对《排污许可证管理暂行规定》的延续、深化和完善，使得排污许可证申请、核发、执行、监管全过程的可操作性进一步提高。这些法规政策的陆续出台，为我国排污许可制的发展完善奠定了坚实的法治基础。

2.1.1　法律法规

（1）《中华人民共和国环境保护法》

1989 年 12 月 26 日第七届全国人民代表大会常务委员会第十一次会议通过，2014 年 4 月 24 日第十二届全国人民代表大会常务委员会第八次会议修订。

第四十五条规定，国家依照法律规定实行排污许可管理制度。实行排污许可管理的企业事业单位和其他生产经营者应当按照排污许可证的要求排放污染物；未取得排污许可证的，不得排放污染物。

第六十三条规定，违反法律规定，未取得排污许可证排放污染物，被责令停止排污，拒不执行的企业事业单位和其他生产经营者，尚不构成犯罪的，除依照有关法律法规规定予以处罚外，由县级以上人民政府环境保护主管部门或者其他有关部门将案件移送公安机关，对其直接负责的主管人员和其他直接责任人员，处十日以上十五日以下拘留；情节较轻的，处五日以上十日以下拘留。

（2）《中华人民共和国大气污染防治法》

1987 年 9 月 5 日第六届全国人民代表大会常务委员会第二十二次会议通过，根据 1995 年 8 月 29 日第八届全国人民代表大会常务委员会第十五次会议《关于修改〈中华人民共和国大气污染防治法〉的决定》第一次修正，2000 年 4 月 29 日第九届全国人民代表大会常务委员会第十五次会议第一次修订，2015 年 8 月 29 日第十二届全国人民代表大会常务委员会第十六次会议第二次修订，根据 2018 年 10 月 26 日第十三届全国人民代表大会常务委员会第六次会议《关于修改〈中华人民共和国野生动物保护法〉等十五部法律的决定》第二次修正。

第十九条规定，排放工业废气或者本法第七十八条规定名录中所列有毒有害大气污染物的企业事业单位、集中供热设施的燃煤热源生产运营单位以及其他依法实行排污许可管理的单位，应当取得排污许可证。排污许可的具体办法和实施步骤由国务院规定。

第九十九条规定，违反本法规定，未依法取得排污许可证排放大气污染物的，由县级以上人民政府生态环境主管部门责令改正或者限制生产、停产整治，并处十万元以上一百万元以下的罚款；情节严重的，报经有批准权的人民政府批准，责令停业、关闭。

第一百二十三条规定，违反本法规定，未依法取得排污许可证排放大气污染物的企业事业单位和其他生产经营者，受到罚款处罚，被责令改正，拒不改正的，依法做出处罚决定的行政机关可以自责令改正之日的次日起，按照原处罚数额按日连续处罚。

（3）《中华人民共和国水污染防治法》

1984 年 5 月 11 日第六届全国人民代表大会常务委员会第五次会议通过，根据 1996 年 5 月 15 日第八届全国人民代表大会常务委员会第十九次会议《关于修改〈中华人民共和国水污染防治法〉的决定》第一次修正，2008 年 2 月 28 日第十届全国人民代表大会常务委员会第三十二次会议修订，根据 2017 年 6 月 27 日第十二届全国人民代表大会常务委员会第二十八次会议《关于修改〈中华人民共和国水污染防治法〉的决定》第二次修正。

第二十一条规定，直接或者间接向水体排放工业废水和医疗污水以及其他按照规定应当取得排污许可证方可排放的废水、污水的企业事业单位和其他生产经营者，应当取得排污许可证；城镇污水集中处理设施的运营单位，也应当取得排污许可证。排污许可证应当明确排放水污染物的种类、浓度、总量和排放去向等要求。排污许可的具体办法由国务院规定。禁止企业事业单位和其他生产经营者无排污许可证或者违反排污许可证的规定向水体排放前款规定的废水、污水。

第二十三条规定，实行排污许可管理的企业事业单位和其他生产经营者应当按照国家有关规定和监测规范，对所排放的水污染物自行监测，并保存原始监测记录。重点排污单位还应当安装水污染物排放自动监测设备，与环境保护主管部门的监控设备联网，并保证监测设备正常运行。具体办法由国务院环境保护主管部门规定。

第二十四条规定，实行排污许可管理的企业事业单位和其他生产经营者应当对监测数据的真实性和准确性负责。环境保护主管部门发现重点排污单位的水污染物排放自动监测设备传输数据异常，应当及时进行调查。

第八十三条规定，违反本法规定，未依法取得排污许可证排放水污染物的行为，由县级以上人民政府环境保护主管部门责令改正或者责令限制生产、停产整治，并处十万元以上一百万元以下的罚款；情节严重的，报经有批准权的人民政府批准，责令停业、关闭。

（4）《中华人民共和国固体废物污染环境防治法》

1995 年 10 月 30 日第八届全国人民代表大会常务委员会第十六次会议通过，2004 年 12 月 29 日第十届全国人民代表大会常务委员会第十三次会议第一次修订，根据 2013 年 6 月 29 日第十二届全国人民代表大会常务委员会第三次会议《关于修改〈中华人民共和国文物保护法〉等十二部法律的决定》第一次修正，根据 2015 年 4 月 24 日第十二届全国人民代表大会常务委员会第十四次会议《关于修改〈中华人民共和国港口法〉等七部法律的决定》第二次修正，根据 2016 年 11 月 7 日第十二届全国人民代表大会常务委员会第二十四次会议《关于修改〈中华人民共和国对外贸易法〉等十二部法律的决定》第三次修正，2020 年 4 月 29 日第十三届全国人民代表大会常务委员会第十七次会议第二次修订。

第三十九条规定，产生工业固体废物的单位应当取得排污许可证。排污许可的具体办法和实施步骤由国务院规定。产生工业固体废物的单位应当向所在地生态环境主管部门提供工业固体废物的种类、数量、流向、贮存、利用、处置等有关资料，以及减少工业固体废物产生、促进综合利用的具体措施，并执行排污许可管理制度的相关规定。

第七十八条规定，产生危险废物的单位已经取得排污许可证的，执行排污许可管理制度的规定。

第一百零四条规定，违反本法规定，未依法取得排污许可证产生工业固体废物的，由生态环境主管部门责令改正或者限制生产、停产整治，处十万元以上一百万元以下的罚款；情节严重的，报经有批准权的人民政府批准，责令停业或者关闭。

（5）《中华人民共和国土壤污染防治法》

2018 年 8 月 31 日第十三届全国人民代表大会常务委员会第五次会议通过。

第二十一条规定，设区的市级以上地方人民政府生态环境主管部门应当按照国务院生态环境主管部门的规定，根据有毒有害物质排放等情况，制定本行政区域土壤污染重点监管单位名录，向社会公开并适时更新。

土壤污染重点监管单位应当履行以下义务，并在排污许可证中载明：

① 严格控制有毒有害物质排放，并按年度向生态环境主管部门报告排放情况；

② 建立土壤污染隐患排查制度，保证持续有效防止有毒有害物质渗漏、流失、扬散；

③ 制定、实施自行监测方案，并将监测数据报生态环境主管部门。

（6）《排污许可管理条例》

2020 年 12 月 9 日国务院第 117 次常务会议通过，自 2021 年 3 月 1 日起施行。

内容包括总则、申请与审批、排污管理、监督检查、法律责任和附则，共六章五十一条。从明确实行排污许可管理的范围和管理类别、规范申请与审批排污许可证的程序、加强排污管理、严格监督检查、强化法律责任等方面，对排污许可管理工作予以规范。

《排污许可管理条例》在规范排污许可证申请与审批方面主要做了如下规定：

① 要求依照法律规定实行排污许可管理的企业事业单位和其他生产经营者申请取得排污许可证后，方可排放污染物，并根据污染物产生量、排放量、对环境的影响程度等因素，对排污单位实行分类管理，具体名录由国务院生态环境主管部门拟订并报国务院批准后公布实施。

② 明确审批部门、申请方式和材料要求，规定排污单位可以通过网络平台等方式，向其生产经营场所所在地设区的市级以上生态环境主管部门提出申请。

③ 明确审批期限，实行排污许可简化管理和重点管理的审批期限分别为 20 日和 30 日。

④ 明确颁发排污许可证的条件和排污许可证应当记载的具体内容。

在强化排污单位的主体责任方面主要做了如下规定：

① 规定排污单位污染物排放口位置和数量、排放方式和排放去向应当与排污许可证相符。

② 要求排污单位按照排污许可证规定和有关标准规范开展自行监测，并保存原始监测记录，对自行监测数据的真实性、准确性负责。实行排污许可重点管理的排污单位还应当安装、使用、维护污染物排放自动监测设备，并与生态环境主管部门的监控设备联网。

③ 要求排污单位建立环境管理台账记录制度，如实记录主要生产设施及污染防治设施运行情况。

④ 要求排污单位向核发排污许可证的生态环境主管部门报告污染物排放行为、排放浓度、排放量，并按照排污许可证规定，如实在全国排污许可证管理信息平台上公开相关污染物排放信息。

在加强排污许可的事中事后监管方面主要做了如下规定：

① 要求生态环境主管部门将排污许可执法检查纳入生态环境执法年度计划，根据排污许可管理类别、排污单位信用记录等因素，合理确定检查频次和检查方式。

② 规定生态环境主管部门可以通过全国排污许可证管理信息平台监控、现场监测等方式，对排污单位的污染物排放量、排放浓度等进行核查。

③ 要求生态环境主管部门对排污单位污染防治设施运行和维护是否符合排污许可证规定进行监督检查，同时鼓励排污单位采用污染防治可行技术。

2.1.2 政策文件

2013 年 11 月，党的十八届三中全会通过《中共中央关于全面深化改革若干重大问题的决定》，将"完善污染物排放许可制"作为改革环境保护管理体制的重要任务，从而确定了实施排污许可制的重大改革意义。

2015 年 9 月，中共中央、国务院印发《生态文明体制改革总体方案》，要求"完善污染物排放许可制，尽快在全国范围建立统一公平、覆盖所有固定污染源的企事业排放许可制，依法核发排污许可证，排污者必须持证排污，禁止无证排污或不按许可证规定排污"，不仅强调了禁止行为，还明确排污许可制要覆盖所有固定污染源。

2015 年 10 月，党的十八届五中全会关于《中共中央关于制定国民经济和社会发展第十三个五年规划的建议》，提出"改革环境治理基础制度，建立覆盖所有固定污染源的企业排放许可制"。

2016 年 11 月，国务院发布《控制污染物排放许可制实施方案》（国办发〔2016〕81 号），对完善控制污染物排放许可制度、实施企事业单位排污许可证管理做出总体部署和系统安排。要求对固定污染源实施全过程管理和多污染物协同控制，实现系统化、科学化、法治化、精细化、信息化的"一证式"管理。提出规范有序发放排污许可证，逐步推进排污许可证全覆盖；构建统一信息平台，加大信息公开力度等重点工作。

2016 年 12 月，环境保护部印发《排污许可证管理暂行规定》规定："规范排污许可证申请、审核、发放、管理等程序，明确要求各地可根据本规定进一步细化管理程序和要求，制定本地实施细则。"

2016 年 12 月，环境保护部印发《开展火电、造纸行业和京津冀试点城市高架源排污许可证管理工作》，要求各地应立即启动火电、造纸行业排污许可证管理工作。同时，为推动京津冀地区大气污染防治工作，决定在京津冀部分城市试点开展高架源排污许可证管理工作。

2017 年 11 月，环境保护部印发《关于做好环境影响评价制度与排污许可制衔接相关工作的通知》，对各种情况下环评制度与排污许可制度的衔接做了具体安排。

2018 年 1 月，环境保护部发布《排污许可管理办法（试行）》，作为现阶段排污许可证核发工作的主要规范性指导文件，明确了排污许可证的定位，规定了排污许可证申请、受理、审核、发放的程序和监督管理原则要求，规定了排污许可证的主要内容，以及明确了环境管理部门依证监管的各项规定。

2019 年 9 月，国务院印发《国务院关于加强和规范事中事后监管的指导意见》（国发〔2019〕18 号），提出 5 个方面政策措施：a. 夯实监管责任；b. 健全监管规则和标准；c. 创新和完善监管方式；d. 构建协同监管格局；e. 提升监管规范性和透明度。

2019 年 12 月，生态环境部发布《固定污染源排污许可分类管理名录（2019 年版）》（部令 第 11 号），该名录作为排污许可制度体系的重要组成部分，是推进排污许可分步实施、精细化管理的基础性文件。

2020 年 1 月，生态环境部印发《固定污染源排污登记工作指南（试行）》（环办环评函〔2020〕9 号），该指南规定污染物产生量、排放量和对环境的影响程度很小，依法不需要申请取得排污许可证的企业事业单位和其他生产经营者，应当填报排污登记表。

2020 年 9 月，生态环境部印发《环评与排污许可监管行动计划（2021—2023 年）》和《生态环境部 2021 年度环评与排污许可监管工作方案》，进一步加大环评与排污许可监管力度，推动监管制度化、常态化，并推进审查审批与行政执法衔接，形成监管合力。

2021 年 1 月，国务院印发《排污许可管理条例》（国令 第 736 号），提出了一系列新的举措：a. 实现固定污染源全覆盖；b. 构建以排污许可制为核心的固定污染源监管制度体系；c. 进一步落实生态环境保护的责任；d. 严格按证排污和依证监管。

2022 年 3 月，生态环境部印发《关于加强排污许可执法监管的指导意见》（环执法〔2022〕23 号），从总体要求、全面落实责任、严格执法监管、优化执法方式、强化支撑保障五方面提出了 22 项具体要求，推动形成企业持证排污、政府依法监管、社会共同监督的生态环境执法监管新格局。

2022 年 4 月，生态环境部印发《"十四五"环境影响评价与排污许可工作实施方案》（环环评〔2022〕26 号），该方案进一步健全了以环境影响评价制度为主体的源头预防体系，构建了以排污许可制为核心的固定污染源监管制度体系。

2.2 制度体系

构建以排污许可制为核心的固定污染源监管制度体系，有效整合面向企业的生态环境保护管理要求，优化生态环境监管内容和方式，推动企业按证排污、政府依证监管，实现固定污染源的"一证式"管理，是生态文明体制改革的重要内容和关键目标之一。排污许可制除了发挥核心作用以外，还要与有关环境管理制度互相衔接。

排污许可制度建设尚在完善之中。在法律层面，《排污许可管理条例》已经发布，进一步明确排污许可制度的基础核心地位、制度融合的途径和渠道以及各方责任。在管理层面，《排污许可管理办法（试行）》规定了排污许可证的内容、核发程序，明确了生态环境部门、排污单位和第三方机构的责任；《固定污染源排污许可分类管理名录》是实施排污许可制度的重要基础性文件，规定了纳入排污许可管理的固定污染源行业范围和管理类别，实现了排污许可证的分类管理。管理规范性文件用于规定排污许可管理的程序、内容、范围、对象等管理性规定，适用于排污许可证申请单位、核发机关等。在技术层面，近两年建立了较为完备的排污许可技术体系，技术规范性文件包括环评与排污许可在污染源源强核算方面衔接的技术方法、排污许可证申请与核发、污染防治最佳可行技术、排污单位自行监测、环境管理台账与执行报告、固定污染源编码和许可证编码等技术规定，以及监管执法、污染物达标判定方法等。

2.2.1 排污许可制度与其他环境管理制度的衔接

国务院提出改革环境治理基础制度，建立覆盖所有固定污染源的排污许可制，关键在于整合衔接现有各项污染源环境管理制度。通过实施控制污染物排放许可制，实行企事业单位污染物排放总量控制制度；有机衔接环境影响评价制度，实现从污染预防到污染治理和排放控制的全过程监管，为相关工作提出统一的污染物排放数据，提高管理效能。通过排污许可制度改革做好各项制度衔接融合，更好地发挥各项制度的作用，建立高效管理体系。

（1）排污许可与环境影响评价制度

环境影响评价制度是建设项目的环境准入门槛，是申请排污许可证的前提和重要依据。排污许可制是企事业单位生产运营期排污的法律依据，是确保环境影响评价提出的污染防治设施和措施落实落地的重要保障，两者都是我国污染源管理的重要制度。

环评管准入与许可管排污的有效衔接，将实现从污染预防到排放控制、污染治理的全过程监管，具体包括管理类别衔接、固定污染源建设项目环境影响登记表备案与排污登记两项制度深度融合、环境影响评价审批、排污许可"两证合一"行政审批制度改革、工业类建设项目环境影响评价报告表与简化管理排污许可证衔接、建设项目环境影响评价审批基础清单完善、环境影响评价文件及其批复中与污染物排放相关的主要内容全部纳入排污许可证，以及环境影响评价技术导则与排污许可证申请与核发技术规范有机衔接。

① 对建设项目实行统一分类管理。按照环境影响程度、污染物产生量和排放量，对建设项目实行统一分类管理。在分类管理方面，《建设项目环境影响评价分类管理名录》和《固定污染源排污许可分类管理名录》实现了相互衔接。纳入排污许可管理的建设项目，对环境造成影响较大的、应当编制环境影响报告书的，原则上实行排污许可重点管理；对环境造成影响较小的、应当编制环境影响报告表的，原则上实行排污许可简化管理。

② 环境影响评价审批文件是新版排污许可证申请的重要文件。在内容方面，环境影响评价审批文件中与污染物排放相关内容要纳入排污许可证，包括产排污环节、污染物种类、污染物执行标准与排放限值、各污染物年排放量以及污染防治设施和措施等基本信息。排污许可与环评在污染物排放上进行衔接。

在时间方面，新建污染源必须在产生实际排污行为之前申领排污许可证。2015年1月1日以前取得建设项目环境影响评价审批意见，且实际排污的排污单位，排污许可证年许可排放量按照排放标准和总量指标从严取值，地方也可考虑环评批复要求；2015年 1 月 1 日及以后取得建设项目环境影响评价审批意见的排污单位，环境影响评价文件及审批意见中与污染物排放相关的主要内容应当纳入排污许可证，在年许可排放量上，根据排放标准、总量控制要求和环评批复从严取值，在时间上需在实际排污前申领排污许可证。

在技术规范方面，环评审批部门在审查环评文件时，应结合排污许可证申请与核发技术规范，核定建设项目污染物种类等信息。环境影响评价审批部门应结合环境影响评价审批文件和排污许可证申请与核发技术规范，核定建设项目的产排污环节、污染物种类及污染防治设施和措施等基本信息；依据国家或地方污染物排放标准、环境质量标准和总量控制要求等管理规定，按照污染源源强核算技术指南、环境影响评价要素导则等技术文件，严格核定排放口数量、位置以及每个排放口的污染物种类、允许排放浓度和允许排放量、排放方式、排放去向、自行监测计划等与污染物排放相关的主要内容，确保在污染源强、许可排放量、实际排放量方面做到两者统一。

在环境监管方面，排污许可证的执行情况作为环境影响后评价的重要内容，有着举足轻重的作用。排污许可证执行报告、环境管理台账记录以及自行监测执行情况等都是开展建设项目环境影响后评价的重要依据。

（2）排污许可与竣工环保验收制度

建设项目竣工环境保护验收，是指建设项目竣工后，生态环境主管部门依据环境保护验收监测或调查结果，并通过现场检查等手段，考核该建设项目是否达到环境保护要求的活动。

① 排污许可证是竣工环保验收工作的前提。《建设项目竣工环境保护验收暂行办法》（国环规环评〔2017〕4 号）中规定，《排污许可分类管理名录》中规定应当取得排污许可证的排污单位，若未取得的，不得对其项目配套的环保设施进行调试，进而不能对其项目进行环保设施竣工环保验收工作。

② 环保验收为排污许可后续监管提供基础信息。《排污许可管理办法（试行）》中提到，竣工验收报告中与污染物相关的主要内容，应当记录在当年排污许可证年度执行报告中。

（3）排污许可与总量控制制度

全面落实企事业单位污染物排放总量控制法定义务，改革完善固定污染源主要污染物排放总量指标管理方式，将符合要求的排污许可证执行报告中主要污染物实际排放量数据作为总量减排核算依据，将污染物排放量削减要求纳入排污许可证。

已有的总量控制指标，要作为确定许可排放量的一个依据；排污许可证载明的许可排放量，即为企业污染物排放的总量指标。排污许可将作为落实排污单位总量控制的重要手段，协同改革总量控制制度。

总量控制制度实施多年来，在减少污染排放、落实政府环保主体责任方面成效显著。然而，以行政区域为单元分解排放总量指标、核算考核总量减排，涉及排污单位的范围比较小，排污总量基数不清，也缺乏相应监控，对推进排污单位主动减少污染排放的作用有限。在以下方面需要通过排污许可落实排污单位总量指标：

① 在总量分配方面，有望改变从上向下分解总量指标的行政区域总量控制制度，

建立由下向上的企事业单位总量控制制度，由排污许可证确定企业污染物排放总量控制指标，使总量控制的责任回归到企事业单位，由企业对其排放行为负责。

② 在总量考核方面，改变现有的考核方式，将总量控制由过去的行政命令上升为法定义务。

③ 在控制因子方面，逐步扩大到影响环境质量的重点污染物。

④ 在控制范围方面，通过排污许可来实行总量控制，将逐步扩大承担总量控制任务的企业和行业范围。总量控制逐步统一到固定污染源，可以推动建立固定污染源与环境目标的响应关系。

2.2.2 管理规范性文件

管理规范性文件明确排污许可制配套技术体系构成、实施范围、实施计划等，解决许可证核发与监管过程中的程序性、内容性要求等，包括《排污许可管理办法（试行）》《排污许可分类管理名录》等。

（1）《排污许可管理办法（试行）》

《排污许可管理办法（试行）》（以下简称《管理办法》）是排污许可管理条例出台前的重要部门规章，是现阶段排污许可管理的重要遵循原则。《排污许可管理办法（试行)》明确了排污许可证的管理范围、许可对象、总体要求等，明确了许可证的内容，规定了排污许可证申请与核发、变更、延续、撤销的程序，明确了排污许可证实施与监管的原则和要求、法律责任等。

《管理办法》分7章共68条，第一章总则共11条，第二章排污许可证内容共11条，第三章申请与核发共10条，第四章实施与监管共10条，第五章变更、撤销、延续共9条，第六章法律责任共9条，第七章附则共8条。《管理办法》规定的主要内容包括以下几点：

① 规定了排污许可证核发程序。明确了排污许可证申请、审核、发放的一个完整周期内，企业需要提供的材料、应当公开的信息，环保部门受理的程序、审核的要求、发证的规定以及污染防治可行技术在申请与核发中的应用。明确了排污许可证的变更、延续、撤销、注销、遗失补办等各情形的相关程序、所需资料等内容。同时规定了分类管理的要求和分级许可的思路，明确了排污许可证的有效期。

② 明确了排污许可证的内容。排污许可证由正本和副本两部分组成，主要内容包括承诺书、基本信息、登记信息和许可事项。其中前三项由企业自行填写，最后一项由生态环境部门依据企业申请材料按照统一的技术规范依法确定。核发部门应当以排放口为单元，根据污染物排放标准确定许可排放浓度；按照行业重点污染物排放量核算方法和环境质量改善的要求计算许可排放量，并明确许可排放量与总量控制指标和环评批复的排放总量要求之间的衔接关系。

通过排污许可证，对企业的环境监管逐步从管企业细化深入到管每个具体排放口，从主要管四项污染物转向多污染物协同管控，从以污染物浓度管控为主转向污染物浓度与排污总量双管控。特别针对当前雾霾防治，在排污许可证中增设重污染天气期间等特殊时段对排污单位排污行为的管控要求，推动对固定污染源的精细化监管，同时将排污许可更好地与环境质量改善要求密切衔接，推动固定污染源的精细化管理。

③ 强调落实排污单位按证排污责任。排污许可是生态环境部门依据排污单位的申请和承诺，通过发放排污许可证来规范和限制排污行为，并依证监管的环境管理制度。排污单位承诺并对申请材料真实性、完整性、合法性负责是排污单位取得排污许可证的重要前提。排污单位必须持证排污，无证不得排污。持证排污单位必须在排污许可证规定的许可排放浓度和许可排放量的范围内排放污染物，并开展自行监测、建立台账记录、编写执行报告，确保严格落实排污许可证相关要求。《管理办法》同时对无证排污、违法排污、材料弄虚作假、监测违法、未依法公开环境信息等 5 种情形设定了处罚条款。

④ 要求依证严格开展监管执法。监管执法部门应制定排污许可执法计划，明确执法重点和频次；执法过程中应对照排污许可证许可事项，按照污染物实际排放量的计算原则，通过核查台账记录、在线监测数据及其他监控手段或执法监测等，检查企业落实排污许可证相关要求的情况。排污许可证对排污口的具体化规定、依法监管的内容逐一进行了明确和细化，实现了排污单位排污口的"卡片式管理"。

⑤ 强调加大信息公开力度。企业应在申请排污许可证前就基本信息、拟申请的许可事项进行公开，在执行排污许可证要求过程中应公开自行监测数据和执行报告内容；核发部门在核发排污许可证后应公开排污许可证正本以及副本中的基本事项、承诺书和许可事项；监管执法部门应在全国排污许可证管理信息平台上公开监管执法信息、无证和违法排污的排污单位名单。

⑥ 提出排污许可技术支撑体系。生态环境部负责制定排污许可证申请与核发技术规范、环境管理台账及排污许可证执行报告技术规范、排污单位自行监测技术指南、污染防治可行技术指南等相关技术规范。同时明确生态环境主管部门可通过政府购买服务的方式，组织或者委托技术机构提供排污许可管理的技术支持。

（2）《排污许可分类管理名录》

为实施排污许可分类管理，根据《中华人民共和国环境保护法》等有关法律法规和《国务院办公厅关于印发控制污染物排放许可制实施方案的通知》的相关规定，生态环境部印发《固定污染源排污许可分类管理名录（2019 年版）》（以下简称《排污许可名录》），这是贯彻落实党中央、国务院决策部署，推动排污许可制度实施的重要基础性文件，对进一步完善排污许可制度改革具有重要意义。

国家根据排放污染物的企业事业单位和其他生产经营者（以下简称排污单位）污染物产生量、排放量、对环境的影响程度等因素，实行排污许可重点管理、简化管理和登记管理。具体规定如下：a. 对污染物产生量、排放量或者对环境的影响程度较大的排污单位，实行排污许可重点管理；b. 对污染物产生量、排放量和对环境的影响程度较小的排污单位，实行排污许可简化管理；c. 对污染物产生量、排放量和对环境的影响程度很小的排污单位，实行排污登记管理。实行登记管理的排污单位，不需要申请取得排污许可，应当在全国排污许可证管理信息平台填报排污登记表，登记基本信息、污染物排放去向、执行的污染物排放标准以及采取的污染防治措施等信息。

2019 年版的《排污许可名录》依据《国民经济行业分类》（GB/T 4754—2017）划分行业类别。

① 现有排污单位应当在生态环境部规定的实施时限内申请取得排污许可证或者填报排污登记表。新建排污单位应当在启动生产设施或者发生实际排污行为之前申请取得排污许可证或者填报排污登记表。

② 同一排污单位在同一场所从事本名录中两个以上行业生产经营的，申请一张排污许可证。

③ 属于排污许可名录第1～107类行业的排污单位，按照本名录第109～112类规定的锅炉、工业炉窑、表面处理、水处理等通用工序实施重点管理或者简化管理的，只需对其涉及的通用工序申请取得排污许可证，不需要对其他生产设施和相应的排放口等申请取得排污许可证。

④ 属于排污许可名录第108类行业的排污单位，涉及本名录规定的通用工序重点管理、简化管理或者登记管理的，应当对其涉及的本名录第109～112类规定的锅炉、工业炉窑、表面处理、水处理等通用工序申请领取排污许可证或者填报排污登记表。有下列情形之一的，还应当对其生产设施和相应的排放口等申请取得重点管理排污许可证：a. 被列入重点排污单位名录的；b. 二氧化硫或者氮氧化物年排放量大于250t的；c. 烟粉尘年排放量大于500t的；d. 化学需氧量年排放量大于30t，或者总氮年排放量大于10t，或者总磷年排放量大于0.5t的；e. 氨氮、石油类和挥发酚合计年排放量大于30t的；f. 其他单项有毒有害大气、水污染物污染当量数大于3000的。污染当量数按照《中华人民共和国环境保护税法》的规定计算。

《排污许可名录》未做规定的排污单位，确需纳入排污许可管理的，其排污许可管理类别由省级生态环境主管部门提出建议，报生态环境部确定。

橡胶制品业分类管理如表2-1所列。

表2-1 橡胶制品业分类管理

序号	行业类别	重点管理	简化管理	登记管理
61	橡胶制品业291	纳入重点排污单位名录的	除重点管理以外的轮胎制造2911、年耗胶量2000 t及以上的橡胶板管带制造2912、橡胶零件制造2913、再生橡胶制造2914[①]、日用及医用橡胶制品制造2915、运动场地用塑胶制造2916、其他橡胶制品制造2919	其他

① 对于再生橡胶制造（2914），即利用废旧轮胎等为主要原料生产胶粉、再生胶、热裂解油等产品的排污单位，排污许可证申请与核发应执行《排污许可证申请与核发技术规范 废弃资源加工工业》（HJ 1034）；而对于利用再生橡胶和再生胶粉生产橡胶制品的活动应执行 HJ 1122。

2.2.3 技术规范性文件

技术规范性文件主要是统一并规范排污许可证申报、核发、执行、监管过程中的技术方法，包括排污许可证申请与核发技术规范、各行业污染源源强核算技术指南、污染防治可行技术指南、自行监测技术指南、环境管理台账及排污许可证执行报告技术规范、固定污染源编码和许可证编码标准等。

（1）排污许可证申请与核发技术规范

排污许可证申请与核发技术规范是指导排污单位、环保部门、第三方机构排污许可证申请与核发的重要指导性技术标准，由"总则＋重点行业＋通用工序技术规范"组成。总则规定了排污单位排污许可证申请与核发的程序、基本情况填报要求、许可排放限值确定方法、实际排放量核算方法和合规判定的方法，以及自行监测、环境管理台账与排污许可证执行报告等环境管理要求，提出了排污单位污染防治可行技术要求。各行业和通用工序技术规范结合行业工艺及产排污特点，明确了需要填报的主要生产单元、主要生产工艺、生产设施及参数、污染治理设施等基本情况的填报要求，规定了排放口类型划分、各排放口管控的污染因子、许可排放限值类型和确定原则及方法、实际排放量核算方法、合规判定的方法，提出具有针对性的环境管理台账建立、排污许可证执行报告编制要求，明确了细化完善的污染防治可行技术。

目前已发布的排污许可证申请与核发技术规范如表 2-2 所列。

表 2-2　已发布的排污许可证申请与核发技术规范

序号	标准名称	标准号	发布日期	实施日期
1	排污许可证申请与核发技术规范 工业固体废物(试行)	HJ 1200—2021	2021-11-06	2022-01-01
2	排污许可申请与核发技术规范 稀有稀土金属冶炼	HJ 1125—2020	2020-03-27	2020-03-27
3	排污许可申请与核发技术规范 工业炉窑	HJ 1121—2020	2020-03-27	2020-03-27
4	排污许可申请与核发技术规范 制鞋工业	HJ 1123—2020	2020-03-27	2020-03-27
5	排污许可证申请与核发技术规范 铁路、船舶、航空航天和其他运输设备制造业	HJ 1124—2020	2020-03-27	2020-03-27
6	排污许可申请与核发技术规范 橡胶和塑料制品工业	HJ 1122—2020	2020-03-27	2020-03-27
7	排污许可申请与核发技术规范 水处理通用工序	HJ 1120—2020	2020-03-11	2020-03-11
8	排污许可证申请与核发技术规范 石墨及其他非金属矿物制品制造	HJ 1119—2020	2020-03-04	2020-03-04
9	排污许可证申请与核发技术规范 金属铸造工业	HJ 1115—2020	2020-03-04	2020-03-04
10	排污许可证申请与核发技术规范 涂料、油墨、颜料及类似产品制造业	HJ 1116—2020	2020-03-04	2020-03-04
11	排污许可证申请与核发技术规范 铁合金、电解锰工业	HJ 1117—2020	2020-03-04	2020-03-04
12	排污许可证申请与核发技术规范 储油库、加油站	HJ 1118—2020	2020-03-04	2020-03-04
13	排污许可证申请与核发技术规范 医疗机构	HJ 1105—2020	2020-02-28	2020-02-28
14	排污许可证申请与核发技术规范 码头	HJ 1107—2020	2020-02-28	2020-02-28
15	排污许可证申请与核发技术规范 农副食品加工工业—水产品加工工业	HJ 1109—2020	2020-02-28	2020-02-28
16	排污许可证申请与核发技术规范 化学纤维制造业	HJ 1102—2020	2020-02-28	2020-02-28
17	排污许可证申请与核发技术规范 煤炭加工—合成气和液体燃料生产	HJ 1101—2020	2020-02-28	2020-02-28
18	排污许可证申请与核发技术规范 专用化学产品制造工业	HJ 1103—2020	2020-02-28	2020-02-28
19	排污许可证申请与核发技术规范 日用化学产品制造工业	HJ 1104—2020	2020-02-28	2020-02-28
20	排污许可证申请与核发技术规范 环境卫生管理业	HJ 1106—2020	2020-02-28	2020-02-28

续表

序号	标准名称	标准号	发布日期	实施日期
21	排污许可证申请与核发技术规范 羽毛(绒)加工工业	HJ 1108—2020	2020-02-28	2020-02-28
22	排污许可证申请与核发技术规范 农副食品加工工业—饲料加工、植物油加工工业	HJ 1110—2020	2020-02-28	2020-02-28
23	排污许可证申请与核发技术规范 制药工业—化学药品制剂制造	HJ 1063—2019	2019-12-10	2019-12-10
24	排污许可证申请与核发技术规范 印刷工业	HJ 1066—2019	2019-12-10	2019-12-10
25	排污许可证申请与核发技术规范 制药工业—中成药生产	HJ 1064—2019	2019-12-10	2019-12-10
26	排污许可证申请与核发技术规范 制革及毛皮加工工业—毛皮加工工业	HJ 1065—2019	2019-12-10	2019-12-10
27	排污许可证申请与核发技术规范 制药工业—生物药品制品制造	HJ 1062—2019	2019-12-10	2019-12-10
28	排污许可证申请与核发技术规范 生活垃圾焚烧	HJ 1039—2019	2019-10-24	2019-10-24
29	排污许可证申请与核发技术规范 危险废物焚烧	HJ 1038—2019	2019-08-27	2019-08-27
30	排污许可证申请与核发技术规范 无机化学工业	HJ 1035—2019	2019-08-13	2019-08-13
31	排污许可证申请与核发技术规范 聚氯乙烯工业	HJ 1036—2019	2019-08-13	2019-08-13
32	排污许可证申请与核发技术规范 工业固体废物和危险废物治理	HJ 1033—2019	2019-08-13	2019-08-13
33	排污许可证申请与核发技术规范 废弃资源加工工业	HJ 1034—2019	2019-08-13	2019-08-13
34	排污许可证申请与核发技术规范 食品制造工业—方便食品、食品及饲料添加剂制造工业	HJ 1030.3—2019	2019-08-13	2019-08-13
35	排污许可证申请与核发技术规范 人造板工业	HJ 1032—2019	2019-07-24	2019-07-24
36	排污许可证申请与核发技术规范 电子工业	HJ 1031—2019	2019-07-24	2019-07-23
37	排污许可证申请与核发技术规范 食品制造工业—乳制品制造工业	HJ 1030.1—2019	2019-06-19	2019-06-19
38	排污许可证申请与核发技术规范 食品制造工业—调味品、发酵制品制造工业	HJ 1030.2—2019	2019-06-19	2019-06-19
39	排污许可证申请与核发技术规范 酒、饮料制造工业	HJ 1028—2019	2019-06-14	2019-06-14
40	排污许可证申请与核发技术规范 畜禽养殖行业	HJ 1029—2019	2019-06-14	2019-06-14
41	排污许可证申请与核发技术规范 家具制造工业	HJ 1027—2019	2019-05-31	2019-05-31
42	排污许可证申请与核发技术规范 水处理(试行)	HJ 978—2018	2018-11-12	2018-11-12
43	排污许可证申请与核发技术规范 汽车制造业	HJ 971—2018	2018-09-28	2018-09-28
44	排污许可证申请与核发技术规范 电池工业	HJ 967—2018	2018-09-23	2018-09-23
45	排污许可证申请与核发技术规范 磷肥、钾肥、复混肥料、有机肥料及微生物肥料工业	HJ 864.2—2018	2018-09-23	2018-09-23
46	排污许可证申请与核发技术规范 陶瓷砖瓦工业	HJ 954—2018	2018-07-31	2018-07-31
47	排污许可证申请与核发技术规范 锅炉	HJ 953—2018	2018-07-31	2018-07-31
48	排污许可证申请与核发技术规范 农副食品加工工业—淀粉工业	HJ 860.2—2018	2018-06-30	2018-06-30

续表

序号	标准名称	标准号	发布日期	实施日期
49	排污许可证申请与核发技术规范 农副食品加工工业—屠宰及肉类加工工业	HJ 860.3—2018	2018-06-30	2018-06-30
50	排污许可证申请与核发技术规范 总则	HJ 942—2018	2018-02-08	2018-02-08
51	排污许可证申请与核发技术规范 有色金属工业—汞冶炼	HJ 931—2017	2017-12-27	2017-12-27
52	排污许可证申请与核发技术规范 有色金属工业—镁冶炼	HJ 933—2017	2017-12-27	2017-12-27
53	排污许可证申请与核发技术规范 有色金属工业—镍冶炼	HJ 934—2017	2017-12-27	2017-12-27
54	排污许可证申请与核发技术规范 有色金属工业—钛冶炼	HJ 935—2017	2017-12-27	2017-12-27
55	排污许可证申请与核发技术规范 有色金属工业—锡冶炼	HJ 936—2017	2017-12-27	2017-12-27
56	排污许可证申请与核发技术规范 有色金属工业—钴冶炼	HJ 937—2017	2017-12-27	2017-12-27
57	排污许可证申请与核发技术规范 有色金属工业—锑冶炼	HJ 938—2017	2017-12-27	2017-12-27
58	排污许可证申请与核发技术规范 纺织印染工业	HJ 861—2017	2017-09-29	2017-09-29
59	排污许可证申请与核发技术规范 化肥工业—氮肥	HJ 864.1—2017	2017-09-29	2017-09-29
60	排污许可证申请与核发技术规范 农副食品加工工业—制糖工业	HJ 860.1—2017	2017-09-29	2017-09-29
61	排污许可证申请与核发技术规范 农药制造工业	HJ 862—2017	2017-09-29	2017-09-29
62	排污许可证申请与核发技术规范 制革及毛皮加工工业—制革工业	HJ 859.1—2017	2017-09-29	2017-09-29
63	排污许可证申请与核发技术规范 制药工业—原料药制造	HJ 858.1—2017	2017-09-29	2017-09-29
64	排污许可证申请与核发技术规范 有色金属工业—铝冶炼	HJ 863.2—2017	2017-09-29	2017-09-29
65	排污许可证申请与核发技术规范 有色金属工业—铅锌冶炼	HJ 863.1—2017	2017-09-29	2017-09-29
66	排污许可证申请与核发技术规范 有色金属工业—铜冶炼	HJ 863.3—2017	2017-09-29	2017-09-29
67	排污许可证申请与核发技术规范 电镀工业	HJ 855—2017	2017-09-18	2017-09-18
68	排污许可证申请与核发技术规范 炼焦化学工业	HJ 854—2017	2017-09-13	2017-09-13
69	排污许可证申请与核发技术规范 玻璃工业—平板玻璃	HJ 856—2017	2017-09-12	2017-09-12
70	排污许可证申请与核发技术规范 石化工业	HJ 853—2017	2017-08-22	2017-08-22
71	排污许可证申请与核发技术规范 水泥工业	HJ 847—2017	2017-07-27	2017-07-27
72	排污许可证申请与核发技术规范 钢铁工业	HJ 846—2017	2017-07-27	2017-07-27
73	火电行业排污许可证申请与核发技术规范	—	2016-12-28	2016-12-28
74	造纸行业排污许可证申请与核发技术规范	—	2016-12-28	2016-12-28

（2）污染源源强核算技术指南

污染源源强核算技术指南规定了污染源源强核算原则、内容、工作程序、方法及要求，适用于环境影响评价中新（改、扩）建工程污染源和现有工程污染源的源强核算。排污许可中实际排放量的核算参照现有工程固定污染源的相关内容执行，排污许可相关标准、文件等另有规定的，从其规定。

污染源源强核算技术指南由"准则＋行业指南＋通用工序指南"组成，准则对行业指南的编制起指导作用；行业指南遵循准则要求制定，根据行业特点，结合污染源和污染物特征，明确核算方法，细化核算的相关技术要求，如火电、造纸、钢铁、水泥等；通用工序指南包括锅炉、电镀等通用工序的源强核算方法、要求等。

污染源源强核算技术指南主要内容包括3个方面：

① 污染源识别，涵盖所有可能产生废气、废水、噪声、固体废物污染物的场所、设备或装置；

② 污染物确定，污染物按照国家现行排放标准确定，对可能产生但尚未列入国家或地方污染物排放标准中的污染物，可参考相关的其他标准，根据原辅材料及燃料使用和生产工艺的具体情况进行分析确定；

③ 核算方法选取，污染源源强核算方法包括实测法、类比法、物料衡算法、产污系数法等，指南按照不同污染物给出了各种核算方法的优先选取次序，要求按次序核算。

目前已发布的污染源源强核算技术指南如表 2-3 所列。

表 2-3　已发布的污染源源强核算技术指南

序号	标准名称	标准号	发布日期	实施日期
1	污染源源强核算技术指南 汽车制造	HJ 1097—2020	2020-01-17	2020-03-01
2	污染源源强核算技术指南 陶瓷制品制造	HJ 1096—2020	2020-01-17	2020-03-01
3	污染源源强核算技术指南 农副食品加工工业—淀粉工业	HJ 996.2—2018	2018-12-25	2019-03-01
4	污染源源强核算技术指南 农副食品加工工业—制糖工业	HJ 996.1—2018	2018-12-25	2019-03-01
5	污染源源强核算技术指南 制革工业	HJ 995—2018	2018-12-25	2019-03-01
6	污染源源强核算技术指南 化肥工业	HJ 994—2018	2018-12-25	2019-03-01
7	污染源源强核算技术指南 农药制造工业	HJ 993—2018	2018-12-25	2019-03-01
8	污染源源强核算技术指南 制药工业	HJ 992—2018	2018-12-25	2019-03-01
9	污染源源强核算技术指南 锅炉	HJ 991—2018	2018-12-25	2019-03-01
10	污染源源强核算技术指南 纺织印染工业	HJ 990—2018	2018-12-25	2019-03-01
11	污染源源强核算技术指南 电镀	HJ 984—2018	2018-11-27	2019-01-01
12	污染源源强核算技术指南 有色金属冶炼	HJ 983—2018	2018-11-27	2019-01-01
13	污染源源强核算技术指南 石油炼制工业	HJ 982—2018	2018-11-27	2019-01-01
14	污染源源强核算技术指南 炼焦化学工业	HJ 981—2018	2018-11-27	2019-01-01
15	污染源源强核算技术指南 平板玻璃制造	HJ 980—2018	2018-11-27	2019-01-01
16	污染源源强核算技术指南 火电	HJ 888—2018	2018-03-27	2018-03-27
17	污染源源强核算技术指南 制浆造纸	HJ 887—2018	2018-03-27	2018-03-27
18	污染源源强核算技术指南 水泥工业	HJ 886—2018	2018-03-27	2018-03-27
19	污染源源强核算技术指南 钢铁工业	HJ 885—2018	2018-03-27	2018-03-27
20	污染源源强核算技术指南 准则	HJ 884—2018	2018-03-27	2018-03-27

（3）污染防治可行技术指南

根据欧美国家和地区的经验，"最佳可行技术"是排污许可制度不可或缺的组成要件。欧盟的最佳可行技术（BAT）体系是鼓励采用的非强制性文件，各成员国都需要以最佳可行技术参考文件（BREFs）为基础，构建符合各自具体国情的 BAT 体系，各国政府也都需要根据实际情况及 BAT 针对的不同行业，分别制定基于技术的排放标准。美国的《清洁水法》规定，向公共资源排放废水必须要获得排污许可证，无论受纳水体水质状况如何，废水排放之前均须采取经济可行的最佳处理技术；美国的《清洁空气法》区分了常规空气污染物和有毒有害污染物、新源和现有源、达标区和未达标区，它们分别采用不同的排放控制技术及排放限制要求。无论是针对空气污染物还是水污染物的这些控制技术都来源于排污许可动态更新的数据库中。在许可证制度及"最佳可行技术"体系的支撑下，过去几十年中，无论美国还是欧洲都实现了工业污染源污染防治水平的大幅度提升，各类污染物的排放大幅下降。

我国排污许可制度改革主要借鉴美国、欧盟等发达国家建立的可行技术体系，制定重点行业及通用工序污染防治可行技术指南，明确基于排放标准的各污染物防治可行技术及管理要求，构建适合我国的完善的可行技术体系，支撑排污许可证的申请与核发、监督管理等。污染源源强核算技术指南核算污染物产生量，污染防治可行技术指南明确污染防治技术的处理效率，二者相结合可以从侧面验证排污单位核算的实际排放量是否准确。

目前已发布的行业污染防治可行技术指南如表 2-4 所列。

表 2-4　已发布的行业污染防治可行技术指南

序号	标准名称	标准号	发布日期	实施日期
1	汽车工业污染防治可行技术指南	HJ 1181—2021	2021-05-12	2021-05-12
2	家具制造工业污染防治可行技术指南	HJ 1180—2021	2021-05-12	2021-05-12
3	涂料油墨工业污染防治可行技术指南	HJ 1179—2021	2021-05-12	2021-05-12
4	工业锅炉污染防治可行技术指南	HJ 1178—2021	2021-05-12	2021-05-12
5	纺织工业污染防治可行技术指南	HJ 1177—2021	2021-05-12	2021-05-12
6	印刷工业污染防治可行技术指南	HJ 1089—2020	2020-01-08	2020-01-08
7	陶瓷工业污染防治可行技术指南	HJ 2304—2018	2018-12-29	2019-03-01
8	玻璃制造业污染防治可行技术指南	HJ 2305—2018	2018-12-29	2019-03-01
9	制糖工业污染防治可行技术指南	HJ 2303—2018	2018-12-29	2019-03-01
10	炼焦化学工业污染防治可行技术指南	HJ 2306—2018	2018-12-29	2019-03-01
11	污染防治可行技术指南编制导则	HJ 2300—2018	2018-01-11	2018-03-01
12	制浆造纸工业污染防治可行技术指南	HJ 2302—2018	2018-01-04	2018-03-01
13	火电厂污染防治可行技术指南	HJ 2301—2017	2017-05-21	2017-06-01
14	铜冶炼污染防治可行技术指南（试行）	—	2015-04-21	—
15	钴冶炼污染防治可行技术指南（试行）	—	2015-04-21	—
16	镍冶炼污染防治可行技术指南（试行）	—	2015-04-21	—
17	再生铅冶炼污染防治可行技术指南	—	2015-02-16	

续表

序号	标准名称	标准号	发布日期	实施日期
18	电解锰行业污染防治可行技术指南(试行)	—	2014-12-05	—
19	钢铁行业烧结、球团工艺污染防治可行技术指南(试行)	—	2014-12-05	—
20	水泥工业污染防治可行技术指南(试行)	—	2014-12-05	—
21	造纸行业木材制浆工艺污染防治可行技术指南(试行)	—	2013-12-27	—
22	造纸行业非木材制浆工艺污染防治可行技术指南(试行)	—	2013-12-27	—
23	造纸行业废纸制浆及造纸工艺污染防治可行技术指南(试行)	—	2013-12-27	—
24	铅冶炼污染防治最佳可行技术指南(试行)	HJ-BAT-7	2012-01-17	—
25	医疗废物处理处置污染防治最佳可行技术指南(试行)	HJ-BAT-8	2012-01-17	—
26	钢铁行业焦化工艺污染防治最佳可行技术指南(试行)	HJ-BAT-004	2010-12-17	—
27	钢铁行业炼钢工艺污染防治最佳可行技术指南(试行)	HJ-BAT-005	2010-12-17	—
28	钢铁行业轧钢工艺污染防治最佳可行技术指南(试行)	HJ-BAT-006	2010-12-17	—
29	钢铁行业采选矿工艺污染防治最佳可行技术指南(试行)	HJ-BAT-003	2010-03-23	—
30	城镇污水处理厂污泥处理处置污染防治最佳可行技术指南(试行)	HJ-BAT-002	2010-03-01	—
31	燃煤电厂污染防治最佳可行技术指南(试行)	HJ-BAT-001	2010-02-20	—

（4）自行监测技术指南

自行监测技术指南是企业开展自行监测的指导性技术文件，用于规范各地对企业自行监测要求，指导企业自行监测活动。地方政府在核发排污许可证时，应参照相应的自行监测技术指南对企业自行监测提出明确要求，并在排污许可证中载明，依托排污许可制度进行实施。另外，对于暂未发放排污许可证的企业，应自觉落实《中华人民共和国环境保护法》要求，参照自行监测技术指南开展自行监测。

自行监测技术指南以"总则＋重点行业"的方式，规定了排污单位自行监测的一般要求、监测方案制定、监测质量保证和质量控制、信息记录以及报告的基本内容和要求。排污单位运营期应严格按照该指南制定监测方案、落实自行监测相关要求，并按照自行监测结果进行达标情况分析。

编制企业自行监测方案时，应参照相应自行监测技术的指南，并遵循以下基本原则。

1）系统设计，全面考虑

开展自行监测方案设计，应从监测活动的全过程进行梳理，考虑全要素、全指标，进行系统性设计。覆盖全过程，即按照排污单位开展监测活动的整个过程，从制定方案、设置和维护监测设施、开展监测、做好监测质量保证与质量控制、记录和保存监测数据的全过程各环节进行考虑。覆盖全要素，即考虑到排污单位对环境的影响，可能通过气态污染物、水污染物或固体废物多种途径，单要素的考虑易出现片面的结论。设计自行监测方案时，应对排放的水污染物、大气污染物、噪声情况、固体废物产生和处理情况等要素进行全面考虑，即覆盖全指标，排污单位的监测不能仅限于个别污染物指标，而应能全面说清污染物的排放状况，至少应包括对应的污染源所执行的国家或地方污染物排放（控制）标准、环境影响评价文件及其批复、排污许可证等相关管理规定明确要求的污染物指标。除此之外，排污单位在确定外排口监测点位的监测指标时，还应根据生产过程的原辅用料、生产工艺、中间及最终产品类型确定潜在的污染物，对潜在污染物进行摸底监测，根据摸底监测结果确定各外排口监测点位是否存在其他纳入相关有毒有害或优先控制污染物名录中的污染物指标，或其他有毒污染物指标，这些也应纳入监测指标。尤其是对于新的化学品，存在尚未纳入标准或污染物控制名录的污染物指标，但确定排放，且对公众健康或环境质量有影响的污染物，排污单位从风险防范的角度，应当开展监测。

2）体现差异，突出重点

监测方案设计时，应针对不同的对象、要素、污染物指标，体现差异性、突出重点，突出环境要素、重点污染源和重点污染物，突出重点排放源和排污口。污染物排放监测应能抓住主要排放源的排放特点，尤其是对于废气污染物排放来说，同一家排污单位可能存在很多排放源，每个排放源的排放特征、污染物排放量贡献情况往往存在较大差异，"一刀切"的统一规定，既会造成巨大浪费，也会因为过大增加工作量而增加推行的难度。因此，应抓住重点排放源，重点排放源对应的排污口监测要求应高于其他排放源。突出主要污染物，同一排污口，涉及的污染物指标往往很多，尤其是废水排污口，排放标准中一般有 8～15 项污染物指标，化工类企业污染物指标更多，众多污染物指标应体现差异性。以下四类污染物指标应作为主要污染物，在监测要求上高于其他污染物：a. 排放量较大的污染物指标；b. 对环境质量影响较大的污染物指标；c. 对人体健康有明显影响的污染物指标；d. 感观上易引起公众关注的污染物指标。突出主要要素，根据监测的难易程度和必要性，重点对水污染物、大气污染物排放监测进行考虑。例如，对于火电行业更加突出大气污染物的监测，而造纸行业则更加突出水污染物的监测。

3）立足当前，适度前瞻

为了提高可行性，设计监测方案时应立足于当前管理需求和监测现状。首先，对于国际上开展的，而我国尚未纳入实际管理过程中的监测内容，可暂时弱化要求。其次，对于管理有需求，但是技术经济尚未成熟的内容，在自行监测方案制定过程中，予以特殊考虑。同时，对于部分当前管理虽尚未明确，但已引起关注的内容，采取适度前瞻，对于能为未来的管理决策提供信息支撑原则的，应予以适当的考虑。

目前已发布的排污单位自行监测技术指南如表 2-5 所列。

表 2-5　已发布的排污单位自行监测技术指南

序号	标准名称	标准号	发布日期	实施日期
1	排污单位自行监测技术指南 电池工业	HJ 1204—2021	2021-11-13	2022-01-01
2	排污单位自行监测技术指南 固体废物焚烧	HJ 1205—2021	2021-11-13	2022-01-01
3	排污单位自行监测技术指南 人造板工业	HJ 1206—2021	2021-11-13	2022-01-01
4	排污单位自行监测技术指南 橡胶和塑料制品	HJ 1207—2021	2021-11-13	2022-01-01
5	排污单位自行监测技术指南 有色金属工业—再生金属	HJ 1208—2021	2021-11-13	2022-01-01

续表

序号	标准名称	标准号	发布日期	实施日期
6	工业企业土壤和地下水自行监测技术指南（试行）	HJ 1209—2021	2021-11-13	2022-01-01
7	排污单位自行监测技术指南 无机化学工业	HJ 1138—2020	2020-11-10	2021-01-01
8	排污单位自行监测技术指南 化学纤维制造业	HJ 1139—2020	2020-11-10	2021-01-01
9	排污单位自行监测技术指南 水处理	HJ 1083—2020	2020-01-06	2020-04-01
10	排污单位自行监测技术指南 食品制造	HJ 1084—2020	2020-01-06	2020-04-01
11	排污单位自行监测技术指南 酒、饮料制造	HJ 1085—2020	2020-01-06	2020-04-01
12	排污单位自行监测技术指南 涂装	HJ 1086—2020	2020-01-06	2020-04-01
13	排污单位自行监测技术指南 涂料油墨制造	HJ 1087—2020	2020-01-06	2020-04-01
14	排污单位自行监测技术指南 磷肥、钾肥、复混肥料、有机肥料和微生物肥料	HJ 1088—2020	2020-01-06	2020-04-01
15	排污单位自行监测技术指南 电镀工业	HJ 985—2018	2018-12-04	2019-03-01
16	排污单位自行监测技术指南 农副食品加工业	HJ 986—2018	2018-12-04	2019-03-01
17	排污单位自行监测技术指南 农药制造工业	HJ 987—2018	2018-12-04	2019-03-01
18	排污单位自行监测技术指南 平板玻璃工业	HJ 988—2018	2018-12-04	2019-03-01
19	排污单位自行监测技术指南 有色金属工业	HJ 989—2018	2018-12-04	2019-03-01
20	排污单位自行监测技术指南 制革及毛皮加工工业	HJ 946—2018	2018-07-31	2018-10-01
21	排污单位自行监测技术指南 石油化学工业	HJ 947—2018	2018-07-31	2018-10-01
22	排污单位自行监测技术指南 化肥工业—氮肥	HJ 948.1—2018	2018-07-31	2018-10-01
23	排污单位自行监测技术指南 钢铁工业及炼焦化学工业	HJ 878—2017	2017-12-21	2018-01-01
24	排污单位自行监测技术指南 纺织印染工业	HJ 879—2017	2017-12-21	2018-01-01
25	排污单位自行监测技术指南 石油炼制工业	HJ 880—2017	2017-12-21	2018-01-01
26	排污单位自行监测技术指南 提取类制药工业	HJ 881—2017	2017-12-21	2018-01-01
27	排污单位自行监测技术指南 发酵类制药工业	HJ 882—2017	2017-12-21	2018-01-01
28	排污单位自行监测技术指南 化学合成类制药工业	HJ 883—2017	2017-12-21	2018-01-01
29	排污单位自行监测技术指南 水泥工业	HJ 848—2017	2017-09-19	2017-11-01
30	排污单位自行监测技术指南 总则	HJ 819—2017	2017-04-25	2017-06-01
31	排污单位自行监测技术指南 火力发电及锅炉	HJ 820—2017	2017-04-25	2017-06-01
32	排污单位自行监测技术指南 造纸工业	HJ 821—2017	2017-04-25	2017-06-01

（5）环境管理台账及排污许可证执行报告技术规范

环境管理台账和排污许可证执行报告是排污单位落实环境主体责任、自我监督、自我完善的主要方式，也是生态环境部门监督检查的主要方式之一。排污许可证执行报告中的实际排放量是环境统计、环境保护税的重要依据，是实现环保数据多数合一的具体举措。

《排污单位环境管理台账及排污许可证执行报告技术规范 总则（试行）》（HJ 944—2018）规定：有行业排污许可证申请与核发技术规范的，按照行业技术规范执行；无行业技术规范的，按照总则执行；行业涉及通用工序的，执行通用工序排污许可证申请与核发技术规范。

环境管理台账技术规范，要求排污单位建立环境管理台账，明确台账形式、台账内容、记录保存等要求，明确在线监测数据应当纳入企业排污台账。

排污许可证执行报告技术规范，要求排污单位建立执行报告制度，按照不同排污单位许可证管理要求的不同，分别明确执行报告样式、报告事项、报告频次等。执行报告内容包括排污单位基本情况、遵守法律法规情况、污染防治设施运行情况、自行监测执行情况、环境管理台账执行情况、实际排放情况及达标判定分析、环境保护税缴纳情况、信息公开情况、排污单位内部环境管理体系建设与运行情况、其他排污许可证规定的内容执行情况等。

（6）固定污染源编码和许可证编码标准

固定污染源编码和许可证编码标准规定了固定污染源排污许可管理的排污许可证、生产设施、治理设施、排放口的编码规则，适用于与排污许可有关的固定污染源管理的信息处理与信息交换。该标准的建立实现了固定污染源、排污许可证编码的科学化、规范化、精准化、唯一化，是排污许可精准定位管理的基础。

目前生态环境部已经基本完成排污许可证编码规则的制定，按此规则排污许可证的编码体系由固定污染源编码、生产设施编码、污染物治理设施编码、排污口编码 4 部分共同组成。

固定污染源编码与企业一一对应，主要用于标识环境责任主体，它由主码和副码组成，其中主码包括 18 位统一社会信用代码、3 位顺序码和 1 位校验码；副码为 4 位数的行业类别代码标识，主要用于区分同一个排污许可证代码下污染源所属行业。

生产设施编码是指在固定污染源编码基础上，增加生产设施标识码和流水顺序码，实现企业内部设施编码的唯一性。生产设施标识码用 MF 表示，流水顺序码由 4 位阿拉伯数字构成。

污染物处理设施编码和排污口编码由标识码、环境要素标识符（排污口类别代码）和流水顺序码 3 个部分共 5 位字母和数字混合组成，并与固定污染源代码一起赋予该治理设施或排污口全国唯一的编码。

第3章

橡胶制品行业概况

3.1 行业定义及分类

橡胶制品业是指以天然及合成橡胶为原料生产各种橡胶制品的活动，还包括利用废橡胶再生产橡胶制品的活动，但不包括橡胶鞋制造。

根据《国民经济行业分类》（GB/T 4754—2017），橡胶制品业分为7小类，详见表3-1。特别需要说明的是，再生橡胶制造小类（2914）的原辅材料、生产工艺和装备、产排污及排污许可执行标准完全不同于轮胎、橡胶板管带、橡胶零件6小类，相关排污单位应执行《排污许可证申请与核发技术规范 废弃资源加工工业》（HJ 1034）。因此，本书内容未涉及再生橡胶制造。

表 3-1 国民经济行业分类目录

橡胶制品业	小类代码	类别名称	说明
291	2911	轮胎制造	包括橡胶轮胎外胎、橡胶轮胎内胎、橡胶实心或半实心轮胎、力车胎及轮胎翻新，不包括自行车等力车胎的修补、更换
	2912	橡胶板、管、带制造	用未硫化的、硫化的或硬质橡胶生产橡胶板状、片状、管状、带状、棒状和异形橡胶制品的活动，以及以橡胶为主要成分，用橡胶灌注、涂层、覆盖或层叠的纺织物、纱绳、钢丝（钢缆）等制作的传动带或输送带的生产活动
	2913	橡胶零件制造	各种用途的橡胶异形制品、橡胶零配件制品的生产活动
	2914	再生橡胶制造	用废橡胶生产再生橡胶的活动
	2915	日用及医用橡胶制品制造	橡胶手套、橡胶制衣着用品及附件、日用橡胶制品及医疗、卫生用橡胶制品等
	2916	运动场地用塑胶制造	运动场地、操场及其他特殊场地用的合成材料跑道面层制造和其他塑胶制造

橡胶制品业	小类代码	类别名称	说明
291	2919	其他橡胶制品制造	防水嵌缝密封条(带)、防水胶黏带、橡胶黏带、充气橡胶制品、橡胶减震制品、硬质橡胶及制品、橡胶防水卷(片)材、交通事故现场勘查救援设备(起重气垫)等部分定型密封材料,不包括橡皮船的制造

3.2　行业现状与发展

我国橡胶工业自 1915 年广东兄弟树胶公司创立起计算，至今已有百年历史。20 世纪 50 年代以来，特别是改革开放四十多年来，我国橡胶工业取得了长足发展，已建立集原料生产、制品加工和橡胶机械制造为一体的完整的生产体系。21 世纪初期，我国橡胶制品生产已超越美国、日本，成为世界橡胶工业大国，橡胶产品产量和耗胶量位居世界首位。

"十三五"期间，我国橡胶制品工业企业积极响应"创新驱动实现高质量发展"和"一带一路"新战略，在科技创新、结构优化、智能制造、品牌建设、低碳节能、国际化和绿色发展等方面攻坚克难、成绩显著。整体行业销量虽然增速放缓，但以轮胎为龙头的橡胶制品产销量仍旧保持世界第一，并形成了门类齐全、产品丰富、规模居前的产业格局，行业转型升级方向逐步出高速增长转向高质量绿色化发展。

"十四五"是中国橡胶工业迈向世界橡胶工业强国的关键阶段。围绕"中国橡胶工业强国战略"的总目标，行业提出了具有战略性、创新性的新思路、新任务和新措施，切实发展一批对行业结构调整、转型升级、高质量发展有重大带动作用的产品、技术和工艺。以创新驱动、智能制造、绿色发展、品牌打造为引领，力争在"十四五"末（2025 年）向橡胶工业强国目标再迈进一大步。

3.2.1　行业规模

"十三五"期间，在深化供给侧结构性改革、推动经济高质量发展的引领下，橡胶行业经济运行整体平稳，质量和效益持续改善，大国地位更加牢固。据国家统计局统计数据显示，2020 年我国橡胶制品工业规模以上企业 3022 家，资产总计约 7300 亿元，主营业务收入约 5800 亿元，利润总额约 460 亿元，出口交货值约 1300 亿元。我国橡胶工业的生胶消耗量、总产值和轮胎产量三组数据充分说明了中国在世界橡胶工业的大国地位。

通过对近年来《中国橡胶工业年鉴》数据分析显示，自 2002 年起，我国生胶消耗量居世界第一位，接下来的近二十年一路领先，2020 年生胶消耗量约为 975 万吨，十年来的平均增速约 9%。据国际橡胶研究组织（IRSG）分析，中国橡胶消耗量占全球消耗量的 35% 左右，其中轮胎制品的耗胶量超过 50%。

2016～2020 年我国橡胶消费量如表 3-2 所列。

表 3-2 2016～2020 年中国橡胶消费量

项目	2016 年	2017 年	2018 年	2019 年	2020 年
天然橡胶/万吨	490	540	540	535	525
增长率/%	5.38	10.20	0.00	−0.93	−1.87
合成橡胶/万吨	445	450	445	455	450
增长率/%	9.88	1.12	−1.11	2.25	−1.10
合计/万吨	935	990	985	990	975
增长率/%	7.47	5.88	−0.51	0.51	−1.52

轮胎是橡胶工业的最主要产品。据国家统计局统计，2020 年轮胎资产、主营业收入及出口交货值均占橡胶工业的 50% 以上，产量约占世界轮胎总产量的 1/3。我国不仅是轮胎生产大国，也是轮胎消费和出口大国，是世界上最大的轮胎产销和集散中心，以及世界橡胶材料消费中心。

根据中国橡胶工业协会统计结果显示，2020 年我国轮胎（不含摩托车胎和力车胎）产量达 6.34 亿条，其中，子午线轮胎产量 5.96 亿条，子午化率达 94.01%。从中国入围全球轮胎 75 强的企业数量来看，2004 年仅有 18 家，2020 年为 34 家（包含中国台湾 5 家），是入围企业数量最多的国家。入围企业的销售总额也有大幅增加，2004 年销售额为 48.658 亿美元，占全球总量的 5.29%，2020 年的占比达到了 17.5%。

3.2.2 产业布局

根据国家生态环境部污普办调研情况及国家统计局数据显示，全国橡胶制品企业分布在 30 个省市自治区，主要集中在浙江、广东、河北、江苏和山东等地，5 个地区的企业数量占全国 70% 以上，企业分布情况如图 3-1 所示。

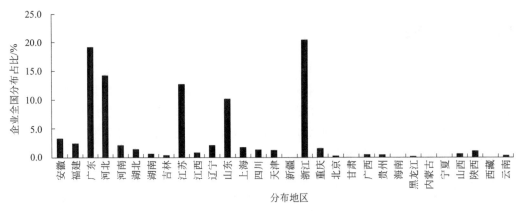

图 3-1 橡胶制品企业全国分布情况

以轮胎为例，2020 年我国橡胶轮胎外胎产量最多的省份是山东，占总产量的 47.0%；其次是江苏和浙江，分别占比 11.0% 和 10.5%。具体信息如图 3-2 所示。

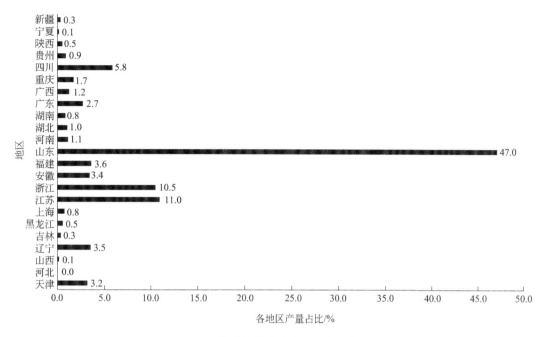

图 3-2　橡胶轮胎外胎各地区产量占比

3.2.3　主要产品

橡胶是一种弹性高聚物，由于其具有优异的弹性及透气性、耐化学介质性、电绝缘性等特点，是工业上极好的减震、密封、耐磨、屈挠、防腐、绝缘及黏接材料，其用途非常广泛，是重要的资源物资。目前以橡胶为原料生产的橡胶制品种类有 8 万～10 万种，产品使用领域遍及汽车、建筑、机电、煤炭、冶金、建材、石化、轻工、医疗卫生等行业及人民生活的各个角落。

本节从轮胎（不含摩托车轮胎和力车轮胎），摩托车轮胎和力车轮胎，橡胶管、带，橡胶零件和日用及医用橡胶制品五个方面进行阐述。需要说明的是，运动场地用塑胶制造主营业务收入仅占行业 0.6%，很多其他橡胶制品在橡胶零件制造的统计范围内，因此本节对这两类产品不再赘述。

3.2.3.1　轮胎

近二十余年来，中国轮胎行业的发展历程大致分为三个阶段。

第一阶段（1999～2000 年），由于产能过剩，中国轮胎产业呈现出全行业亏损局面；

第二阶段（2001～2005 年），随着国家宏观经济持续向好，特别是在国内汽车工业产量大幅增长及轮胎出口强劲增加的带动下，中国轮胎行业快速复苏，营业收入和利润总额均保持了较快的增长速度；

第三阶段（2006 年至今），中国轮胎产业规模继续壮大。

根据国家统计局的数据显示，2020 年全国共有规模以上轮胎企业 358 家，绝大多数为民营企业，且企业规模有限，主要生产中低端产品，竞争能力不强，抗风险能力弱。2018～2020 年，我国轮胎行业销售收入分别达到 1864.76 亿元、3576.49 亿元及 2977.69 亿元，整体呈现上升态势，2020 年的下滑情况主要源自新冠疫情的影响。

狭义上的轮胎不含摩托车轮胎和力车轮胎，主要品种有载重轮胎、轻型载重轮胎、乘用车轮胎、农用轮胎、工程轮胎和工业轮胎六大类，规格超过 2500 种，可基本满足国内外用户的需要。从企业构成看，国有控股（含混合所有制）企业约占 20%，民营企业约占 45%，外资企业约占 35%；从产品结构看，内资企业全钢子午线轮胎、半钢子午线轮胎分别占比 65% 和 35%。据中国橡胶工业协会统计，2016～2020 年全国轮胎的年产量均超过 6 亿条，2017 年产量最高，达到 6.53 亿条。除 2020 年受新冠疫情影响，其他年份全国轮胎子午化率逐渐提高，2019 年达到 94.48%。

2016～2020 年轮胎产品产量增长情况如表 3-3 所列。

表 3-3　2016～2020 年轮胎产品产量增长状况

项目		2016 年	2017 年	2018 年	2019 年	2020 年
全国轮胎	年产量/亿条	6.10	6.53	6.48	6.52	6.34
	增长率/%	7.96	7.05	−0.77	0.62	−2.76
全国子午胎	年产量/亿条	5.65	6.13	6.09	6.16	5.96
	增长率/%	9.71	8.50	−0.65	1.15	−3.25
	半钢胎年产量/亿条	4.44	4.82	4.76	4.84	4.58
	增长率/%	9.63	8.56	−1.24	1.68	−5.37
	全钢胎年产量/亿条	1.21	1.31	1.33	1.32	1.38
	增长率/%	10.00	8.26	1.53	−0.75	4.55
子午化率/%		92.62	93.87	93.98	94.48	94.01
子午化率同比增减百分点/个		1.47	1.25	0.11	0.50	−0.47

3.2.3.2　摩托车轮胎和力车轮胎

近年来，国内摩托车轮胎和力车轮胎市场基本饱和，国际出口增速逐渐放缓，行业结构性产能严重过剩的矛盾越来越突出。此外，由于劳动力成本不断攀升、各地环保政策不断加严等因素的叠加影响，全行业进入"调整结构去产能、转换动能谋发展"的新阶段。

随着低端市场需求逐步减弱和弱小企业逐步退出，摩托车胎、自行车胎等部分产品产量有所回落，品类产能扩张速度显著放缓，但整体上仍然保持了世界摩托车轮胎和力车轮胎生产、消费和出口大国的地位。

根据中国汽车工业协会、中国自行车协会、海关总署及相关专业机构发布的统计数据综合测算，2016～2020 年，摩托车轮胎产品年产量维持在 1.3 亿条以上，自行车轮胎 4 亿条左右，电动自行车轮胎 3 亿条左右。

2016～2020 年摩托车轮胎和力车轮胎产品增长情况如表 3-4 所列。

表 3-4　2016～2020 年摩托车轮胎和力车轮胎产品增长状况

项目		2016 年	2017 年	2018 年	2019 年	2020 年
摩托车轮胎	年产量/亿条	1.35	1.44	1.33	1.37	1.34
	增长率/%	−0.74	6.67	−7.64	3.01	−2.19
自行车轮胎	年产量/亿条	4.43	4.64	3.95	4.04	4.29
	增长率/%	−1.34	4.74	−14.87	2.28	6.19
电动自行车轮胎	年产量/亿条	2.65	2.94	3.10	3.10	3.86
	增长率/%	1.92	10.94	5.44	0.00	24.52

3.2.3.3　橡胶管、带

近年来，国内胶管企业积极投入资金进行技术改造和设备升级，自动化程度大幅提高，装备水平接近国外先进水平，产品整体性能提升较大，初步达到了国际先进质量水平，基本满足了行业高端市场的需求。但高端市场占有率仍与外资企业存在明显差距，外资企业占据了汽车空调胶管等高档胶管 2/3 以上的市场份额，豪华型汽车用胶管和挖掘机配套胶管几乎全部由外资企业生产。

我国输送带行业发展速度较快，产能持续增长，产品出口数量持续增加，但销售价格持续下降，整体出口交货值增幅下降，因中美贸易争端削弱了聚氯乙烯（PVC）轻型输送带的出口竞争力。而国内市场竞争激烈，常规产品价格竞争残酷。国内输送带生产企业接近 40 家，生产线超过 100 条，年产量约 3000 万平方米。输送带行业生产集中在上海、江苏、浙江三省市，几乎涵盖所有产能，上海、江苏更是具有相对集中态势，聚集了约全部产能的 80%。

根据中国橡胶工业协会统计，2016～2020 年主要橡胶管、带产品增长情况如表 3-5 所列。

表 3-5　2016～2020 年主要橡胶管、带产品增长状况

项目		2016 年	2017 年	2018 年	2019 年	2020 年
输送带	年产量/亿平方米	4.40	4.70	5.1	6.00	5.6
	增长率/%	−10.20	6.82	8.51	17.65	−6.67
	其中:高强力输送带年产量/亿平方米	3.90	4.10	4.6	5.40	4.8
	增长率/%	−9.30	5.13	12.20	17.39	−11.11
V 带	年产量/亿 A 米	19.70	20.00	19.2	17.00	16.6
	增长率/%	−9.63	1.52	−4.00	−11.46	−2.35
胶管	年产量/亿标米	14.50	16.00	18.00	19.00	18.5
	增长率/%	4.32	10.34	12.50	5.56	−2.63
	其中:钢丝编织胶管年产量/亿标米	4.00	4.50	4.80	5.20	5.00
	增长率/%	5.26	12.50	6.67	8.33	−3.85

注：根据《一般传动用普通 V 带》（GB/T 1171—2017）规定，V 带型号分为 Y、Z、A、B、C、D、E 七种（对切边带型号后面加 X），为方便统计，不同型号的 V 带，行业通常按照一定系数换算为 A 带产量，用"亿 A 米"表示。

3.2.3.4　橡胶零件

橡胶零件产品在汽车、化工、石油、采矿、电力、工程机械、建筑、铁路、冶金、纺织、家电、航空、航天及国防军工等行业领域应用广泛，其稳定广泛的内需为行业平稳发展奠定了坚实的基础。中国橡胶工业协会对 2016～2020 年橡胶零件的主要产品进行了数据统计，增长状况如表 3-6 所列。

表 3-6　2016～2020 年主要橡胶零件产品增长状况

项目		2016 年	2017 年	2018 年	2019 年	2020 年
O 型密封圈	年产量/亿个	46.92	47.9	49.67	50.85	51.37
	增长率/%	9.29	2.09	3.70	2.38	1.02
汽车减震制品	年产量/亿个	174.49	188.4	184.77	178.99	177.88
	增长率/%	8.00	7.97	−1.93	−3.13	−0.62
出口汽车橡胶配件	年产量/亿个	362.18	392.9	418.76	401.17	399.32
	增长率/%	10.69	8.48	6.58	−4.20	−0.46

3.2.3.5　日用及医用橡胶制品

日用及医用橡胶制品具有高弹性、高强度、绝缘性等特点，在工业、农业、医疗卫生、文化体育、日常生活、国防军工等行业都有着广泛的用途。随着我国人民生活水平不断提高，社会文明、医疗条件不断改善，对产品的需求量不断增长。

2016～2020 年主要日用及医用橡胶制品的增长状况如表 3-7 所列。

表 3-7　2016～2020 年日用及医用橡胶制品增长状况

年份		2016 年	2017 年	2018 年	2019 年	2020 年
橡胶避孕套	年产量/亿只	65.1	67.2	72.7	73.4	78.6
	增长率/%	−1.21	3.23	8.18	0.96	7.08
橡胶外科手套	年产量/亿副	13.6	14.2	15.4	14.6	16.3
	增长率/%	−1.95	4.41	8.45	−5.19	11.64
橡胶其他手套[①]	年产量/亿副	130	141.6	147.7	160.8	268.3
	增长率/%	—	8.92	4.31	8.87	66.85

[①] "橡胶其他手套"包含了除橡胶外科手套外的其他全部手套。

3.2.4　未来展望

"十四五"时期，我国生态文明建设进入了以降碳为重点战略方向、推动减污降碳协同增效、促进经济社会发展全面绿色转型、实现生态环境质量改善由量变到质变的关键时期。2020 年 11 月，中国橡胶工业协会正式发布了《橡胶行业"十四五"发展规划指导纲要》，对本行业的环境污染控制提出了明确要求，"至 2025 年行业排放颗粒物、挥发性有机物等大气污染物总量减少 20%，异味投诉数量和比例大幅下降，国家认定第三方机构抽检合格率提升 50%"，具体内容如下。

（1）推行精准治污，整体提升大气污染防治水平

橡胶行业工艺废气成分复杂多变、污染物浓度低、风量大且异味明显。准确识别行业大气污染排放特征，科学制订企业大气污染综合治理方案，深入打好污染防治攻坚战；全面加强无组织排放控制，探索减风增浓的精准收集方式，通过采取设备与场所密闭、工艺改进、废气有效收集等措施，削减污染物无组织排放；持续深化开展细颗粒物、挥发性有机物及恶臭（异味）等污染高效治理，鼓励采用国内外先进污染防治技术装备，整体提升行业大气污染防治水平。

（2）鼓励源头控制，促进绿色供给与清洁生产

推广使用低（无）VOCs含量、低反应活性的原辅材料，加快对芳香烃、含卤素有机化合物的绿色替代；促进《轮胎制造企业绿色供应链管理要求》《绿色轮胎技术规范》等规范和政策落实，从设计、原料、采购、生产、物流、回收以及环保治理等全流程强化产品全生命周期绿色管理；鼓励上游原材料行业开发气味抑制类助剂，从源头减少异味产生；推广使用清洁能源，重点区域企业完成65蒸吨/时及以上燃煤锅炉节能和超低排放改造，燃气锅炉基本完成低氮改造；限期淘汰严重污染大气环境的工艺、设备和产品，并纳入国家综合性产业政策目录。

（3）加强风险防控，有效实施重污染天气应对

坚持资源节约和风险防控相协同，新建（改建、扩建）项目科学选址，保持与环境敏感点的充足防护距离；厂区合理布局，优化生产线与废气收集治理装置空间布局；提高污染自动监测与预警能力，综合工艺工况、污染源强、周边环境敏感点以及气象、地形等各类因素，加强企业环境风险筛查与预判，整体提升行业环境风险防控基础能力；鼓励企业开展现有治理设施的效果评估，全面评估废气收集效果、治理设施同步运行率和去除率，对未达要求的收集、治理设施进行更换或升级改造；严格落实重污染天气应急响应机制，有序推进重污染期间企业生产调度，按照企业环境绩效水平实施差异化管控措施。

（4）助力标准建设，强化排污企业主体责任

积极推动《橡胶制品工业污染物排放标准》《橡胶制品工业大气污染防治可行技术指南》等国家、团体标准制修订，助力健全和完善适宜行业高质量发展的环境标准体系；全面落实国家环境影响评价与排污许可制度，严格把控环境准入，自觉及时申领排污许可证，持证排污；明确企业负责人和相关人员的环境保护责任，依法开展自行监测，建立环境管理台账，如实向生态环境部门报告排污许可证执行情况，依法向社会公开污染物排放数据，建立企业生态环境诚信评价制度，助力构建政府为主导、企业为主体、社会组织和公众共同参与的环境治理体系。

（5）坚持科技引领，重点做好成果转化与应用

以行业和污染防治攻坚战实际需求为导向，集成研究与针对性应急研究相结合，鼓励研发和积极应用成本低且节能的相关治理设备，通过对橡胶制品制造过程中的挥发性有机物和异味产生机理的研究，建立降低挥发性有机物和异味排放的专有技术；完善"一行一策"驻点跟踪研究机制，发挥生态环境专家智库作用，促进产学研融合，持续推进行业大气污染防治研究和技术应用；加强行业生态环境技术评估、增强技术服务能力的实施意见，充分利用国家生态环境科技成果转化综合服务平台，筛选出易推广、成本低、效果好的先进行业适用技术，深化和拓展相关技术服务、总结推广治理技术和环境服务模式、强化工程示范和规模化验证。

3.3　原辅材料、生产工艺与生产装备

3.3.1　主要原辅材料

3.3.1.1　原料

橡胶制品工业主要原料包括橡胶和骨架材料。橡胶为生胶，生胶是一种独具高弹性的聚合物材料，是制造橡胶制品的母体材料，一般情况下不含配合剂。生胶多呈块状、片状，也有颗粒状和黏稠液体及粉末状，如图 3-3 所示。

(a) 天然橡胶胶乳

(b) 20#天然橡胶

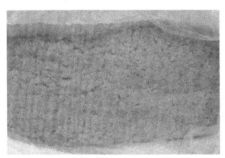

(c) 5#天然橡胶(一)

(d) 5#天然橡胶(二)

(e) 合成橡胶：丁苯橡胶1502

(f) 合成橡胶：充油溶聚丁苯橡胶

(g) 合成橡胶：顺丁橡胶(BR9000)

图 3-3　天然橡胶（含胶乳）和合成橡胶图

　　橡胶按照来源和用途可分为天然橡胶和合成橡胶，如图 3-4 所示。天然橡胶（natural rubber，NR）是从天然植物中获取的以聚异戊二烯为主要成分的天然高分子化合物。在橡胶工业中，也包括以 NR 为基础，用各种化学药剂处理的改性 NR。天然橡胶主要根据制法分类，在每一类中又按照质量水平或原料的不同而分级。NR 的分类如图 3-5 所示。

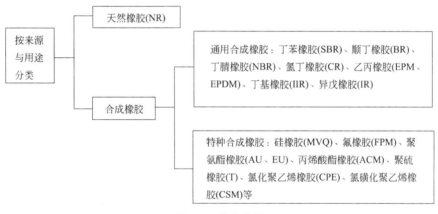

图 3-4　橡胶分类

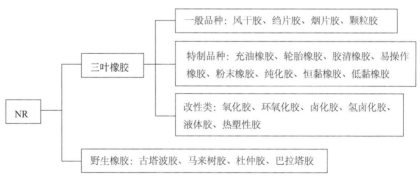

图 3-5　天然橡胶分类

　　广义上，合成橡胶指用化学方法合成制得的橡胶，以区别于从橡胶树生产出的天然橡胶。合成橡胶按使用特性分为通用橡胶和特种橡胶两大类。通用橡胶指可以部分或全部代替天然橡胶使用的橡胶，主要用于制造各种轮胎及一般工业橡胶制品。通用橡胶的需求量大，是合成橡胶的主要品种。特种橡胶是指具有耐高温、耐油、耐臭氧、耐老化和高气密性等特点的橡胶，主要用于要求某种特性的特殊场合。

以上各种橡胶，NR 的用量最大，其次是丁苯橡胶（SBR）、顺丁橡胶（BR）、三元乙丙橡胶（EPDM）、丁基橡胶（IIR）、氯丁橡胶（CR）、丁腈橡胶（NBR）。近年来，NR 的用量占全部橡胶用量的 30%～40%，SBR 占合成橡胶的 40%～50%。轮胎制造使用的生胶包括天然橡胶、丁苯橡胶和顺丁橡胶等合成胶以及再生胶，橡胶板管带制造和橡胶零件制造使用的生胶与轮胎制造基本一致，但比例略有不同。日用及医用橡胶制品制造的主要原料为天然橡胶胶乳、丁基橡胶胶乳等合成橡胶胶乳和人造胶乳。轮胎翻新主要原料为废旧轮胎、胎面胶、中垫胶、缓冲胶、补胎垫片、白电油等，并利用白电油、缓冲胶和水性胶混合配制胶黏剂。

橡胶骨架材料按材质可分为纤维材料和金属材料，纤维材料又分为天然纤维和化学纤维。天然纤维是指植物、动物所产的纤维及无机矿物纤维或由无机材料抽成的可用作纺织材料的细丝；化学纤维是指天然或合成高分子聚合物经人工化学处理与纺丝加工而成的纤维。金属材料结构配件和细钢丝都具有极高的强度和模量。

3.3.1.2 辅料

单纯的生胶物理机械性能较差，需要加入辅料才能制造出符合实际使用性能要求的橡胶制品，这些辅料物质统称为橡胶配合剂。不同的橡胶配合剂对橡胶性能的影响和对胶料的作用有所不同，据此可分为硫化体系［主要包括硫化剂、硫化促进剂（简称促进剂）、硫化活性剂（简称活性剂）、防焦剂］、补强剂、增塑剂、防老剂等。

橡胶常用的硫化剂、促进剂、活性剂和防焦剂如表 3-8 所列。

表 3-8　常用的硫化剂、促进剂、活性剂和防焦剂

硫化体系	分类	名称
硫化剂	硫黄类	硫黄粉、不溶性硫黄、胶体硫黄、沉淀硫黄
	含硫化合物类	二硫化四甲基秋兰姆(商品名:硫化剂 TMTD)、二硫化二吗啉(商品名:硫化剂 DTDM)、二氯化硫
	过氧化物类	过氧化二异丙苯(商品名:DCP)、2,5-二甲基-2,5-双(过氧化叔丁基)己烷(简称双 25)、过氧化苯甲酰(商品名:BPO)
	金属氧化物类	氧化锌、氧化镁
	树脂化合物类	对叔丁基苯酚甲醛树脂(商品名:2402 树脂)、溴甲基对叔辛基苯酚甲醛树脂(商品名:1055 树脂)、对叔辛基苯酚甲醛树脂(商品名:WS 树脂)
促进剂	噻唑类	促进剂 M(MBT)、促进剂 DM(MBTS)、促进剂 MZ
	次磺酰胺类	促进剂 CZ(CBS)、促进剂 NS(TBBS)、促进剂 NOBS、促进剂 MDB、促进剂 DIBS、促进剂 DZ、促进剂 TBSI、促进剂 CBBS
	秋兰姆类	促进剂 TT(TMTD)、促进剂 TS(TMTM)、促进剂 TETD、促进剂 TRA
	胍类	促进剂 D(DPG)、促进剂 DOTG、促进剂 BG
	二硫代氨基甲酸盐类	促进剂 PZ(ZDMC)、促进剂 EZ、促进剂 PX
	黄原酸盐类	促进剂 ZIP、促进剂 ZBX
	醛胺类	促进剂 H、促进剂 808(A-32)
	硫脲类	促进剂 NA-22、促进剂 DBTU

续表

硫化体系	分类		名称
活性剂	无机活性剂	金属氧化物	氧化锌、氧化镁、氧化铅、氧化钙等
		金属氢氧化物	氢氧化钙
		碱式碳酸盐	碱式碳酸锌、碱式碳酸铅
		脂肪酸类	硬脂酸、软脂酸、油酸、月桂酸等
	有机活性剂	皂类	硬脂酸锌、油酸铅等
		胺类	二苄基胺
		多元醇类	二甘醇、三甘醇等
		氨基醇类	乙醇胺、二乙醇胺、三乙醇胺等
防焦剂	有机酸类		水杨酸(邻羟基苯甲酸)、邻苯二甲酸、邻苯二甲酸酐
	亚硝基化合物		N-亚硝基二苯胺(防焦剂 NA 或 NDPA)
	硫代亚胺类化合物		N-环己基硫代邻苯二甲酰亚胺(防焦剂 CTP 或 PVI)

（1）硫化剂

凡是能使橡胶大分子链发生交联反应的物质均可称为硫化剂（或称交联剂），天然橡胶与各种合成橡胶都需配硫化剂进行硫化。

（2）硫化促进剂

凡能缩短硫化时间、降低硫化温度、减少硫化剂用量、提高和改善硫化胶力学性能和化学稳定性的化学物质，统称为硫化促进剂，简称促进剂。促进剂品种繁多，按照来源可分为有机促进剂和无机促进剂，有机类促进剂最常用。有机促进剂按化学结构分为噻唑类、次磺酰胺类、秋兰姆类、胍类、二硫代氨基甲酸盐类、黄原酸盐类、醛胺类和硫脲类八大类。

（3）硫化活性剂

凡能增加促进剂的活性，提高硫化速率和硫化效率（即增加交联键的数量，降低交联中的平均硫原子数），改善硫化胶性能的化学物质都称为硫化活性剂（简称活性剂，也称助促进剂）。

（4）防焦剂

凡少量添加到胶料中即能防止或迟缓胶料在硫化前的加工和贮存过程中发生早期硫化（焦烧）现象的物质，都称为防焦剂（或硫化迟延剂）。

（5）补强剂

能够提高硫化胶耐磨性、抗撕裂强度、拉伸强度、模量、抗溶胀性的物质称为补强剂。能够提高橡胶体积、降低橡胶制品成本、改善加工工艺性能的物质称为填充剂。一般来说，补强剂也有增容的作用，而填充剂也有一定补强作用，两者之间的界限难以划分。常用补强剂和填充剂有炭黑、白炭黑（二氧化硅）、碳酸钙、陶土、滑石粉、碳酸镁（轻质）、硫酸钡（沉淀硫酸钡）等。

（6）增塑剂

用于改善非极性橡胶加工性能的操作助剂称为软化剂，用于改善极性橡胶加工性能和耐寒性能的合成物质称为增塑剂，由于两者所起作用相同，故统称为增塑剂。橡胶工业中所用增塑剂的品种很多，常见增塑剂的分类品种如表 3-9 所列。

表 3-9　常见增塑剂的分类品种

分类		常用品种
矿物油系	石油系	芳香烃油、环烷烃油、石蜡烃油、机械油、高速机械油、锭子油、变压器油、重油、凡士林、石蜡、沥青、石油树脂等
	煤焦油系	煤焦油、古马隆树脂、煤沥青、RX-80 树脂
动植物油系	脂肪油系	脂肪酸：硬脂酸、油酸、蓖麻酸、月桂酸等； 脂肪油：柿子油、亚麻仁油等植物油及用植物油热炼的聚合油等； 油膏：黑油膏、白油膏
	松油系	松焦油、松香、萜烯树脂、妥尔油等
合成系	酯类化合物	邻苯二甲酸酯类：邻苯二甲酸二丁酯、邻苯二甲酸二辛酯等； 脂肪二元酸酯类：癸二酸二辛酯等； 脂肪酸酯类：油酸丁酯等； 磷酸酯类：磷酸三甲苯酯等； 聚酯类
	液体聚合物	液体丁腈、液体聚丁二烯、液体聚异丁烯、半固态聚氯丁二烯和氯化石蜡等

（7）防老剂

凡能延缓或抑制橡胶老化过程，延长橡胶及其制品的储存期及使用寿命的物质称为防老剂。防老剂品种繁多，按防护效能可分为抗氧剂、抗臭氧剂、屈挠龟裂抑制剂、有害金属抑制剂及紫外线吸收剂等。防老剂按照作用性质和化学结构进行分类，如表 3-10 所列。

表 3-10　防老剂分类品种

按作用性质	按化学结构		典型品种
化学防老剂	胺类	酮胺缩合物	防老剂 RD、BLE、AW、AM 等
		醛胺缩合物	防老剂 AH、AP 等
		二芳基仲胺	取代二苯胺
			对苯二胺，如防老剂 4010、4010NA、4020、H、DNP 等
			苯基萘胺，如防老剂 A、D 等
		其他	烷基芳基仲胺、芳香二伯胺
	酚类		防老剂 264、SP、2246
	其他	咪唑类	防老剂 MB
		金属镍盐（含硫化合物）	防老剂 NBC
		亚磷酸酯型	防老剂 TNP
		紫外线吸收剂	UV-9
物理防老剂	蜡类		石蜡、微晶蜡
反应型防老剂	加工型		防老剂 DNPA、TAP、DAC 等
	聚合型		防老剂 BAO-1、BAO-2、5301、5302 等

（8）特种配合剂

除了一般配合剂外，许多橡胶制品还要加入某些特种配合剂，以满足制品的特殊性能要求。橡胶常用的特种配合剂包括着色剂、发泡剂、抗静电剂和阻燃剂等。

凡加入胶料中用以改变制品颜色为的物质称为着色剂。常用的着色剂如下。

① 无机类着色剂：钛白粉、立德粉、铁红、镉红、铬黄、群青等。

② 有机类着色剂：汉沙黄、耐晒黄、联苯胺黄、橡胶大红、立索尔宝红、酞菁绿、酞菁蓝、醇溶苯胺黑等。

能够在橡胶硫化过程中通过自身物理或者化学反应产生气体（气体不与橡胶等高分子材料发生化学反应），从而在橡胶制品中形成微孔的物质称为发泡剂。常用的发泡剂如下。

① 无机类发泡剂：碳酸氢铵、碳酸氢钠、亚硝酸铵（亚硝酸钠-氯化铵）、明矾等。

② 有机类着色剂：发泡剂 H、BN、DPT、DAB、AC、ADAC、BSH 等。

在高聚物燃烧的过程中能够阻止或抑制其物理变化或氧化反应的化合物称为阻燃剂。常用阻燃剂包括三氧化二锑、氯化石蜡、硼酸锌、氢氧化铝、十溴二苯醚、十溴二苯乙烷、磷酸三甲苯酯等。

轮胎制造、橡胶板管带制造、橡胶零件制造、日用及医用橡胶制品制造（以浸渍制品医用手套为例）、运动场地用塑胶制造（以运动场地塑胶地面为例）和其他橡胶制品制造（以胶黏剂为例）原辅料基本配比比例和各原辅材料产生的主要挥发性物质如表 3-11～表 3-15 所列。

表 3-11　轮胎主要原辅材料及产生的挥发性物质

原辅材料	挥发性物质
生胶	丁二烯、戊二烯、氯丁二烯、丙烯腈、苯乙烯、二异氰酸甲苯酯、丙烯酸甲酯、甲基丙烯酸甲酯、丙烯酸、氯乙烯等
炭黑	—
增塑剂	苯酚、五氯苯酚、2-甲基苯酚、萘、硫化物、氯苯等
防老剂	苯胺、联苯胺、二甲苯胺、甲苯、丙酮等
硫化剂	二氧化硫、甲硫醚、二硫化碳、二甲二硫等
促进剂(M、DM)	有机胺、二硫化碳等
帘子线	—
钢丝	—

注：生胶的质量分数约为 50%，增塑剂、防老剂、硫化剂及促进剂的质量分数约为 5%。

表 3-12　橡胶板、管、带主要原辅材料及产生的挥发性物质

原辅材料	挥发性物质
生胶	丁二烯、戊二烯、氯丁二烯、丙烯腈、苯乙烯、二异氰酸甲苯酯、丙烯酸甲酯、甲基丙烯酸甲酯、丙烯酸、氯乙烯等
炭黑	—
碳酸钙	—
软化剂	甲苯、乙苯、正己烷、丙烷、1-丁烯、丁烷、2-甲基丁烷、辛烷等
防老剂	苯胺、联苯胺、二甲苯胺、甲苯、丙酮等
氧化锌	—
硫化剂	二氧化硫、甲硫醚、二硫化碳、二甲基二硫等
促进剂	有机胺、二硫化碳等

注：生胶质量分数约为 50%，软化剂、防老剂、硫化剂及促进剂质量分数约为 15%。

表 3-13　橡胶零件主要原辅材料及产生的挥发性物质

原辅材料	挥发性物质
生胶	丁二烯、戊二烯、氯丁二烯、丙烯腈、苯乙烯、二异氰酸甲苯酯、丙烯酸甲酯、甲基丙烯酸甲酯、丙烯酸、氯乙烯等
炭黑	—
软化剂	甲苯、乙苯、正己烷、丙烷、1-丁烯、丁烷、2-甲基丁烷、辛烷等
防老剂	苯胺、联苯胺、二甲苯胺、甲苯、丙酮等
促进剂	有机胺、二硫化碳等

注：生胶质量分数约为 50%，软化剂、防老剂及促进剂质量分数约为 10%。

表 3-14　医用手套主要原辅材料及产生的挥发性物质

原辅材料	挥发性物质
胶乳	丁二烯、戊二烯、氯丁二烯、苯乙烯、苯酚等
氧化锌	—
防老剂（MBZ、DNP）	有机胺、二硫化碳、二甲氨基偶氮苯、萘、苯酚等
促进剂（PX、EZ）	有机胺、苯胺、二硫化碳等
硫黄	二氧化硫、甲硫醚、二硫化碳、二甲基二硫等
羊毛脂	—
液体石蜡	—

注：胶乳的质量分数约为 95%。

表 3-15　运动场地塑胶地面主要原辅材料及产生的挥发性物质

原辅材料	挥发性物质
白炭黑	—
合成橡胶	乙烯、丙烯、丁二烯、戊二烯等
橡胶油	苯及苯系物等
白油	烷烃、环烷烃等
重钙粉	—
硫黄	二氧化硫、甲硫醚、二硫化碳、二甲基二硫等
氧化锌	—
促进剂 TT（TMTD）	二甲胺、三甲胺、乙胺、二硫化碳等
抗紫外线剂	—
色料	—

注：所用橡胶大都是三元乙丙橡胶，质量分数约为 80%。

3.3.2　主要生产工艺

橡胶制品的生产工艺主要包括塑炼、混炼、压延、压出、成型、硫化等工序，但是橡胶制造业产品种类多，不同制品间生产工艺类型存在较大差异。

3.3.2.1 轮胎制造

（1）轮胎

轮胎制造是所有子类制品中生产工序最全的一类，包括炼胶、挤出、压延、成型、硫化、修边打磨等工序，如图 3-6 所示。炼胶工序是将天然橡胶、顺丁橡胶、丁苯橡胶、再生胶、炭黑、硫化剂、防老剂等原辅料按照一定比例配合后，由密炼机进行混炼加工的过程。混炼后的胶料经过挤出、压片，在水冷或气冷条件下进行胶片冷却，形成终极胶片。压延机通过压延技术将胶片与帘子布、钢丝等部件组合制作成胎圈等部件。将所有部件在成型机上组合起来形成初步轮胎形状，即胎胚。将胎胚套在涂有脱模剂的胶囊上，再由硫化机进行硫化。硫化后，经过修边打磨，最终形成轮胎成品。在整个生产过程中，涉及颗粒物排放的工序主要包括原料称量、混炼、硫化后轮胎的修边打磨，涉及 VOCs 废气排放的工序主要包括炼胶、压出、压延、成型（胶浆制备及其使用过程）和硫化等。

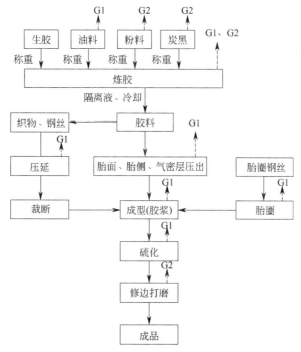

图 3-6　轮胎制造工艺流程和排污节点

G1—有机废气；G2—颗粒物

（2）轮胎翻新

轮胎翻新工艺主要分为热翻和冷翻，现在多以预硫化法冷翻为主。翻新轮胎采用胎面预硫化翻新技术，将旧胎体结构未受破坏的胎面打磨时，该环节易产生打磨粉尘；搅拌、刷胶、贴缓冲胶、贴胎面、胎面压合和贴补胎垫片工序及模压和填胶工序产生有机废气；在最后的加温硫化过程中，中垫胶和胶条会裂解产生少量硫化废气。

工艺流程和排污节点见图 3-7。

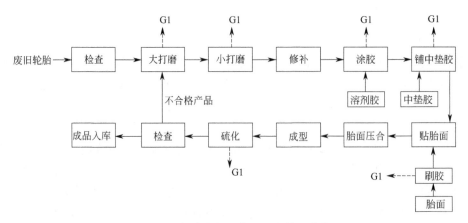

图 3-7　轮胎翻新工艺流程和排污节点
G1—有机废气

3.3.2.2　橡胶板、管、带制造

橡胶板、管、带生产工序主要包括密炼、挤出、压延、硫化等工艺。其中，密炼、挤出、压延工序与轮胎制造步骤相近。密炼和挤出工序易产生颗粒物、有机废气，并伴有异味；压延工序会有少量废气排放；硫化工序采用硫化生产线，此过程会有挥发性有机物废气排放并伴有异味。工艺流程和排污节点如图 3-8 所示。

图 3-8　橡胶板、管、带，橡胶零件，运动场地用塑胶制品，其他橡胶制品生产工艺流程和排污节点
G1—有机废气；G2—颗粒物

3.3.2.3　橡胶零件制造

由于橡胶零件制品种类较多，现以橡胶减震垫、橡胶防尘罩、橡胶垫圈三种产品生产工序为例进行阐述。首先将混炼胶放入压延机中压延，包裹成一定重量的卷料备用，并使用间接冷却法进行冷却。卷料进入预成型机挤出切割成胶胚，而后浸入含有隔离剂（硬脂酸锌）的水中，防止胶胚粘连。取出胶胚放入对应模具后进行硫化、脱模、修边和检验包装。其中，压延、预成型和热压成型涉及废气排放，修边和检验包装过程有少量颗粒物排放。工艺流程和排污节点如图 3-8 所示。

3.3.2.4　运动场地用塑胶制造

运动场地用塑胶胶粒的生产流程主要包括配料、混炼、挤出、硫化等工序。按照配方比例向混炼机中加入原辅料进行炼制，此工序产生粉尘和有机废气。混炼出料后进入挤出工序，混炼胶通过挤出机挤压成圆筒状，再用切刀切成规则尺寸的片状，此工艺产生少量有机废气。胶料经挤出后进入硫化工序，在硫化过程中发生一系列化学反应，有效加强橡胶的拉力、硬度、抗老化性、弹性等性能，此工序产生有机废气。硫化好的胶片切成易于加工的较小胶片后，投入造粒机经破碎形成小颗粒，此过程产生粉尘。最后将胶粒进行筛分，留在筛网上的颗粒即为产品。值得注意的是，产品运输到场地建设过程中涂胶工艺属于塑胶跑道工程工序，不在塑胶制造工序范围内。工艺流程和排污节点见图 3-8。

3.3.2.5　其他橡胶制品制造

防水、绝缘胶黏带是应用较为广泛的其他橡胶制品，制作工艺包括混炼、自黏混炼胶、挤出、硫化、收卷等，主要通过在密炼时增加胶黏剂提高胶黏带的自黏力。废气排放环节涉及混炼、挤出、硫化等工序。工艺流程和排污节点见图 3-8。

3.3.2.6　日用及医用橡胶制品制造

日用及医用橡胶制品种类繁多，现以医用手套为例进行阐述，其生产工艺包括洗模、浸钙水、浸凝固剂、凝固剂烘干、研磨、搅拌、浸胶乳、烘干、干燥硫化、脱模等。清洗干净的模具浸入钙水（由氯化钙、表面活性剂、纯水组成）为手模预热，以提高浸凝固剂效果；手模浸入凝固剂（由氯化钙、隔离剂、表面活性剂、纯水组成）以增强胶乳附着力，优化浸胶乳效果，并采用导热油炉烘干（该过程产生有机废气）。将硫黄、促进剂、防老剂与纯水按一定比例投入磨料机中进行混合研磨（该过程产生少量粉尘），配合剂、乳浊液和天然胶乳按一定比例加入配料罐并不停搅拌形成配合胶乳（该过程产生氨和有机废气），将带有凝固剂的手模浸入配合胶乳中两次，并在每次浸入后进行烘干（该过程产生有机废气）；在湿胶膜处于半干状态时，利用胶膜自黏性将胶膜端部卷成一定厚度圆圈，增强边缘的耐撕裂程度；将全干胶膜浸入热水中沥滤，去除水溶性物质，并进行干燥硫化（该过程产生有机废气）；硫化后的胶膜冷却后脱模，脱模后手套进行热水硫化，进一步清除凝固剂和水溶性物质（该过程产生废水）；硫化后的手套通过检查、包装后成为成品。

工艺流程和排污节点见图 3-9。

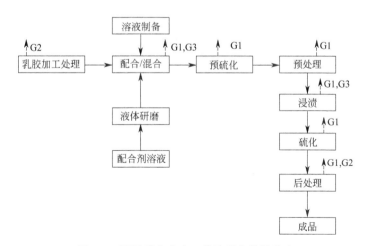

图 3-9　医用手套生产工艺流程和排污节点

G1—有机废气；G2—颗粒物；G3—氨

3.3.3 主要生产设备

橡胶制品生产设备种类多，按产品加工工艺分为炼胶设备、成型设备和硫化设备等，其中炼胶设备主要包括开炼机、密炼机、连续混炼机，成型设备主要包括压延机、挤出机、各类成型机，硫化设备主要包括轮胎定型硫化机、平板硫化机、鼓式硫化机和硫化罐等。

3.3.3.1 炼胶设备

（1）开炼机

开放式炼胶机简称开炼机，是橡胶工业生产中应用最广泛的一种设备，主要用于生胶的塑炼、破碎、洗涤、压片，胶料的混炼、压片以及胶料中的杂质清除，混炼胶的热炼、供胶，再生胶的粉碎、混炼、压片。开炼机按橡胶加工工艺用途分为混（塑）炼机、压片机、热炼机、破胶机、洗胶机、粉碎机、精炼机、再生胶混炼机、烟胶片压片机等。

开炼机示意见图 3-10。

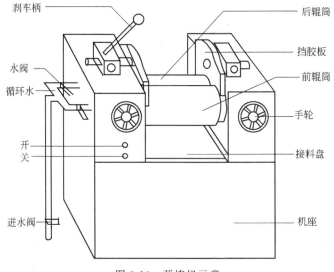

图 3-10 开炼机示意

（2）密炼机

密闭式炼胶机简称密炼机，主要用于橡胶的塑炼和混炼。密炼机是设有一对特定形状并相对回转的转子，在可调温度和压力的密闭状态下间隙对橡胶进行塑炼和混炼的机械。密炼机是在开炼机的基础上发展起来的一种高强度间隙性的混炼设备，具有炼胶容量大、时间短、生产效率高等特点，可以较好地克服粉尘飞扬、减少配合剂的损失、改善产品质量与工作环境，其操作安全便利，有益于实现机械化与自动化操作。

密炼机根据转子断面形状不同可分为椭圆形转子密炼机、圆筒形转子密炼机、三棱形转子密炼机；根据转子转速不同，可分为慢速密炼机（20 r/min 以下）、中速密炼机（30 r/min 以下）、快速密炼机（40 r/min 以上）；根据转速可变与否，可分为单速密炼机、双速密炼机（转子具有两个速度）、变速密炼机。

典型密炼机设备如图 3-11 所示。

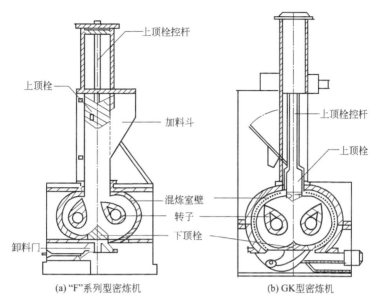

(a) "F"系列型密炼机　　　　(b) GK型密炼机

图 3-11　典型密炼机示意

3.3.3.2　成型设备

（1）压延机

压延机是橡胶压延制品加工过程的基本设备，属于重型高精度机械，主要用于胶料压片、织物挂胶、胶坯压型、胶片贴合。压延机按用途可分为压片压延机、擦胶压延机、压片擦胶压延机、贴合压延机、压型压延机、压光压延机、实验用压延机；按辊筒数目可分为两辊压延机、三辊压延机、四辊压延机、五辊压延机；按辊筒的排列形式可分为Ⅰ型压延机、△型压延机、L 型压延机、Γ 型压延机、Z 型压延机、S 型压延机。压延机设备示意如图 3-12 所示。

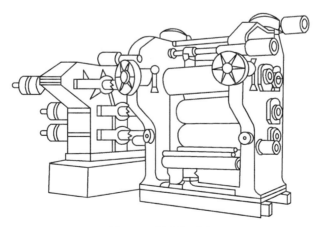

图 3-12　压延机示意

（2）挤出机

橡胶挤出机又称压出机，主要用于橡胶半成品的压型、混炼胶的过滤、生胶的塑炼、金属丝的包胶、再生胶的脱硫和压干，也可以用于胶料的造粒、压片及混炼。挤出机按螺杆数目可分为单螺杆挤出机和双螺杆挤出机，按可否排气分为排气挤出机和非排气挤出机，按螺杆空间位置可分为卧式挤出机和立式挤出机，按工艺条件可分为热喂料挤出机和冷喂料挤出机，按用途可分为塑炼挤出机、混炼挤出机、滤胶挤出机、压型挤出机等。

挤出机设备结构示意如图 3-13 所示。

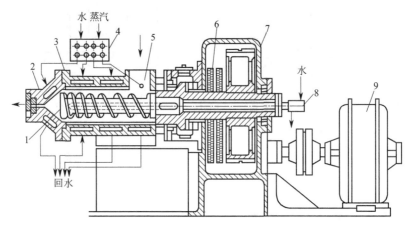

图 3-13　螺杆挤出机（热喂料）的结构示意

1—螺杆；2—机头；3—机筒；4—分配装置；5—加料口；6—螺杆尾部；7—变速装置；8—螺杆供水装置；9—电机

3.3.3.3　硫化设备

（1）定型硫化机

轮胎定型硫化机是在普通个体硫化机基础上发展起来的，主要由机架、蒸汽室、中心机构、升降机构、装卸机构、后充气机构等组成。定型硫化机的最主要特点在于用胶囊代替水胎，在一台机器上完成轮胎胎胚的装胎、定型、硫化、卸胎及外胎在模外充气冷却等工序，具体分类如下：

① 按胶囊类型可分为 A 型（或称 AFV 型）定型硫化机、B 型（或称 BOM 型）定型硫化机、AB 型（或称 AVBO 型）定型硫化机、R 型（或称 RIB 型）定型硫化机；

② 按用途可分为普通轮胎定型硫化机和子午线轮胎定型硫化机；

③ 按传动方式可分为曲柄连杆式定型硫化机、液压式定型硫化机和电动式定型硫化机；

④ 按加热方式可分为罐式定型硫化机、夹套式定型硫化机和液压式定型硫化机；

⑤ 按整体结构可分为定型硫化机和定型硫化机组。

（2）平板硫化机

平板硫化机是一种带有加热平板的压力机，主要由机身、油泵、控制阀、电气控制四大部件组成，具有结构简单、压力大、适应性广等特点，主要用于加工橡胶模型制品、胶带制品、胶板制品等。平板硫化机使用范围广、种类多，具体分类如下：

① 按用途可分为橡胶模制品平板硫化机、橡胶平带平板硫化机、橡胶 V 带平板硫化机、橡胶板平板硫化机；

② 按传动系统可分为液压式平板硫化机、机械式平板硫化机、液压机械式平板硫化机；

③ 按操纵系统可分为非自动式平板硫化机、半自动式平板硫化机、自动式平板硫化；

④ 按平板加热方式可分为蒸汽加热平板硫化机、电加热平板硫化机、过热水加热平板硫化机、导热油加热平板硫化机；

⑤ 按结构不同可分为柱式、框式、侧板式、连杆式、旋转式平板硫化机，单层式和多层式平板硫化机，单液压缸和多液压缸式平板硫化机，上缸式和下缸式平板硫化机，垂直式和横卧式平板硫化机。

（3）鼓式硫化机

鼓式硫化机主要由硫化鼓、压力带和伸张装置构成，用于硫化橡胶带，其具有连续硫化、制品表面光洁度高及生产过程自动化高等特点，但受压力和鼓径限制，制品厚度及制品的密实性不如平板硫化机。鼓式硫化机根据用途可分为平带鼓式硫化机和 V 带鼓式硫化机两类，平带鼓式硫化机主要用于对表面形状和表面质量有特殊要求的薄型板带，配上必要的预伸装置，还可用于硫化运输带、传动带及与其相类似的橡胶制品；V 带鼓式硫化机主要用于周长较大的 A、B、C、D 型 V 带的硫化。

（4）硫化罐

硫化罐主要用于硫化胶鞋、胶管、胶布、胶板、电线电缆、胶条及造纸、印刷、纺织等机器上的胶辊等。对于在平板硫化机上无法硫化的大规格模型制品，小可连同模型一起置于硫化罐中硫化。硫化罐的分类方法很多，具体情况如下：

① 按硫化罐体形分为卧式硫化罐和立式硫化罐；

② 按硫化制品分为胶鞋硫化罐、胶管硫化罐、胶布和胶辊硫化罐等；

③ 按加热形式不同分为直接蒸汽加热硫化罐、间接蒸汽加热硫化罐、混合气加热硫化罐和过热水加热硫化罐四种；

④ 按罐体结构不同分为单壁硫化罐和双壁硫化罐（夹套硫化罐）。

在实际生产中，除大型轮胎有采用立式硫化罐外，一般的橡胶制品多采用卧式硫化罐进行硫化。轮胎定型硫化机、平板硫化机、鼓式硫化机和硫化罐分别如图 3-14～图 3-17 所示。

图 3-14　轮胎定型硫化机

图 3-15　平板硫化机

图 3-16　鼓式硫化机

图 3-17　硫化罐

3.4　行业污染现状

3.4.1　行业产排污总体情况

据 2016 年中国环境统计年鉴数据显示，2015 年橡胶和塑料制品工业废气排放量为 4311 亿立方米，比 2013 年增加了 12.7%，且随着无组织排放控制要求的日趋严格，"应收尽收"等管理措施的不断加强，近年来行业有组织废气排放总量呈明显上升趋势。通过实地调研发现，当前行业废气收集和排放总量较十年前增长 20～25 倍。

根据全国第二次污染源普查数据显示，在挥发性有机物（VOCs）排放方面，全行业非甲烷总烃排放量约为 3 万吨/年。相对于 VOCs 污染，橡胶制品工艺废气普遍具有异味特性，其生产加工过程中的异味排放问题尤为突出，民众对橡胶制品企业周边弥漫橡胶异味和恶臭问题投诉屡见不鲜。生态环境部《2018—2020 年全国恶臭/异味污染投诉情况分析》（大气函〔2021〕17 号）显示，橡胶和塑料制品行业投诉率超过餐饮、医药制造等行业，常年高居前四位。

相对于废气，橡胶制品工业废水产生水平较低。据中国环境统计年鉴显示，我国工业废水主要以化学原料和化学制品制造业、造纸及纸制品业、纺织业等行业排放为主，2015 年排名前 10 位的行业废水排放量合计 1355190 万吨，占总排放量的 75%；橡胶制品工业废水排放量排名第 22 位，为 12606 万吨，仅占总排放量的 0.69%。除日用及医用橡胶制品涉及工艺废水外，其他橡胶制品产生废水主要包括锅炉的排浓水、治理设施的喷淋废水、设备及部件冷却水等，常见处理措施为循环使用或处理后达标排放。日用及医用橡胶制品工艺废水主要为蒸汽冷却水、清洗和浸泡废水、水脱水废水以及喷淋废水等，常见处理措施为排至污水处理设施，经过"物化＋生物（厌氧、好氧）"处理后达标排放。

综上所述，橡胶制品种类众多，原辅材料、生产工艺和设备设施复杂多样，各类橡胶制品在生产过程中，以颗粒物、挥发性有机物及异味等大气污染物排放为主；行业废水排放水平相对较低，但日用及医用橡胶制品工艺废水不容忽视。除再生橡胶脱硫工艺废气含有高浓度 VOCs 和异味污染物外，轮胎、橡胶板管带、橡胶零件等制品工艺废气通常具有风量大、浓度低、成分复杂、异味明显等特点，且由于生产工艺、工况等条件限制，容易存在废气产生点位多且分散、低效或过度收集、无组织逸散明显、污染物去除效率较低等问题。因此，本书特别甄选典型橡胶制品企业，对其挥发性有机物及异味污染排放特征进行分析。

3.4.2　挥发性有机物及异味排放特征

橡胶制品制造主要包括炼胶、挤出、压延、浸渍、硫化等工序，其中，炼胶、硫化工序需在较高温度下进行，易产生 VOCs 和异味物质；挤出、压延等工序污染程度较低。此外，含有机溶剂的胶浆生产、储存过程亦是重要的污染排放环节。调查研究表明，橡胶制品企业整体废气排放浓度水平较低，但排放量相对较大；排放点位一般较分散，炼胶和硫化工序有几十个甚至上百个排放点，不利于收集和污染控制；废气排放形式包括有组织排放和无组织排放，其中挤出、压延、硫化等工序由于受到工艺限制，全密闭生产存在一定困难。

为全面深入研究橡胶制品行业 VOCs 和异味污染排放特征，本节选择轮胎制造、橡胶板管带制造、日用及医用橡胶制品制造等典型橡胶制品制造企业进行分析，企业信息如表 3-16 所列。分析结果显示，不同产品类型、同一产品类型但不同生产企业之间，因其使用配方不同，产排污情况存在较大区别；整体排放水平几至几十毫克每立方米不等；主要排放物质为烷烯烃、苯系物、含氧有机物；关键致臭物质为异丁醛、异戊醛、己基硫醇、丁基硫醇、苯乙烯和三甲胺等。

表 3-16　橡胶企业信息汇总表

企业类型	企业名称	主要产品	年产量	废气排放量/(m^3/h)
轮胎制造	A	乘用车轮胎、卡客车轮胎	300 万条	70000~90000
	B	乘用车轮胎、自行车轮胎、摩托车轮胎	1210 万条	50000~80000
	C	工程车轮胎	21 万条	13000~15000
橡胶板、管、带制造	D	输送带	1200 万平方米	10000~40000
	E	输送带	5000 万平方米	15000~40000
日用及医用橡胶制品制造	F	绝缘手套	80 万副	8000~15000

3.4.2.1　轮胎制造

总体来看，轮胎制造密炼工艺的排放水平最高、污染最重，总浓度达到几十 mg/m^3。从物质组成来看，轮胎制造以排放烷烃、芳香烃、酮类和醇类物质为主，如图 3-18 所示。对于不同轮胎制品，排放特征存在一定差异，企业 A 和企业 B 主要生产乘用胎，排放特征相近，废气中主要含有烷烃、烯烃、芳香烃和含氧有机物，包括 2-甲基己烷、3-甲基己烷、2-甲基庚烷等；而企业 C 产品多为工程胎，废气中主要含有芳香烃、酮类和含氮化合物，主要排放苯乙烯、甲基异丁酮、三甲胺、2-甲基己烷等物质，如表 3-17 所列。

表 3-17　轮胎制造企业废气主要污染物和关键致臭物质

企业编号	生产工序	主要污染物 （浓度水平排名前 10）	关键致臭物质 （阈稀释倍数排名前 5 及其异味贡献率）
A	密炼	2-甲基己烷、3-甲基己烷、2-甲基庚烷、正庚烷、3-甲基戊烷、甲基环己烷、辛烷、苯乙烯、2,3-二甲基戊烷、正己烷	异戊醛(78.50%)、异丁醛(14.19%)、乙醛(3.21%)、2-甲基庚烷(1.02%)、苯乙烯(0.82%)
	硫化	2-甲基庚烷、正庚烷、3-甲基己烷、3-甲基庚烷、2-甲基己烷、甲基环己烷、乙醇、辛烷、正己烷、甲基异丁酮	正己醛(62.12%)、2-甲基庚烷(9.81%)、甲基环己烷(6.53%)、苯乙烯(2.99%)、对-乙基甲苯(2.21%)
B	密炼	3-甲基己烷、2-甲基己烷、正庚烷、甲基环己烷、正己烷、2-甲基庚烷、3-甲基庚烷、甲基异丁酮、辛烷、1,2,4-三甲苯	异戊醛(62.61%)、间-乙基甲苯(7.24%)、丙苯(5.50%)、对-乙基甲苯(4.65%)、甲基环己烷(4.00%)
	硫化	正庚烷、3-甲基己烷、2-甲基己烷、甲基环己烷、乙酸乙酯、2-甲基庚烷、二硫化碳、3-甲基庚烷、辛烷、甲基异丁酮	异戊醛(66.17%)、正己醛(10.91%)、异丁醛(5.50%)、2-甲基庚烷(4.65%)、二甲基二硫(4.00%)

续表

企业编号	生产工序	主要污染物（浓度水平排名前 10）	关键致臭物质（阈稀释倍数排名前 5 及其异味贡献率）
C	密炼	苯乙烯、甲基异丁酮、三甲胺、萘、二硫化碳、间-二异丙苯、1,2,4-三甲苯、丙酮、对-二异丙苯、甲苯	三甲胺（86.36%）、苯乙烯（9.13%）、对-二乙苯（2.11%）、对-乙基甲苯（0.72%）、苯乙烯（0.63%）
	开炼	苯乙烯、甲基异丁酮、萘、对-二异丙苯、1,2,4-三甲苯、茚、丙酮、二氢化茚、二硫化碳、对-乙基甲苯	苯乙烯（59.38%）、对-二乙苯（30.83%）、丙苯（3.41%）、对-乙基甲苯（2.41%）、甲基异丁酮（1.39%）
	硫化	三甲胺、2-甲基己烷、3-甲基己烷、正庚烷、2,3-二甲基己烷、2-甲基庚烷、4-甲基庚烷、甲基环己烷、2,4-二甲基己烷、2,5-二甲基己烷	三甲胺（99.95%）

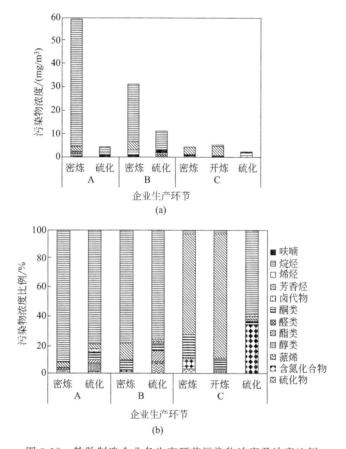

图 3-18　轮胎制造企业各生产环节污染物浓度及浓度比例

　　轮胎制造各企业不同工艺主要异味物质贡献率见图 3-19 和表 3-17。不同企业以及同一企业不同工艺异味物质存在一定差异。对比不同企业，企业 A、B 主要异味物质均为醛类，但具体物质有所差异，企业 A、B 密炼工序异味贡献率最高的均是异戊醛，而硫化工序企业 A 为正己醛，企业 B 为异戊醛。企业 C 主要异味物质包括三甲胺、苯乙烯和对二乙苯。

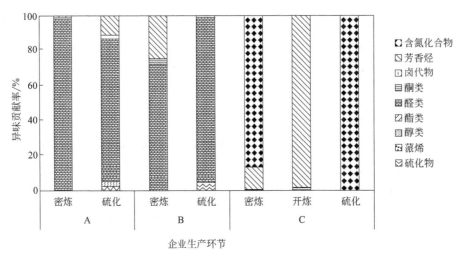

图 3-19　轮胎制造企业各生产环节异味物质异味贡献率

3.4.2.2　橡胶板管带制造

两个橡胶板管带制造企业污染物排放浓度存在一定差异，具体排放水平和物质种类及浓度占比如图 3-20 所示，企业 D 密炼过程 VOCs 浓度最高，企业 E 密炼过程与硫化

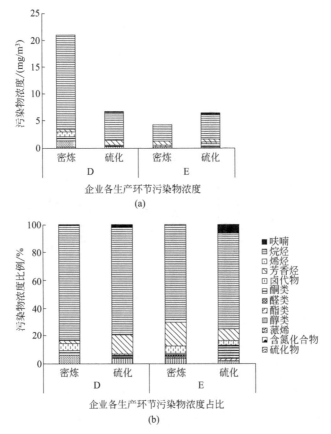

图 3-20　橡胶板管带制造企业各生产环节污染物浓度及浓度比例

过程 VOCs 排放量相当。从排放物质种类来看,两家企业较为类似,主要排放烷烃类物质,其中正己烷浓度最高,如表 3-18 所列。两个企业不同工艺主要异味物质异味贡献率如图 3-21 和表 3-18 所示,两个企业主要异味物质较为类似,密炼过程异味物质种类为醛类,其中异戊醛异味贡献率最大,其次是异丁醛;硫化过程主要异味物质为苯系物和烷烃,包括 2-甲基己烷、苯乙烯等。

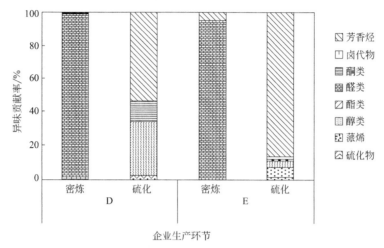

图 3-21　橡胶板管带制造企业各生产环节异味物质异味贡献率

表 3-18　橡胶板管带制造企业废气主要污染物和关键致臭物质

企业编号	生产工序	主要污染物 (浓度水平排名前 10)	关键致臭物质 (阈稀释倍数排名前 5 及其异味贡献率)
D	密炼	正己烷、甲基环戊烷、3-甲基戊烷、乙醇、三氯甲烷(氯仿)、2-甲基己烷、甲基环己烷、正庚烷、环己烷、丙酮	异戊醛(70.10%)、异丁醛(23.05%)、正己烷(3.41%)、乙醇(2.41%)、甲基环己烷(1.39%)
D	硫化	正己烷、2-甲基戊烷、α-甲基苯乙烯、3-甲基己烷、3-甲基戊烷、2-甲基己烷、正庚烷、乙醇、2,3-二甲基戊烷、四氢呋喃	2-甲基己烷(18.51%)、苯乙烯(18.50%)、乙醇(12.62%)、3-甲基戊烷(11.17%)、正庚烷(10.28%)
E	密炼	正己烷、3-甲基戊烷、2-甲基戊烷、乙醇、1,2,4-三甲苯、间-乙基甲苯、二氯甲烷、苯、甲基环戊烷、苯乙烯	异戊醛(89.08%)、异丁醛(5.16%)、间-乙基甲苯(1.90%)、对-乙基甲苯(1.19%)、丙苯(0.68%)
E	硫化	正己烷、2-甲基戊烷、丙酮、3-甲基戊烷、甲基环戊烷、2,2,4,6,6-五甲基庚烷、异戊烷、四氢呋喃、3-甲基己烷、苯乙烯	苯乙烯(40.27%)、间-乙基甲苯(10.63%)、正己烷(5.43%)、甲基环己烷(4.47%)、α-蒎烯(4.39%)

3.4.2.3　日用及医用橡胶制品制造

日用及医用橡胶制品制造企业 VOCs 种类排放占比情况如表 3-19 所列,脱模干燥工序废气中主要含有乙醇、正己烷、乙醛、异丁烯、2-甲基戊烷、3-甲基戊烷、丙烯醛、丁烷、3-甲基己烷、2,3-二甲基戊烷等醇类、醛类、酮类和烷烃;硫化工序废气中主要含有乙醇、丙酮、2-丁酮、丙烷、丁烷、正己烷、2-甲基丁烷、3-甲基戊烷、十一烷、异丁烷等醇类、酮类、醛类和烷烃,乙醇在硫化和脱模干燥工序排放浓度均是最高的。

表 3-19　日用及医用橡胶制品制造企业 VOCs 种类排放占比情况　　单位：%

物质种类	脱模干燥	硫化
硫化物	0.07	1.74
醇类	41.94	26.86
醛类	2.46	10.38
酮类	21.36	2.00
卤代物	1.21	0.71
芳香烃	4.50	7.09
烯烃	—	7.82
烷烃	28.45	43.40

醛类是脱模干燥和硫化工艺的主要异味贡献物质。脱模干燥废气中主要异味物质及其贡献率为乙醛（79.15%）、乙醇（10.34%）、间-二甲苯（5.95%）、苯乙烯（2.51%）和 2-甲基丁烷（1.11%）；硫化工序废气中异味物质及其贡献率为异戊醛（54.63%）、乙醛（43.44%）、苯乙烯（1.05%）、二硫化碳（0.38%）、异戊二烯（0.33%）。

3.5　污染物排放标准

目前，我国橡胶制品行业涉及的污染物排放标准体系较为健全，主要包括《橡胶制品工业污染物排放标准》（GB 27632）、《恶臭污染物排放标准》（GB 14554）、《挥发性有机物无组织排放控制标准》（GB 37822）、《锅炉大气污染物排放标准》（GB 13271）等，分别从污染物排放控制以及监测、监督管理等角度对行业企业提出了相关具体要求。

与行业相关的国家现行排放标准如表 3-20 所列。

表 3-20　橡胶制品工业国家现行排放标准

适用范围	标准名称	标准号
轮胎、橡胶板管带、橡胶零件、日用及医用橡胶制品、运动场地用塑胶及其他橡胶制品	《橡胶制品工业污染物排放标准》	GB 27632—2011
	《恶臭污染物排放标准》	GB 14554—1993
	《挥发性有机物无组织排放控制标准》	GB 37822—2019
	《锅炉大气污染物排放标准》	GB 13271—2014
再生橡胶制造、轮胎翻新	《大气污染物综合排放标准》	GB 16297—1996
	《污水综合排放标准》	GB 8978—1996
	《恶臭污染物排放标准》	GB 14554—1993
	《挥发性有机物无组织排放控制标准》	GB 37822—2019
	《锅炉大气污染物排放标准》	GB 13271—2014

对于不同层级、不同类型排放标准的执行顺序，应按照生态环境部《生态环境标准管理办法》（部令 第 17 号）第二十四条规定执行，具体如下所述。

① 地方污染物排放标准优先于国家污染物排放标准；地方污染物排放标准未规定的项目，应当执行国家污染物排放标准的相关规定。

② 同属国家污染物排放标准的，行业型污染物排放标准优先于综合型和通用型污染物排放标准；行业型或者综合型污染物排放标准未规定的项目，应当执行通用型污染物排放标准的相关规定。

③ 同属地方污染物排放标准的，流域（海域）或者区域型污染物排放标准优先于行业型污染物排放标准，行业型污染物排放标准优先于综合型和通用型污染物排放标准。流域（海域）或者区域型污染物排放标准未规定的项目，应当执行行业型或者综合型污染物排放标准的相关规定；流域（海域）或者区域型、行业型或者综合型污染物排放标准均未规定的项目，应当执行通用型污染物排放标准的相关规定。

3.5.1　《橡胶制品工业污染物排放标准》

《橡胶制品工业污染物排放标准》（GB 27632—2011）由环境保护部（现为生态环境部）于 2011 年 9 月 21 日批准，2012 年 1 月 1 日起实施，标准规定了 4 项大气污染物和 9 项水污染物的排放限值，同时规定了标准执行中的相关要求。

在大气污染物排放控制方面，该标准对颗粒物、氨、甲苯及二甲苯、非甲烷总烃等污染物以及基准排气量提出了相关排放限值要求，如表 3-21 所列。为控制稀释排放，对于单位胶料实际排气量不高于单位胶料基准排气量的，按标准规定的排放浓度限值执行；对于单位胶料实际排气量高于单位胶料基准排气量的，按标准规定公式换算后，以大气污染物基准气量排放浓度执行。另外，标准还规定了颗粒物、甲苯、二甲苯、非甲烷总烃的厂界无组织排放限值，如表 3-22 所列。

表 3-21　企业大气污染物排放限值

序号	污染物项目	生产工艺或设施	排放限值 /(mg/m³)	基准排气量 /(m³/t胶)	污染物排放监控位置
1	颗粒物	轮胎企业及其他制品企业炼胶装置	12	2000	车间或生产设施排气筒
		乳胶制品企业后硫化装置		16000	
2	氨	乳胶制品企业浸渍、配料工艺装置	10	80000	
3	甲苯及二甲苯合计	轮胎企业及其他制品企业胶浆制备、浸浆、胶浆喷涂和涂胶装置	15	—	
4	非甲烷总烃	轮胎企业及其他制品企业炼胶、硫化装置	10	2000	
		轮胎企业及其他制品企业胶浆制备、浸浆、胶浆喷涂和涂胶装置	100	—	

注：适用于自 2012 年 1 月 1 日起新建企业。

表 3-22　厂界无组织排放限值

序号	污染物项目	限值/(mg/m³)
1	颗粒物	1.0
2	甲苯	2.4
3	二甲苯	1.2
4	非甲烷总烃	4.0

在水污染物排放控制方面，该标准分别对直接排放和间接排放的 pH 值、悬浮物、五日生化需氧量、化学需氧量、氨氮、总氮、总磷、石油类、总锌等指标提出了相关排放限值要求，如表 3-23 所列。此外，为控制稀释排放，标准还规定了基准排水量，即对于单位胶料实际排水量不高于单位胶料基准排水量的按照标准规定的限值执行；对于单位胶料实际排水量高于单位胶料基准排水量的，按标准规定的公式换算后，按换算浓度执行。

表 3-23 企业水污染物排放限值　　　　　　　　　单位：mg/L

序号	污染物项目	直接排放限值		间接排放限值	污染物排放监控位置
		轮胎企业和其他制品企业	乳胶制品企业		
1	pH 值	6~9(无量纲)	6~9(无量纲)	6~9(无量纲)	
2	悬浮物	10	40	150	
3	五日生化需氧量(BOD₅)	10	10	80	
4	化学需氧量(CODCr)	70	70	300	企业废水总排放口
5	氨氮	5	10	30	
6	总氮	10	15	40	
7	总磷	0.5	0.5	1.0	
8	石油类	1	1	10	
9	总锌	—	1.0	3.5①	
	基准排水量/(m³/t胶)	7	80	②	排水量计量位置与污染物排放监控位置一致

① 乳胶制品企业排放限值。
② 表中直接排放的基准排水量适用于相应类型企业的间接排放。
注：适用于自 2012 年 1 月 1 日起新建企业。

3.5.2 《挥发性有机物无组织排放控制标准》

《挥发性有机物无组织排放控制标准》（GB 37822—2019）由生态环境部于 2019 年 4 月 16 日批准，2019 年 7 月 1 日起实施。

该标准规定了 VOCs 物料储存无组织排放控制要求、VOCs 物料转移和输送无组织排放控制要求、工艺过程 VOCs 无组织排放控制要求、设备与管线组件 VOCs 泄漏控制要求、敞开液面 VOCs 无组织排放控制要求，以及 VOCs 无组织排放废气收集处理系统要求、企业厂区内及周边污染监控要求。

地方生态环境主管部门可根据当地环境保护需要，对厂区内 VOCs 无组织排放状况进行监控，具体实施方式由各地自行确定。企业厂区内 VOCs 无组织排放监控点浓度应符合表 3-24 规定的限值。

表 3-24 厂区内 VOCs 无组织排放限值　　　　　　单位：mg/m³

污染物项目	排放限制	特别排放限制	限制含义	无组织排放监控位置
NMHC	10	6	监控点处 1h 平均浓度值	在厂房外设置监控点
	30	20	监控点处任意一次浓度值	

3.5.3　《恶臭污染物排放标准》

《恶臭污染物排放标准》（GB 14554—93）由国家环境保护局（现为生态环境部）于 1993 年 8 月 6 日发布，1994 年 1 月 15 日起实施。

该标准规定了 8 种恶臭污染物的一次最大排放限值、复合恶臭物质的臭气浓度限值及无组织排放源的厂界浓度限值。

排污单位排放（包括泄漏和无组织排放）的恶臭污染物，在排污单位边界上规定监测点（无其他干扰因素）的一次最大监督值（包括臭气浓度）都必须低于或等于恶臭污染物厂界标准值。排污单位经排水排出并散发的恶臭污染物和臭气浓度必须低于或等于恶臭污染物厂界标准值，恶臭污染物厂界标准值如表 3-25 所列。

表 3-25　恶臭污染物厂界标准值

序号	控制项目	单位	一级	二级		三级	
				新扩改建	现有	新扩改建	现有
1	氨	mg/m³	1.0	1.5	2.0	4.0	5.0
2	三甲胺	mg/m³	0.05	0.08	0.15	0.45	0.80
3	硫化氢	mg/m³	0.03	0.06	0.10	0.32	0.60
4	甲硫醇	mg/m³	0.004	0.007	0.010	0.020	0.035
5	甲硫醚	mg/m³	0.03	0.07	0.15	0.55	1.10
6	二甲基二硫	mg/m³	0.03	0.06	0.13	0.42	0.71
7	二硫化碳	mg/m³	2.0	3.0	5.0	8.0	10
8	苯乙烯	mg/m³	3.0	5.0	7.0	14	19
9	臭气浓度	无量纲	10	20	30	60	70

排污单位经排气筒（高度 15m 及以上）排放的恶臭污染物的排放量和臭气浓度都必须低于或等于恶臭污染物排放标准。表 3-26 中所列的排气筒高度系指从地面（零地面）起至排气口的垂直高度。凡在表 3-26 所列两种高度之间的排气筒，采用四舍五入方法计算其排气筒的高度。有组织排放源采样频率应按生产周期确定监测频率，生产周期在 8h 以内的，每 2h 采集一次；生产周期大于 8h 的，每 4h 采集一次，取其最大测定值。

表 3-26　恶臭污染物排放标准值

序号	控制项目	排气筒高度/m	排放量/(kg/h)
1	硫化氢	15	0.33
		20	0.58
		25	0.90
		30	1.3
		35	1.8
		40	2.3
		60	5.2
		80	9.3
		100	14
		120	21

续表

序号	控制项目	排气筒高度/m	排放量/(kg/h)
2	甲硫醇	15	0.04
		20	0.08
		25	0.12
		30	0.17
		35	0.24
		40	0.31
		60	0.69
3	甲硫醚	15	0.33
		20	0.58
		25	0.90
		30	1.3
		35	1.8
		40	2.3
		60	5.2
4	二甲基二硫	15	0.43
		20	0.77
		25	1.2
		30	1.7
		35	2.4
		40	3.1
		60	7.0
5	二硫化碳	15	1.5
		20	2.7
		25	4.2
		30	6.1
		35	8.3
		40	11
		60	24
		80	43
		100	68
		120	97
6	氨	15	4.9
		20	8.7
		25	14
		30	20
		35	27
		40	35
		60	75
7	三甲胺	15	0.54
		20	0.97
		25	1.5
		30	2.2
		35	3.0
		40	3.9

续表

序号	控制项目	排气筒高度/m	排放量/(kg/h)
7	三甲胺	60	8.7
		80	15
		100	24
		120	35
8	苯乙烯	15	6.5
		20	12
		25	18
		30	26
		35	35
		40	46
		60	104
		排气筒高度/m	标准值（无量纲）
9	臭气浓度	15	2000
		25	6000
		35	15000
		40	20000
		50	40000
		≥60	60000

3.5.4 《锅炉大气污染物排放标准》

《锅炉大气污染物排放标准》（GB 13271—2014）由国家环境保护部（现为生态环境部）于 2014 年 5 月 16 日颁布，2014 年 7 月 1 日起实施。

该标准分年限规定了锅炉烟气中烟尘、二氧化硫和氮氧化物的最高允许排放浓度和烟气黑度的排放限值。10t/h 以上在用蒸汽锅炉和 7MW 以上在用热水锅炉自 2015 年 10 月 1 日起，10t/h 及以下在用蒸汽锅炉和 7MW 及以下在用热水锅炉自 2016 年 7 月 1 日起，执行表 3-27 规定的大气污染物排放限值；自 2014 年 7 月 1 日起，新建锅炉执行表 3-28 规定的大气污染物排放限值。此外，对于重点地区还规定了锅炉大气污染物特别排放限值。

表 3-27 在用锅炉大气污染物排放浓度限值

污染物项目	限值/(mg/m³)			污染物排放监控位置
	燃煤锅炉	燃油锅炉	燃气锅炉	
颗粒物	80	60	30	烟囱或烟道
二氧化硫	400 550①	300	100	
氮氧化物	400	400	400	
汞及其化合物	0.05	—	—	
烟气黑度(林格曼黑度)/级	≤1			烟囱排放口

① 位于广西壮族自治区、重庆市、四川省和贵州省的燃煤锅炉执行该限值。

表 3-28　新建锅炉大气污染物排放浓度限值

污染物项目	限值/(mg/m³)			污染物排放监控位置
	燃煤锅炉	燃油锅炉	燃气锅炉	
颗粒物	50	30	20	烟囱或烟道
二氧化硫	300	200	50	
氮氧化物	300	250	200	
汞及其化合物	0.05	—	—	
烟气黑度(林格曼黑度)/级	≤1			烟囱排放口

第 4 章

橡胶制品行业主要污染物控制技术

《中共中央 国务院关于深入打好污染防治攻坚战的意见》（2021 年 11 月 2 日）明确提出以更高标准打好蓝天、碧水、净土保卫战，以高水平保护推动高质量发展、创造高品质生活，努力建设人与自然和谐共生的美丽中国，坚持方向不变、力度不减，突出精准治污、科学治污、依法治污。对于橡胶行业，除日用及医用橡胶制品工艺废水不容忽视外，其他橡胶制品生产多以废气排放为主，通常具有风量大、浓度低、成分复杂、异味明显等特点，如何减污降碳协同增效是摆在众企业面前的一个共性问题，特别是橡胶异味扰民投诉居高不下，企业被要求限期整改屡见不鲜，甚至伴有责令搬迁风险，行业大气污染防治攻坚任重道远。

4.1 废气治理

4.1.1 源头减排

（1）原辅材料替代

原辅材料的种类和质量是影响挥发性有机物（VOCs）和异味等大气污染物产生和排放水平的重要因素。改进生产配方，使用低（无）VOCs 含量、低反应活性的绿色原辅材料，减少使用有毒有害、气味较大、消耗臭氧层的有机溶剂，可有效降低污染物排放源强，减轻末端治理压力。例如，推广使用石蜡油、植物油等环保型工艺油全面替代芳烃油、煤焦油等助剂；禁止使用含煤焦油的再生胶；使用新型偶联剂；轮胎制造鼓励使用《绿色轮胎原材料推荐指南》中的原料；对于使用胶粘剂的，应满足《环境标志产品技术要求 胶粘剂》（HJ 2541）相关要求等。

（2）生产工艺改进

加强清洁生产、淘汰落后产能、优化工艺和参数、提高生产装备设施的密闭性和自动化及智能化水平是有效抑制废气产生和实现高效收集治理的重要手段。例如，采用固体小料自动称量、液体小料自动计量技术，可在提高精度的同时减少废气排放量；采用胶片水冷技术可避免产生大量风冷废气；采用低温一次法炼胶工艺结合自动化辅助系统，可实现配料、投料、混炼、排胶等生产过程的自动连续完成，提高生产效率，降低单位产品能耗及各类污染物排放量；采用冷喂料技术，可有效减少压出（挤出）、压延等预处理工序的热反应污染物产生；逐步淘汰开放式炼胶作业，可有效提升生产自动化和连续性，改善废气收集效果，减少废气无组织逸散；采用无胶浆成型技术，可从根本上减少 VOCs 液体物料的用量及相关污染物的挥发。

4.1.2 过程控制

（1）一般原则

① 应加强物料贮存、投加及生产设备设施密闭，宜采用"减风增浓、密闭操作"方式。

② 应加强对颗粒物、VOCs 和异味等污染物的无组织排放控制，VOCs 无组织废气排放控制要求应符合《挥发性有机物无组织排放控制标准》（GB 37822）的相关规定。

③ 应根据废气性质、排放方式及污染物种类和浓度等进行分类收集。纯颗粒物的收集系统应独立于 VOCs 收集系统，应符合《粉尘爆炸危险场所用除尘系统安全技术规范》（AQ 4273）的相关规定。

④ 废气收集方式，宜根据污染物散发特性采用计算机模拟的方法对污染物控制效果进行模拟预测，辅助优化设计。废气收集处理设施应科学设计、充分论证。

（2）物料储存过程控制措施

① VOCs 及粉状、粒状物料应储存于密闭的容器、包装袋、储罐、储库、料仓中；盛装相关物料的容器或包装袋应存放于室内，或存放于设置有雨棚、遮阳和防渗设施的专用场地，且在非取用状态时应加盖、封口，保持密闭。

② VOCs 储罐及粉状、粒状物料包装袋应密封良好，相关物料储库、料仓应满足密闭空间的要求。

③ 有机溶剂储罐应安装呼吸阀，并接入废气收集处理系统。

（3）物料投加过程控制措施

① 宜采用自动化密闭化计量、配料、输送、投料辅机系统。未实现自动化的，应减少含 VOCs 物料的手工调配量，缩短现场调配和待用时间。

② 液态 VOCs 物料宜采用密闭管道输送方式或采用高位槽（罐）、桶泵等给料方式密闭投加。无法密闭投加的，应在密闭空间内操作，或进行局部气体收集，废气应排至 VOCs 废气收集处理系统。

③ 粉状、粒状物料宜采用气力输送、管状带式输送、螺旋输送等密闭输送方式投加。无法密闭投加的，应在密闭空间内操作或进行局部气体收集，废气应排至除尘设施、VOCs 废气收集处理系统。

④ VOCs 及粉状、粒状物料卸（出、放）料过程应密闭，卸料废气应排至除尘设施、VOCs 废气收集处理系统；无法密闭的，应采取局部气体收集措施，废气应排至除尘设施、VOCs 废气收集处理系统。

（4）制造加工过程控制措施

① 生产工艺废气收集系统应优先采用密闭罩或通风柜的方式；无法采用密闭罩或通风柜的，可采用集气罩局部收集或整体收集的方式。集气罩的设置应符合《排风罩的分类及技术条件》（GB/T 16758）的相关规定。

② 挥发性有机废气收集系统的输送管道应密闭。废气收集系统应在负压下运行；若处于正压状态，应对输送管道组件的密封点进行泄漏检测，泄漏检测值不应超过 $500\mu mol/mol$，亦不应有感官可察觉泄漏。

③ 同一设备或同一工艺过程，宜设置单独的收集装置；若有多个污染源排放点，宜在每个排放点设置单独的收集装置。单个收集装置的风量应根据收集装置尺寸、设备发热量、热羽流特性等综合确定，并根据污染排放特性设置单个收集装置的运行策略。废气收集装置以不影响工艺过程为前提，尽可能靠近废气污染排放源，并考虑检修空间、消防安全等需求。相同工艺多台设备采用大围罩收集的，应按照全面排风消除余热和有害物质进行总排风量计算。

④ 满足同一处理工艺的车间多台设备排放的废气，宜采用集中收集系统，该系统的风管设计、风机选型应符合《工业建筑供暖通风与空气调节设计规范》（GB 50019）的相关要求。集中收集系统的总风量宜根据收集装置开启时的最大重叠率进行计算，并根据收集装置的重叠率变化规律进行变风量运行控制，各独立收集装置宜设置与工艺联动的自动启闭阀门；在各支路风量一致时应安装风量均流装置，保障系统变风量运行控制时的各支路风量平衡。采用整体收集并且有人员在密闭空间中作业的，废气收集系统风量还应同时考虑控制风速和有害物质的接触限值；气流组织应确保送风或补风先经过人员呼吸带，且保证空间内无废气滞留死角。

⑤ 废气排风量应纳入车间的风量平衡计算，生产车间应设置与废气收集风量相匹配的补风，宜采用与废气收集点对应的分散式补风方式；对于有洁净度和压差要求的车间，压差控制应考虑排风量的影响。

4.1.3　末端治理

VOCs 与异味治理大体可分为回收技术和消除技术，回收技术是通过物理方法，在一定温度和压力下，用选择性吸收剂、吸附剂或选择性渗透膜等方法分离废气中具有较高价值的组分；消除技术是通过化学或生物反应等，在光、热、催化剂和微生物等作用下将有机物转化为水和二氧化碳。据行业调研发现，颗粒物采用袋式除尘、氨采用吸收法可达较好治理效果，对于 VOCs 及异味治理，常采用吸附、吸收、燃烧、低温等离子体、光解与光催化及组合技术。

企业新建治污设施或对现有治污设施实施改造时，应依据排放废气的浓度、组分、风量、温度、湿度、压力，以及生产工况等，合理选择治理技术。鼓励企业采用多种技术的组合工艺，提高 VOCs、异味等治理效率。低浓度、大风量废气，宜采用沸石转轮吸附、活性炭吸附、减风增浓等浓缩技术，提高污染物浓度后净化处理；高浓度废气，优先进行溶剂回收，难以回收的，宜采用高温焚烧、催化燃烧等技术。低温等离子体、光催化、光氧化技术主要适用于异味治理；生物法主要适用于低浓度 VOCs 和异味治理。

（1）袋式除尘

该技术可作为配料、投料、炼胶、打磨、模具喷砂等工序废气除尘，属于橡胶行业废气的预处理技术。常采用软质滤料缝制成布袋，布袋上涂抹消石灰（氢氧化钙），采用钢筋焊成的除尘骨架支撑，主要靠布袋外表面形成的颗粒物层维持除尘效率，以消石灰去除油脂。布袋存在机械磨损，需定期更换。袋式除尘工艺宜采用负压除尘系统，工艺流程、除尘器外观及内部结构分别如图 4-1、图 4-2 所示。

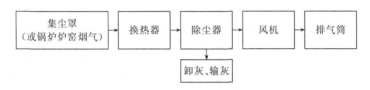

图 4-1　负压除尘系统工艺流程

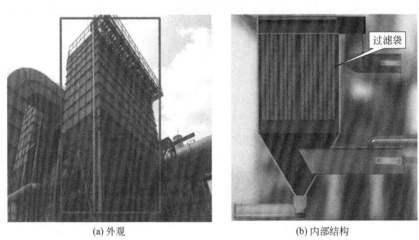

　　　　　(a) 外观　　　　　　　　　　　　　　(b) 内部结构

图 4-2　除尘器外观及内部结构图

（2）吸附法

该技术是利用多孔固体材料吸附选择性的不同，将气体混合物中的一种或多种组分积聚或浓缩于吸附剂表面，分离污染物组分，从而达到气体净化的目的，固体吸附颗粒吸附过程如图 4-3 所示。吸附法属于橡胶行业废气的预处理技术。目前，常规吸附工艺大多采用变温吸附，即在常压下将有机气体经吸附剂吸附浓缩后，再采用一定方法（如升温或减压）进行解吸，从而得到高浓度的有机气体，此高浓度有机气体可通过冷凝或吸收工艺直接回收或经燃烧工艺完全分解。

在吸附过程中，被吸附到固体表面的物质称为吸附质，吸附质所依附的物质称为吸附剂。气体吸附分离成功与否，极大程度上依赖于吸附剂的性能，因此选择吸附剂是确定吸附操作的首要问题。工业上常用吸附剂主要有活性炭、硅胶、活性氧化铝、沸石分子筛等，如图 4-4 所示，其中活性炭、分子筛可较好应用于橡胶行业废气的 VOCs 及异味治理。

在橡胶行业，实际应用较多的吸附工艺为固定床吸附和旋转式吸附，吸附装置如图 4-5 所示。固定床吸附技术适用于炼胶、压出（挤出）、压延、硫化等连续或间歇工况，吸附过程中吸附剂床层处于静止状态；旋转式吸附技术适用于连续、稳定工况产生废气的预浓缩，吸附过程中废气与吸附剂床层呈相对旋转运动状态，一般包括转轮式、转筒

（塔）式等，脱附后的浓缩气体经燃烧后可实现高效净化。

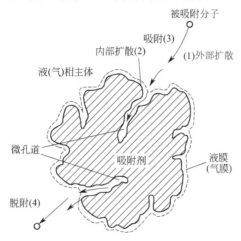

图 4-3 固体吸附颗粒吸附过程示意

(a) 颗粒活性炭　　　　(b) 活性炭纤维　　　　(c) 硅胶

(d) 活性氧化铝　　　　(e) 沸石分子筛

图 4-4 工业上常用吸附剂

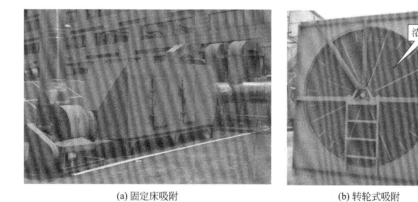

(a) 固定床吸附　　　　(b) 转轮式吸附

图 4-5 固定床吸附和转轮式吸附

（3）吸收法

该技术是利用气态混合物中各组分在低挥发性吸收剂中溶解度或化学性质的不同而

进行分离。根据吸收原理的不同，可分为物理吸收和化学吸收。该技术在 SO_2、NO_x、H_2S 等无机废气治理工程中应用广泛，也适用于可溶于水的 VOCs 以及大风量、低浓度的异味气体治理。

橡胶行业主要采用水喷淋或化学喷淋工艺，可净化橡胶废气中的亲水性物质以及能与吸收剂发生化学反应的物质，如采用水或酸吸收日用及医用橡胶制品制造废气中的氨，此外还具有除尘、除油、降温等预处理功能，因此常与其他治理技术联用。喷淋塔结构如图 4-6 所示。

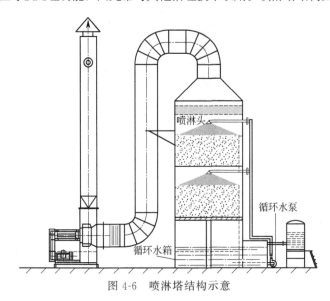

图 4-6　喷淋塔结构示意

（4）燃烧法

该技术是通过热力燃烧或催化燃烧的方式，使废气中的有机污染物反应转化为 CO_2、H_2O 等化合物，主要包括热力燃烧（TO）、蓄热燃烧（RTO）、催化燃烧（CO）和蓄热催化燃烧（RCO）。橡胶行业常采用的燃烧技术有蓄热燃烧和催化燃烧，一般需要连同吸附（浓缩）等预处理技术组合使用。

热力燃烧（TO）是将废气中可燃的有害组分当作燃料燃烧，只适用于高浓度或热值较高的有机气体，燃烧产生的高温烟气宜进行热能回收。蓄热燃烧（RTO）是利用蓄热体对待处理废气进行换热升温、对净化后排气进行换热降温，其装置通常由换向设备、蓄热室、燃烧室和控制系统等组成。RTO 工艺装置与设计如图 4-7 所示。

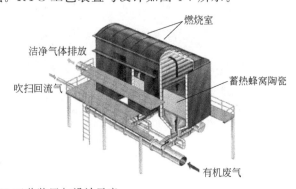

图 4-7　RTO 工艺装置与设计示意

催化燃烧（CO）是利用固体催化剂将废气中的污染物通过氧化作用转化为二氧化碳、水等化合物，其装置通常由催化反应室、热交换室和加热室组成。蓄热催化燃烧（RCO）是在高温燃烧和催化燃烧基础上发展形成的一种融合技术，通过采用专门的蜂窝陶瓷蓄热体以及性能良好的催化剂，使得有机废气在低温燃烧下的氧化反应更加完全。

需要注意的是，燃烧技术不适于处理含硫、氮及卤化物的废气，且在燃烧过程中产生的燃烧产物及废弃催化剂往往需要二次处理；当废气中的有机物浓度不足以支持燃烧时，需加入辅助燃料。

（5）生物法

该技术是利用驯化后的微生物吸附分解有机物的能力降解 VOCs，实质是微生物在适宜环境条件下，利用废气中的有机物作为其生命活动的能源和养分，进行生长、繁殖和扩大种群，在此过程中会产生大量的生物酶催化剂，微生物依靠具有高度催化活性的生物酶，降解污染物并最终转化成两部分代谢产物，一部分作为细胞代谢的能源和细胞组成物质，另一部分为无害的小分子无机物和不完全降解物质。其中，只含有碳氢元素的 VOCs 最终产物为 CO_2 和 H_2O；含氮元素的可产生 NH_3，NH_3 经硝化反应最终生成硝酸；含硫元素的可产生 H_2S，H_2S 经氧化反应最终生成硫酸；含氯元素的最终会被代谢为盐酸。

常见的生物处理工艺包括生物过滤法、生物滴滤法、生物洗涤法等，其工艺结构如图 4-8 所示，工艺特点如表 4-1 所列。此外，随着废气处理技术的深入研究和发展，膜生物反应器、转鼓生物过滤器等新型生物处理技术，以及生物抗菌除臭剂、天然植物提取液等生物工程制剂逐渐引起人们关注，并产生了良好效果。

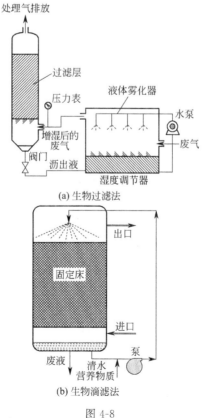

(a) 生物过滤法

(b) 生物滴滤法

图 4-8

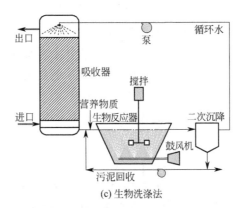

(c) 生物洗涤法

图 4-8　生物过滤法、生物滴滤法、生物洗涤法工艺结构

表 4-1　常见生物处理工艺的特点

生物工艺	流动相	载体填料	微生物状态	优点	缺点
生物过滤法	气体	有机填料、合成填料	固定附着	仅有一个反应器、设备少、操作启动容易、运行费用低	反应条件不易控制；对污染物的负荷变化适应能力差；易床层堵塞、气体短路、沟流；占地多
生物滴滤法	液体、气体	合成填料	固定附着	单位体积填料生物浓度高、反应条件(pH 值、营养、温度等)易控制、产物不积累、占地少、压力损失小、可截留生成缓慢的微生物	启动运行过程复杂、运行费用较高、产生剩余污泥需处理
生物洗涤法	液体、气体	无	分散悬浮	反应条件(pH 值、营养、温度等)易控制；由两个独立的反应单元组成，易于分别控制，达到各自的最佳运行条件；产物不积累；占地少；压力损失小	传质表面积小，需大量供养才能维持高降解率；易冲击微生物；产生剩余污泥；设备多，投资运行费用高

　　生物法的生物代谢过程可在常温常压下进行，适用范围广、工艺设备简单、投资运行费用低、无二次污染、安全性高，尤其对于大风量、低浓度、生物降解性好的有机废气具有良好的适用性和经济性。但相较于其他治理技术，生物法由于占地面积大、启动运行过程复杂、反应条件控制较难、产生剩余污泥需处理等问题所限，目前橡胶行业使用较少。

　　(6) 低温等离子体法

　　低温等离子体技术主要是利用激励电压以电晕、沿面放电、介质阻挡放电等多种放电方式产生·OH、·O 等活性自由基和氧化性极强的 O_3，与 VOCs 及异味物质分子发生化学反应，最终生成无害产物。该技术可分为低温等离子技术和注入式等离子技术，工艺设备如图 4-9 所示。

　　该技术净化作用机理包括两个方面：一是在产生等离子体的过程中，高频放电所产生的瞬间高能足够打开一些 VOCs 及异味物质分子内的化学键，使之分解为单质原子或无害分子；二是等离子体中包含大量的高能电子、正负离子、激发态粒子和具有强氧化性的自由基，这些活性粒子与部分 VOCs 及异味物质分子碰撞结合，在电场作用下，使该分子处于激发态，当 VOCs 及异味物质分子获得的能量大于其分子键的结合能时该分

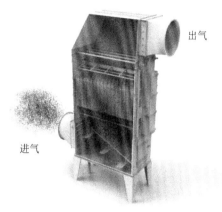

图 4-9　低温等离子体工艺设备示意

子的化学键断裂，直接分解成单质原子或由单原子构成的无害气体分子。

就工艺本身而言，能耗较高、效率较低、性能不稳定、产生副产物及存在安全隐患等问题，一直是制约该技术发展的因素。近年来，低温等离子体技术与其他工艺技术联合应用成为新趋势。由于原辅材料及生产加工过程中气味显著，目前橡胶行业采用低温等离子体技术较为普遍，主要用于异味治理。

（7）光解与光催化法

光解与光催化是两种不同的处理技术。在实际应用中，往往将两种技术联合，即光解催化氧化技术，或与吸附等其他技术联合应用，以达到更好的处理效果。

光解是利用 UV（紫外光）的能量使空气中的分子变成游离氧，游离氧再与氧分子结合，生成氧化能力更强的臭氧，进而破坏 VOCs 中有机或无机高分子化合物分子链，使之变成低分子化合物。由于 UV 的能量远远高于一般有机化合物的结合能，因此采用紫外光照射有机物，可将它们降解为小分子物质。

紫外光催化氧化工艺结构如图 4-10 所示。

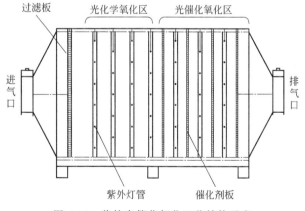

图 4-10　紫外光催化氧化工艺结构示意

光催化是利用 TiO_2 作为催化剂，在紫外光照射及有水分的情况下，产生的羟基自由基($\cdot OH$)和活性氧物质（$O_2^-\cdot$、$H_2O\cdot$）迅速有效分解 VOCs 及异味物质。其中，羟基自由基($\cdot OH$)是光催化反应中的一种主要活性物质，由于其反应能（120kJ/mol）

明显高于有机物中的各类化学键能，如 C—C（83kJ/mol）、C—H（99kJ/mol）、C—N（73kJ/mol）、C—O（84kJ/mol）、H—O（111kJ/mol）、N—H（93kJ/mol）等，因而对光催化氧化具有决定性作用；此外，其他活性氧物质（$O_2^-\cdot$、$H_2O\cdot$）也具有一定的协同作用。

同低温等离子体技术情况类似，光解与光催化技术在橡胶行业应用亦较为普遍，主要用于异味治理。

综上所述，橡胶废气成分复杂，单一治理技术在净化率、安全性及经济性等方面具有一定的局限性，难以达到预期治理效果，多种技术组合应用可以充分发挥单一技术优势，通过互补协同作用，突破现有局限性，同时还可降低经济成本。橡胶行业常用的组合技术包括"预处理＋吸附浓缩＋燃烧""过滤/喷淋＋低温等离子体/光氧化/光催化氧化＋活性炭吸附/喷淋"等。橡胶行业采用焚烧技术的典型工艺路线为"布袋除尘（除油）＋过滤＋旋转式分子筛吸附浓缩＋RTO"或"布袋除尘（除油）＋过滤＋活性炭/旋转式分子筛吸附浓缩＋CO"，一般多用于高效收集后的密炼废气治理。需要特别注意的是，橡胶废气中含有硫化物、卤化物，CO 应采用特殊催化剂，避免其中毒。"过滤＋低温等离子体＋活性炭吸附/喷淋""喷淋＋光氧化/光催化氧化＋活性炭吸附/喷淋"等组合技术，一般多用于炼胶、压出（挤出）、压延、硫化等低浓度、中高风量废气治理，特别是在消减异味方面。

4.1.4 典型案例

（1）轮胎制品企业

某企业主要生产全钢子午线轮胎和半钢子午线轮胎，生产能力 24000 条/天。全厂工艺废气主要来源于密炼、压延、压出、硫化等工序，密炼废气治理采用"布袋除尘（除油）＋过滤＋旋转式分子筛吸附浓缩＋RTO"工艺，如图 4-11 所示；压出、压延、硫化等废气治理采用"低温等离子体＋光催化＋水喷淋"工艺。

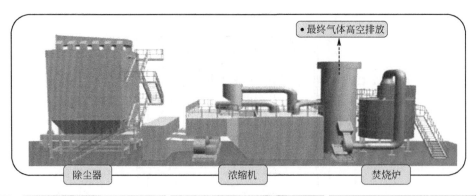

图 4-11 "预处理＋吸附浓缩＋燃烧"组合技术示意

VOCs、异味等污染物治理信息如表 4-2 所列。

表 4-2　企业 VOCs、异味等污染物治理信息汇总

废气来源	排气筒高度 /m	出口风量 /(m³/h)	臭气浓度 (无量纲)	非甲烷总烃 /(mg/m³)	废气处理技术
密炼废气	25	50000~80000	1318~3090	2.87~5.24	沸石转轮+RTO
压延废气	40	40000~70000	549~724	1.06~9.00	低温等离子体+光催化+水喷淋
硫化废气	40	50000~120000	309~977	0.02~0.78	

（2）乳胶制品企业

某企业以生产乳胶手套为主，家用手套的产能约为 5000 万副，丁腈手套产能约为 3000 万副。主要原料为天然胶乳和丁腈胶乳，生产工艺包括配料、浸渍、干燥、脱模、干燥及包装等。干燥工艺是废气产生的主要环节，VOCs 排放浓度约为 0.2 mg/m³，治理技术选用"喷淋+活性炭+光电催化"。

4.2　废水治理

废水处理方法一般分为三大类，即物理法、化学法和生物化学法。

4.2.1　物理法

所谓物理法是指用物理手段对污水进行处理的方法，主要包括调节、格栅、沉淀、过滤、气浮、反渗透、电渗析、气提等。一般物理法多作为废水处理的预处理手段，也称一级处理，为后续的化学处理或生化处理做准备。

（1）调节

调节池的作用是均匀水质、调节进水流量和浓度，同时还可以起到部分处理效果的作用，一般可分为普通调节池、具有隔油功能的调节池、具有曝气功能的调节池。一般调节可去除化学需氧量（COD）3%~5%，如果在调节池中加入曝气装置，COD 去除可更多些，同时对生化需氧量（BOD）的去除也有 3%~5% 的效率。

（2）格栅

格栅的作用是截留污水中的垃圾和杂物，以利于后续处理，按格栅间隙可分为粗格栅、中格栅和细格栅三种。一般粗格栅的栅条间距为 50~150mm，中格栅为 10~50mm，细格栅为 5~10mm。常用的机械格栅有链条式格栅、钢绳牵引式格栅、回转式格栅、阶梯式格栅。

（3）沉淀

沉淀法是在重力作用下，将重于水的悬浮物或轻于水的颗粒物在物化作用下从水中分离的一种污水处理工艺。悬浮物或颗粒物在水中的沉淀可分为自由沉淀、絮凝沉淀、受阻沉淀和压缩沉淀四种类型。沉淀池按水流方向可分为平流式沉淀池、竖流式沉淀池和辐流式沉淀池三种，另外还有斜板（管）沉淀池。

（4）过滤

过滤是指用坚硬的滤料（如石英砂）层将废水中悬浮杂质截留的废水处理方法，一般用于混凝沉淀或生化处理后的进一步净化处理，以及废水深度处理。滤池按滤速可分为慢滤池、快滤池和高速滤池；按水流向可分为下向流滤池、上向流滤池、横向流滤池等；按滤料可分为砂滤池、煤-砂双层滤池和三层滤池、陶粒滤池、纤维球滤池等；按驱动能力可分为重力式滤池和压力式滤池；按使用阀门情况可分为无阀滤池、虹吸滤池、单阀滤池和多阀滤池等。废水处理工程中，多采用压力式滤池和快滤池。

（5）气浮

气浮是通过制空气设备向废水中注入空气，并通过专用的溶气释放器，在废水中产生微小气泡，这些微小气泡黏附在杂质颗粒上，使其形成相对密度小于1的浮体，上浮至水面，再由除渣装置将其清出，从而达到净水的目的。气浮法可分为布气气浮法、电气浮法、化学和生物气浮法、溶气气浮法等。

（6）反渗透

反渗透法是一种利用膜分离处理废水的新技术，主要原理是废水在这种半透膜的一边，在压力的作用下水分子被压到膜的另一边，而溶质被留在膜的这一边，从而达到净化废水的目的。工业水处理采用的膜分离技术主要包括反渗透（RO）、超过滤（UF）和电渗析（ED），以反渗透的应用最为广泛。反渗透膜按其化学组成不同可分为纤维素酯类膜和非纤维素酯类膜两大类，反渗透膜件一般有板式、管式、螺旋卷式和中空纤维式四种。

4.2.2 化学法

化学法是指通过化学反应的手段处理污水的方法。一般包括混凝沉淀、中和、氧化还原、电解、萃取、吸附、离子交换等。有些情况下化学法也可作为废水的最终处理手段。

（1）混凝沉淀

混凝沉淀是指向废水中投加混凝药剂，使之产生电离和水解作用，并使水中胶体产生凝聚和絮凝，在搅拌的状态下，形成较大的絮凝体（矾花）而沉淀的过程。常用的混凝剂有精制硫酸铝、粗制硫酸铝、明矾、硫酸亚铁、三氯化铁、碱式氯化铝，影响混凝效果的主要因素包括水温、pH值、碱度、水力条件等。

（2）氧化还原

氧化还原法是元素（原子或离子）失去或得到电子而引起化合价升高或降低的现象。水处理中常用的氧化剂有氧、氯、臭氧、二氧化氯和高锰酸钾等，还原剂有硫酸亚铁、亚硫酸氢钠、二氧化硫等，工业废水经常采用氯氧化法和臭氧氧化法。

（3）电解

电解法的原理是废水中有害物质通过电解装置中的阳极和阴极分别发生氧化和还原反应，转化为无害物质的净水方法。一般阳极和阴极材料用钢板制成（也可阳极用钢板，阴极用无机材料制成）。在电解槽电解过程中，除阳极发生的氧化作用和阴极的还原作用外还有混凝和上浮两个作用在进行。

（4）吸附

吸附是一种物质附着在另一种物质表面上的过程，具有多孔性质的固体物质与气体或液体接触时，气体或液体中的一种或几种组分会被吸附到固体表面上。具有吸附功能的固体物质称为吸附剂，气相或液相中被吸附物质称为吸附质。吸附剂对吸附质的吸附，根据吸附力的不同，可以分为物理吸附、化学吸附和交换吸附。吸附法在废水处理中主要用于脱除水中的微量污染物，包括脱色、除臭、去除重金属、去除溶解性有机物、去除放射性物质等。

（5）离子交换

离子交换是以离子交换剂上的可交换离子与液相中离子间发生交换为基础的分离方法。工业上广泛采用人工合成的离子交换树脂作为离子交换剂，它是具有网状结构和可电离的活性基团的难溶性高分子电解质。根据树脂骨架上活性基团的不同，可分为阳离子交换树脂、阴离子交换树脂、两性离子交换树脂、螯合树脂和氧化还原树脂等。

4.2.3　生物化学法

生物化学法是指在微生物（细菌）的作用下，将废水中的有机物降解成 CO_2 和 H_2O 的过程。该方法分为好氧处理和厌氧处理。

（1）好氧处理

是指在有氧的状态下，通过好氧微生物对废水进行生物降解以达到无害的目的。好氧处理一般分为三大类：

第一类为活性污泥法及其变形系列，主要包括传统活性污泥法，其变形有 AB 法、A/O 法、A_2/O 法等；

第二类为 SBR 法及其变形系列，主要包括 SBR 法、CASS 法、CAST 法、DAT-IAT 法、Unitank 法等；

第三类为氧化沟法及其变形系列，主要包括卡鲁赛尔氧化沟、奥贝尔氧化沟和交替型氧化沟及一体化氧化沟等。

此外，还有一些新型好氧处理方法，如接触氧化法、曝气生物滤池、膜生物反应器等。

（2）厌氧处理

是指在无氧状态下，由厌氧菌对废水进行分解的处理过程。废水厌氧处理工艺概括起来主要包括厌氧消化池、水解酸化池、厌氧生物滤池、升流式厌氧污泥床反应器（UASB）以及新开发的厌氧折流板反应器（ABR）和内循环厌氧反应器（IC）等。由于生化法的相对经济性，它已经成为当前国内外废水处理中不可缺少的主要方法之一。

当前，关于工业废水处理工程，有的利用物化法中某种工艺再加上化学法手段达到排放标准，有的利用物化法中某种手段再加上生化法中的某种手段达到排放标准。因此，要根据产生工业废水的行业及污水性质来决定处理工艺技术的组合。

橡胶行业废水主要来源包括循环冷却水、废气治理设施废水、生活污水等，其中循环冷却水和治理设施废水等进入废水综合污水处理站，生活污水直接进入市政设施管网或直接排放。生产废水主要来源包括设备及部件洗涤水、燃气锅炉房排浓水和生物喷淋废水等，日用及医用橡胶制品制造企业废水除包含以上来源外，还包括产品清洗和浸泡、水脱工序废水等。橡胶行业常用"调节池＋混凝沉淀""气浮＋絮凝沉淀＋生化＋终沉池"等组合工艺去除废水中 COD、悬浮物（SS）、Zn，达到外排污水管网的接管标准后排放。

4.2.4 典型案例

某企业以生产乳胶手套为主，家用手套的产能约为 5000 万副，丁腈手套产能约为 3000 万副。主要原料为天然胶乳和丁腈胶乳，生产工艺包括配料、浸渍、干燥、脱模、干燥及包装等。废水产生环节主要包括洗膜、氯处理、沥滤、水洗、水喷淋，废水治理技术为"调节池＋加药＋斜管沉淀＋曝气生物滤池＋斜管沉淀＋生化池＋消防池＋过滤＋排污"。混凝沉淀池的平均 COD_{Cr} 和平均 SS 去除率分别为 26％和 63％，水解酸化池分别为 50％和 83％，一级曝气生物滤池（BAF）分别为 76％和 96％。

第 5 章

技术规范要点解读

5.1 技术规范适用范围及许可特点

5.1.1 适用范围

《排污许可证申请与核发技术规范 橡胶和塑料制品工业》（HJ 1122）（以下简称《技术规范》）适用于指导橡胶制品工业排污单位在全国排污许可证管理信息平台填报相关申请信息，以及指导排污许可证核发机关审核确定排污许可证许可要求。

适用范围包括轮胎制造（C2911）、橡胶板管带制造（C2912）、橡胶零件制造（C2913）、日用及医用橡胶制品制造（C2915）、运动场地用塑胶制造（C2916）和其他橡胶制品制造（C2919）。

对于再生橡胶制造（C2914），即利用废旧轮胎等为主要原料生产橡胶粉、再生橡胶、热裂解油等产品的排污单位，排污许可证申请与核发应执行《排污许可证申请与核发技术规范 废弃资源加工工业》（HJ 1034）；而对于利用再生橡胶和再生橡胶粉生产橡胶制品的生产活动应执行 HJ 1122。

排污单位生产设施有锅炉的，其排污许可证申请与核发应同时执行《排污许可证申请与核发技术规范 锅炉》（HJ 953）。

对于《技术规范》未做规定，但排放工业废气、废水或者国家规定的有毒有害污染物的橡胶制品工业排污单位其他产污设施和排放口，应参照《排污许可证申请与核发技术规范 总则》（HJ 942）执行。工业固体废物的基本情况填报要求、污染防治技术要求、环境管理台账及排污许可证执行报告编制要求、合规判定方法等执行《排污许可证申请与核发技术规范 工业固体废物（试行）》（HJ 1200）。

5.1.2　许可特点

《技术规范》实行环境要素的综合许可，目前主要针对橡胶制品工业排污单位排放大气污染物、水污染物进行排污许可管理。工业固体废物的基本情况填报要求、污染防治技术要求参照《排污许可证申请与核发技术规范 工业固体废物（试行）》（HJ 1200）执行。

文本摘要：适用范围

本标准规定了橡胶制品工业排污单位排污许可证申请与核发的基本情况填报要求、许可排放限值确定、实际排放量核算、合规判定方法以及自行监测、环境管理台账及排污许可证执行报告等环境管理要求，提出了橡胶制品工业排污单位污染防治可行技术要求。

本标准适用于指导橡胶制品工业排污单位在全国排污许可证管理信息平台填报相关申请信息，适用于指导排污许可证核发机关审核确定橡胶制品工业排污单位排污许可要求。

本标准适用于执行《橡胶制品工业污染物排放标准》（GB 27632）及轮胎翻新排污单位排放大气污染物、水污染物的排污许可管理。再生橡胶制造排污单位不适用于本标准。橡胶制品工业排污单位中，执行《锅炉大气污染物排放标准》（GB 13271）的生产设施或排放口，适用于《排污许可证申请与核发技术规范 锅炉》（HJ 953）；涉及以废轮胎、废橡胶为主要原料生产硫化橡胶粉、再生橡胶、热裂解油等产品的排污单位，适用于《排污许可证申请与核发技术规范 废弃资源加工工业》（HJ 1034）。

本标准未做规定，但排放工业废气、废水或者国家规定的有毒有害污染物的橡胶制品工业排污单位其他产污设施和排放口，参照《排污许可证申请与核发技术规范 总则》（HJ 942）执行。关于固体废物运行管理相关要求，待《中华人民共和国固体废物污染环境防治法》规定将固体废物纳入排污许可管理后实施。

5.2　技术规范构成及其作用

《技术规范》具体内容包括适用范围、规范性引用文件、术语和定义、排污单位基本情况填报要求、产排污环节对应排放口及许可排放限值确定方法、污染防治可行技术要求、自行监测管理要求、环境管理台账记录与排污许可证执行报告编制要求、实际排放量核算方法、合规判定方法。

总体看来，《技术规范》内容围绕基本信息填报、登记内容要求、许可事项规定、管理核查方法四个方面展开，内容框架见图 5-1。其中，基本信息填报和登记内容对排污单位基本情况填报要求做了明确规定，许可事项规定对产排污环节、污染物及污染防治设施，排放限值确定方法，自行监测管理要求和环境管理台账与排污许可证执行报告编制要求做了详实要求，管理核查方法主要包括用以排污单位自证和管理部门判断的污染防治可行技术要求、用以指导排污单位的实际排放量核算方法以及指导管理部门判断排污单位是否满足许可证要求的合规判定方法。

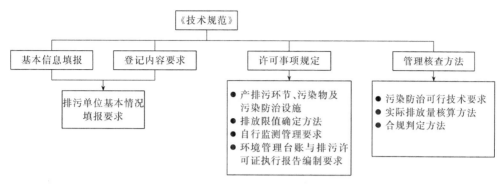

图 5-1 《技术规范》内容框架图

文本摘要：目录

5.3 规范性引用文件

规范性引用文件由四部分组成，包括政策文件、污染物控制标准、排污许可证申请与核发技术规范和监测技术规范。

5.3.1 政策文件

引用的政策文件包括《固定污染源排污许可分类管理名录》《排污许可管理办法

（试行）》（环境保护部令 第 48 号）、《消耗臭氧层物质管理条例》（国务院令 第 573 号）、《重点行业挥发性有机物综合治理方案》（环大气〔2019〕53 号）、《关于加强重点排污单位自动监控建设工作的通知》（环办环监〔2018〕25 号）等。

5.3.2 污染物控制标准

引用的污染物控制标准包括《橡胶制品工业污染物排放标准》（GB 27632）、《恶臭污染物排放标准》（GB 14554）、《大气污染物综合排放标准》（GB 16297）、《挥发性有机物无组织排放控制标准》（GB 37822）、《锅炉大气污染物排放标准》（GB 13271）、《污水综合排放标准》（GB 8978）等。

5.3.3 排污许可证申请与核发技术规范

引用的排污许可证申请与核发技术规范包括《排污单位自行监测技术指南 总则》（HJ 819）、《排污许可证申请与核发技术规范 总则》（HJ 942）、《排污单位环境管理台账及排污许可证执行报告技术规范 总则（试行）》（HJ 944）、《排污许可证申请与核发技术规范 锅炉》（HJ 953）、《排污许可证申请与核发技术规范 废弃资源加工工业》（HJ 1034）等。此外，《排污单位自行监测技术指南 橡胶和塑料制品》（HJ 1207）已于 2021 年 11 月 13 日发布，执行本技术规范排污单位的自行监测要求需要参照该标准执行。

5.3.4 监测技术规范

引用的监测技术规范包括《固定污染源排气中颗粒物测定与气态污染物采样方法》（GB/T 16157）、《固定污染源烟气（SO_2、NO_x、颗粒物）排放连续监测技术规范》（HJ 75）、《固定污染源烟气（SO_2、NO_x、颗粒物）排放连续监测系统技术要求及检测方法》（HJ 76）、《大气污染物无组织排放监测技术导则》（HJ/T 55）、《污水监测技术规范》（HJ 91.1）等。

文本摘要：规范性引用文件

GB 8978　污水综合排放标准

GB 13271　锅炉大气污染物排放标准

GB 14554　恶臭污染物排放标准

GB 16297　大气污染物综合排放标准

GB 18597　危险废物贮存污染控制标准

GB 18599　一般工业固体废物贮存和填埋污染控制标准

GB 27632　橡胶制品工业污染物排放标准

GB 37822　挥发性有机物无组织排放控制标准

GB/T 4754　国民经济行业分类

GB/T 16157　固定污染源排气中颗粒物测定与气态污染物采样方法

GB/T 16758　排风罩的分类及技术条件

HJ 75　固定污染源烟气（SO_2、NO_x、颗粒物）排放连续监测技术规范

HJ 76　固定污染源烟气（SO_2、NO_x、颗粒物）排放连续监测系统技术要求及检测方法

HJ 91.1　污水监测技术规范

HJ 101　氨氮水质在线自动监测仪技术要求及检测方法

HJ 353　水污染源在线监测系统（COD_{Cr}、NH_3-N 等）安装技术规范

HJ 354　水污染源在线监测系统（COD_{Cr}、NH_3-N 等）验收技术规范

HJ 355　水污染源在线监测系统（COD_{Cr}、NH_3-N 等）运行技术规范

HJ 356　水污染源在线监测系统（COD_{Cr}、NH_3-N 等）数据有效性判别技术规范

HJ 377　化学需氧量（COD_{Cr}）水质在线自动监测仪技术要求及检测方法

HJ 493　水质 样品的保存和管理技术规定

HJ 494　水质 采样技术指导

HJ 495　水质 采样方案设计技术规定

HJ 521　废水排放规律代码（试行）

HJ 523　废水排放去向代码

HJ 608　排污单位编码规则

HJ 819　排污单位自行监测技术指南　总则

HJ 905　恶臭污染环境监测技术规范

HJ 942　排污许可证申请与核发技术规范　总则

HJ 944　排污单位环境管理台账及排污许可证执行报告技术规范　总则（试行）

HJ 953　排污许可证申请与核发技术规范　锅炉

HJ 1013　固定污染源废气非甲烷总烃连续监测系统技术要求及检测方法

HJ 1034　排污许可证申请与核发技术规范　废弃资源加工工业

HJ 2025　危险废物收集、贮存、运输技术规范

HJ/T 55　大气污染物无组织排放监测技术导则

HJ/T 373　固定污染源监测质量保证与质量控制技术规范（试行）

HJ/T 397　固定源废气监测技术规范

AQ/T 4274　局部排风设施控制风速检测与评估技术规范

《固定污染源排污许可分类管理名录》

《排污许可管理办法（试行）》（环境保护部令 第 48 号）

《消耗臭氧层物质管理条例》（国务院令 第 573 号）

《国务院关于印发打赢蓝天保卫战三年行动计划的通知》（国发〔2018〕22 号）

《关于执行大气污染物特别排放限值的公告》（环境保护部公告 2013 年第 14 号）

《关于京津冀大气污染传输通道城市执行大气污染物特别排放限值的公告》（环境保护部公告 2018 年第 9 号）

《有毒有害大气污染物名录（2018）》（生态环境部公告 2019 年第 4 号）

《有毒有害水污染物名录（第一批）》（生态环境部公告 2019 年第 28 号）

《优先控制化学品名录（第一批）》（环境保护部公告 2017 年第 83 号）

《关于太湖流域执行国家排放标准水污染物特别排放限值的公告》（环境保护部公告

2008 年第 28 号)

《关于太湖流域执行国家污染物排放标准水污染物排放限值行政区域范围的公告》
(环境保护部公告 2008 年第 30 号)

《污染源自动监控设施运行管理办法》(环发〔2008〕6 号)

《关于执行大气污染物特别排放限值有关问题的复函》(环办大气函〔2016〕1087 号)

《重点排污单位名录管理规定（试行）》(环办监测〔2017〕86 号)

《关于加强重点排污单位自动监控建设工作的通知》(环办环监〔2018〕25 号)

《关于发布排污许可证承诺书样本、排污许可证申请表和排污许可证格式的通知》
(环规财〔2018〕80 号)

《排污口规范化整治技术要求（试行）》(环监〔1996〕470 号)

《重点行业挥发性有机物综合治理方案》(环大气〔2019〕53 号)

5.4 排污单位基本情况填报要求

排污单位基本情况填报内容主要包括基本信息、主要产品与产能、主要原辅材料与
燃料、产排污与污染防治措施以及图件要求等。

5.4.1 基本信息

填报内容主要包括排污单位名称、生产经营场所所在地、相关文件文号、总量指
标、行业类别等。填报全国排污许可证管理信息平台的"行业类别"时，排污单位应依
据 GB/T 4754 填报轮胎制造（C2911），橡胶板、管、带制造（C2912），橡胶零件制造
（C2913），日用及医用橡胶制品制造（C2915），运动场地用塑胶制造（C2916），其他橡
胶制品制造（C2919）类别。

5.4.2 主要产品与产能

填报内容包括与生产能力、排污密切相关的生产单元名称、工艺名称、生产设施名称
及编号、产品名称、生产能力、设计年生产时间等信息。其中，生产设施名称及编号可以
是内部生产设施编号，也可按照《排污单位编码规则》（HJ 608）进行编号；生产能力是
指主要产品设计产能，但不包括国家或地方政府明确规定予以淘汰或取缔的产能；排污单
位在填报设计年生产时间时，若无明确年生产时间则按实际生产时间填报。

5.4.3 主要原辅材料与燃料

填报内容包括种类、设计年使用量及计量单位、有毒有害成分及其占比以及挥发性
有机物成分及其占比，燃料成分还需填报含硫量、灰分、挥发分、低位热值等。其中，
年使用量及计量单位以及有毒有害成分及其占比和挥发性有机物成分及其占比，按设计
值或上一年生产实际值填写。

5.4.4　产排污与污染防治措施

填报内容是以排放口及排污因子为核心，包括主要生产单位名称、产污设施名称及编号、对应产污环节名称、污染治理设施信息、排放形式、排放口类型（主要排放口、一般排放口）等需排污单位填报的内容。

文本摘要：橡胶制品工业主要原辅材料

橡胶制品种类	主要原料	辅料
轮胎制品	橡胶材料：天然橡胶、合成橡胶、再生橡胶； 骨架材料：金属、纤维、其他	补强材料：炭黑、白炭黑、碳酸钙、其他； 增塑材料：树脂、操作油、增塑剂、其他； 防老材料：RD、6PPD、其他； 硫化材料：硫化剂（硫黄、其他）、硫化促进剂（CZ、DZ、NS、其他）、其他； 其他材料：功能树脂、加工助剂、胶浆、其他
橡胶板、管、带	橡胶材料：天然橡胶、合成橡胶、再生橡胶； 骨架材料：金属、纤维、其他	补强材料：炭黑、白炭黑、碳酸钙、其他； 增塑材料：树脂、操作油、增塑剂、其他； 防老材料：RD、6PPD、其他； 硫化材料：硫化剂（硫黄、硫化树脂、其他）、硫化促进剂（CZ、DZ、NS、其他）、其他； 其他材料：功能树脂、加工助剂、胶浆、其他
橡胶零件	橡胶材料：天然橡胶、合成橡胶、再生橡胶； 骨架材料：金属、纤维、其他	补强材料：炭黑、白炭黑、碳酸钙、其他； 增塑材料：树脂、操作油、增塑剂、其他； 防老材料：RD、6PPD、其他； 硫化材料：硫化剂（硫黄、硫化树脂、其他）、硫化促进剂（CZ、DZ、NS、其他）、其他； 其他材料：功能树脂、加工助剂、胶浆、其他
日用及医用橡胶制品	天然胶乳、合成胶乳、其他	填充材料：碳酸钙、二氧化硅、其他； 防老材料：KY405、KY264、DBH、其他； 硫化材料：硫化剂（硫黄、其他）、硫化促进剂（ZDC、PX、TMTD、其他）、硫化活性材料、其他； 稳定材料：氨水、氢氧化钾、酪素、其他； 其他材料：氧化锌、碳酸锌、其他
运动场地用塑胶	橡胶材料：天然橡胶、合成橡胶、再生橡胶； 骨架材料：纤维、其他	补强材料：炭黑、白炭黑、碳酸钙、其他； 增塑材料：树脂、操作油、增塑剂、其他； 防老材料：RD、6PPD、其他； 硫化材料：硫化剂（硫黄、硫化树脂、其他）、硫化促进剂（CZ、DZ、NS、其他）、其他； 其他材料：功能树脂、加工助剂、胶浆、其他
其他橡胶制品	橡胶材料：天然橡胶、合成橡胶、再生橡胶； 骨架材料：金属、纤维、其他	补强材料：炭黑、白炭黑、碳酸钙、其他； 增塑材料：树脂、操作油、增塑剂、其他； 防老材料：RD、6PPD、其他； 硫化材料：硫化剂（硫黄、硫化树脂、其他）、硫化促进剂（CZ、DZ、NS、其他）、其他； 其他材料：功能树脂、加工助剂、胶浆、其他

文本摘要：橡胶制品工业主要生产单元、主要工艺及生产设施名称一览表

排污单位类别	主要生产单元名称	生产设施名称	设施参数	单位
轮胎制造	炼胶	配料机	处理能力	t/a
		密炼机	处理能力	t/a
		开炼机	处理能力	t/a
		挤出机	处理能力	t/a
	硫化	硫化机	处理能力	t/a
	成型	冷/热翻机	处理能力	t/a
	胶浆制备	搅拌机	处理能力	t/a
	胶浆浸浆、喷涂、涂胶	浸胶机	处理能力	t/a
		喷涂机	处理能力	t/a
	其他	其他	其他	其他
橡胶板、管、带制造	炼胶	配料机	处理能力	t/a
		密炼机	处理能力	t/a
		开炼机	处理能力	t/a
		挤出机	处理能力	t/a
	硫化	硫化机	处理能力	t/a
	胶浆制备	搅拌机	处理能力	t/a
	胶浆浸浆、喷涂、涂胶	浸胶机	处理能力	t/a
		喷涂机	处理能力	t/a
	其他	其他	其他	其他
橡胶零件制造	炼胶	配料机	处理能力	t/a
		密炼机	处理能力	t/a
		开炼机	处理能力	t/a
		挤出机	处理能力	t/a
	硫化	硫化机	处理能力	t/a
	胶浆制备	搅拌机	处理能力	t/a
	胶浆浸浆、喷涂、涂胶	浸胶机	处理能力	t/a
		喷涂机	处理能力	t/a
	其他	其他	其他	其他
日用及医用橡胶制品制造	配料	配料罐	处理能力	t/a
	浸渍	浸胶池	处理能力	t/a
	烘干	烘干机	处理能力	t/a
	脱模	脱模机	处理能力	t/a
	硫化	烘干机	处理能力	t/a
	其他	其他	其他	其他

续表

排污单位类别	主要生产单元名称	生产设施名称	设施参数	单位
运动场地用塑胶制造	炼胶	配料机	处理能力	t/a
		密炼机	处理能力	t/a
		开炼机	处理能力	t/a
		挤出机	处理能力	t/a
	硫化	硫化机	处理能力	t/a
	胶浆制备	搅拌机	处理能力	t/a
	胶浆浸浆、喷涂、涂胶	浸胶机	处理能力	t/a
		喷涂机	处理能力	t/a
	其他	其他	其他	其他
其他橡胶制品制造	炼胶	配料机	处理能力	t/a
		密炼机	处理能力	t/a
		开炼机	处理能力	t/a
		挤出机	处理能力	t/a
	硫化	硫化机	处理能力	t/a
	胶浆制备	搅拌机	处理能力	t/a
	胶浆浸浆、喷涂、涂胶	浸胶机	处理能力	t/a
		喷涂机	处理能力	t/a
	其他	其他	其他	其他

5.5　排放口差异化管理

按照污染程度大小，《排污许可证申请与核发技术规范 总则》要求进行排放口差异化管理，即按照排污许可管理要求，排污单位有组织废气和废水排放口分为主要排放口和一般排放口，对于主要排放口设置许可排放浓度限值和许可排放量"双管控"要求，对于一般排放口仅设置许可排放浓度限值要求。如果地方管理部门有其他要求的，从其规定。

橡胶制品业排放口差异化管理要求如表 5-1 所列。

表 5-1　橡胶制品业排放口差异化管理汇总

排放口	类型	划分原则
废气	主要排放口	纳入重点管理的轮胎制造、橡胶板管带制造、橡胶零件制造、运动场地用塑胶制造和其他橡胶制品制造排污单位涉及炼胶、硫化工艺废气的单根排气筒，非甲烷总烃初始排放速率≥3kg/h、重点地区非甲烷总烃初始排放速率≥2kg/h 的废气排放口
		纳入重点管理的日用及医用橡胶制品制造排污单位的浸渍、硫化工艺废气排放口
	一般排放口	其他废气排放口
废水	主要排放口	纳入重点管理的日用及医用橡胶制品制造排污单位厂区综合废水处理设施排放口
	一般排放口	其他废水排放口

文本摘要：排污单位废气产污环节、污染物种类、排放形式及污染防治设施一览表

排污单位类别	生产单元	生产设施	废气产污环节	污染物种类	执行标准	排放形式	污染防治设施名称及工艺	是否为可行技术	排放口类型④
轮胎制造	炼胶	配料机、密炼机、开炼机、挤出机	炼胶废气	颗粒物、非甲烷总烃、臭气浓度、恶臭特征污染物②	GB 27632 GB 14554	有组织	除尘、喷淋、吸附、热力燃烧、催化燃烧、低温等离子体、UV光氧化/光催化、生物法，以上组合技术		主要排放口③ / 一般排放口⑤
	硫化	硫化机	硫化废气	非甲烷总烃、臭气浓度、恶臭特征污染物②			喷淋、吸附、热力燃烧、催化燃烧、低温等离子体、UV光氧化/光催化、生物法，以上组合技术		主要排放口③ / 一般排放口⑤
	成型①	热/冷翻机	热/冷翻废气	颗粒物、非甲烷总烃、臭气浓度、恶臭特征污染物②	GB 27632 GB 16297① GB 14554		除尘、喷淋、吸附、热力燃烧、催化燃烧、低温等离子体、UV光氧化/光催化、生物法，以上组合技术	是否为可行技术 是□ 否□ 如采用不属于"4.3污染防治可行技术要求"中的技术，应提供相关证明材料	一般排放口
	胶浆制备、浸浆、胶浆喷涂和涂胶	胶浆制备、浸浆、胶浆喷涂和涂胶装置	胶浆废气	甲苯、二甲苯、臭气浓度、恶臭特征污染物②			吸附、燃烧		一般排放口
橡胶板、管、带制造	炼胶	配料机、密炼机、开炼机、挤出机	炼胶废气	颗粒物、非甲烷总烃、臭气浓度、恶臭特征污染物②	GB 27632 GB 14554		除尘、喷淋、吸附、热力燃烧、催化燃烧、低温等离子体、UV光氧化/光催化、生物法，以上组合技术		主要排放口③ / 一般排放口⑤
	硫化	硫化机	硫化废气	非甲烷总烃、臭气浓度、恶臭特征污染物②	GB 27632 GB 14554	有组织	喷淋、吸附、热力燃烧、催化燃烧、低温等离子体、UV光氧化/光催化、生物法，以上组合技术		主要排放口③ / 一般排放口⑤
	胶浆制备、浸浆、胶浆喷涂和涂胶	胶浆制备、浸浆、胶浆喷涂和涂胶装置	胶浆废气	甲苯、二甲苯、臭气浓度、恶臭特征污染物②			吸附、燃烧		一般排放口

续表

排污单位类别	生产单元	生产设施	废气产污环节	污染物种类	执行标准	排放形式	污染防治设施名称及工艺	是否为可行技术①	排放口类型①
橡胶零件制造	炼胶	配料机、密炼机、开炼机、挤出机	炼胶废气	颗粒物、非甲烷总烃、臭气浓度、恶臭特征污染物②	GB 27632 GB 14554	有组织	除尘、喷淋、吸附、热力燃烧、催化燃烧、UV光氧化/光催化、生物法、以上组合技术	如采用不属于"4.3污染防治可行技术要求"中的技术,应提供相关证明材料 是□ 否□	主要排放口④/一般排放口⑤
	硫化	硫化机	硫化废气	非甲烷总烃、臭气浓度、恶臭特征污染物②			喷淋、吸附、热力燃烧、催化燃烧、UV光氧化/光催化、低温等离子、以上组合技术		主要排放口/一般排放口⑤
	胶浆制备、浸浆、胶浆喷涂和涂胶	胶浆制备、浸浆、胶浆喷涂和涂胶装置	胶浆废气	甲苯、二甲苯、臭气浓度、恶臭特征污染物②			吸附、燃烧		一般排放口
日用及医用橡胶制品制造	配料	配料罐	配料废气	臭气浓度、恶臭特征污染物②			喷淋、吸附、热力燃烧、催化燃烧、UV光氧化/光催化、低温等离子、以上组合技术		一般排放口
	浸渍	浸胶池	浸渍废气	氨、臭气浓度、恶臭特征污染物②	GB 27632 GB 14554	有组织	喷淋、吸附、热力燃烧、催化燃烧、UV光氧化/光催化、生物法、以上组合技术		主要排放口
	硫化	烘干机	硫化废气	颗粒物、臭气浓度、恶臭特征污染物②			除尘、喷淋、吸附、热力燃烧、催化燃烧、UV光氧化/光催化、低温等离子、以上组合技术		主要排放口
运动场地用塑胶制造	炼胶	配料机、密炼机、开炼机、挤出机	炼胶废气	颗粒物、非甲烷总烃、臭气浓度、恶臭特征污染物②	GB 27632 GB 14554	有组织	除尘、喷淋、吸附、热力燃烧、催化燃烧、UV光氧化/光催化、生物法、以上组合技术		主要排放口/一般排放口⑤

续表

排污单位类别	生产单元	生产设施	废气产污环节	污染物种类	执行标准	排放形式	污染防治设施名称及工艺	是否为可行技术	排放口类型
运动场地用塑胶制造	硫化	硫化机	硫化废气	非甲烷总烃、臭气浓度、恶臭特征污染物②	GB 27632 GB 14554	有组织	喷淋、吸附、热力燃烧、催化燃烧、低温等离子体、UV光氧化、以上组合技术		主要排放口④／一般排放口①
	胶浆制备、浸浆、胶浆喷涂和涂胶装置	胶浆废气	甲苯、二甲苯、臭气浓度、恶臭特征污染物②		有组织	吸附、燃烧		一般排放口
其他橡胶制品制造	炼胶	配料机、密炼机、开炼机、挤出机	炼胶废气	颗粒物、非甲烷总烃、臭气浓度、恶臭特征污染物②		有组织	除尘、喷淋、吸附、热力燃烧、催化燃烧、低温等离子体、UV光氧化/光催化、生物法、以上组合技术	如采用不属于"4.3污染防治可行技术要求"中的技术，应提供相关证明材料　是□　否□	主要排放口④／一般排放口①
	硫化	硫化机	硫化废气	非甲烷总烃、臭气浓度、恶臭特征污染物②	GB 27632 GB 14554	有组织	喷淋、吸附、热力燃烧、催化燃烧、低温等离子体、UV光氧化、以上组合技术		主要排放口④／一般排放口①
	胶浆制备、浸浆、胶浆喷涂和涂胶装置	胶浆废气	甲苯、二甲苯、臭气浓度、恶臭特征污染物②		有组织	吸附、燃烧		一般排放口
辅助公用单元	废水处理系统	综合废水处理站	废水处理站废气	臭气浓度、恶臭特征污染物②	GB 14554	有组织	喷淋、吸附、催化、生物法、低温等离子、UV光氧化、以上组合技术	—	一般排放口
	厂界			颗粒物、非甲烷总烃、臭气浓度、恶臭特征污染物①	GB 27632 GB 16297② GB 14554	无组织	—	—	—
	厂区内			非甲烷总烃	GB 37822	无组织	—	—	—

① 适用于轮胎翻新排污单位。

② 恶臭特征污染物种类按环境影响评价文件及审批意见等规定的污染物质确定；地方标准有更严格要求的，从其规定。

③ 轮胎制造、橡胶板管带制造、橡胶零件制造，运动场地用塑胶制造和其他橡胶制品制造排污单位涉及炼胶、硫化工艺废气的单根排气筒，非甲烷总烃排放速率≥3kg/h，重点地区非甲烷总烃排放速率≥2kg/h的废气排放口为主要排放口，其他废气排放口均为一般排放口。

④ 对于简化管理排污单位，所有排放口均为一般排放口。

文本摘要：排污单位废水类别、污染物种类及污染防治设施一览表

废水类别或废水来源	污染物种类	执行标准	污染防治设施		排放去向	排放口类型③
			污染防治设施名称及工艺	是否为可行技术		
厂区综合废水处理设施排水	pH值、悬浮物、化学需氧量、五日生化需氧量、氨氮、总氮、总磷、石油类、总锌①	GB 27632	预处理设施：调节、隔油、沉淀；生化处理设施：厌氧、厌氧-好氧、兼性-好氧、氧化沟、生物转盘；深度处理设施：高级氧化、生物滤池、活性炭吸附、混凝沉淀（或澄清）、过滤、活性炭吸附、超滤、反渗透	如采用不属于"4.3污染防治可行技术要求"中的技术，应提供相关证明材料 □是 □否	市政污水处理厂；工业废水集中处理设施；地表水体	主要排放口/一般排放口⑤
	pH值、悬浮物、五日生化需氧量、化学需氧量、石油类、氨氮①	GB 8978④				
生活污水②	pH值、悬浮物、化学需氧量、五日生化需氧量、氨氮、总氮、总磷、石油类、总锌①	GB 27632	生活污水处理设施：隔油池、化粪池、调节池、好氧生物处理；深度处理设施：过滤、超滤、反渗透		市政污水处理厂；地表水体	一般排放口①
	pH值、悬浮物、五日生化需氧量、化学需氧量、氨氮、石油类、动植物油	GB 8978④				

① 适用于日用及医用橡胶制品排污单位。

② 生活污水单独排放口。

③ 日用及医用橡胶制品排污单位的厂区综合废水处理设施排水口为主要排放口，其他橡胶制品排污单位的厂区综合废水处理设施排水口为一般排放口。

④ 适用于轮胎翻新排污单位。

⑤ 对于简化管理排污单位，各排放口均为一般排放口。

5.5.1 重点管理排污单位

轮胎制造、橡胶板管带制造、橡胶零件制造、运动场地用塑胶制造和其他橡胶制品制造排污单位，涉及炼胶、硫化工艺废气的单根排气筒非甲烷总烃初始排放速率≥3kg/h、重点地区非甲烷总烃初始排放速率≥2kg/h的废气排放口为主要排放口；对于日用及医用橡胶制品制造排污单位，涉及浸渍、硫化工艺废气排放口为主要排放口；其他废气排放口均为一般排放口。日用及医用橡胶制品制造排污单位的厂区综合废水处理设施排放口为主要排放口，其他排放口均为一般排放口。

5.5.2 简化管理排污单位

废气、废水排放口均为一般排放口。

5.6 许可排放限值

许可排放限值是指排污许可证中规定的允许排污单位排放污染物的最大排放浓度（或速率）和排放量。现有企业的许可排放限值原则上按排放标准和总量指标来确定，这是因为企业达标排放和满足总量指标控制要求是现有企业污染治理的最基本要求，超标和超总量排放污染物将依法实施处罚。国家层面对于现有企业的许可排放限值按达标排放和总量控制指标来核定，即不会因为实施排污许可制改革而增加企业的额外负担，这有利于排污许可制度与现有环境管理要求相衔接，从而保障排污许可制度的有效推行，以最小的制度改革成本推进制度的快速落地，实现管理效能的提高，同时也有利于实现企业间的公平。

橡胶制品工业废气和废水的许可排放限值要求和许可排放要求如表5-2、表5-3所列。

表 5-2   橡胶制品工业废气和废水许可排放限值要求

要求	重点管理排污单位	简化管理排污单位
许可事项	污染物许可排放浓度和许可排放量	污染物许可排放浓度
大气污染物	许可排放浓度:有组织主要排放口、一般排放口、厂区内或厂界无组织排放	
	许可排放量:各主要排放口许可排放量之和	—
水污染物	许可排放浓度:主要排放口、一般排放口 (单独排入市政污水处理厂的生活污水只需要说明排放去向)	
	许可排放量:各主要排放口许可排放量之和	—

表 5-3   橡胶制品工业废气与废水的许可排放要求

许可要求	具体内容
废气许可排放浓度	依据 GB 27632、GB 16297、GB 37822、GB 14554 确定橡胶制品工业排污单位有组织和无组织废气许可排放浓度限值。轮胎制造(轮胎翻新除外)，橡胶板、管、带制造，橡胶零件制造、日用及医用橡胶制品制造,运动场地用塑胶制造和其他橡胶制品制造排污单位的大气污染物许可排放浓度依据 GB 27632、GB 37822 确定;轮胎翻新排污单位大气污染物许可排放浓度依据 GB 16297、GB 37822、GB 14554 确定;橡胶制品工业排污单位的恶臭污染物许可排放浓度依据 GB 27632、GB 14554 确定

许可要求	具体内容
废水许可排放浓度	依据 GB 27632、GB 8978 确定橡胶制品工业排污单位水污染物许可排放浓度。轮胎制造（轮胎翻新除外），橡胶板、管、带制造，橡胶零件制造，日用及医用橡胶制品制造,运动场地用塑胶制造和其他橡胶制品制造排污单位的水污染物许可排放浓度依据 GB 27632 确定;轮胎翻新排污单位的水污染物许可排放浓度依据 GB 8978 确定
废气许可排放量	轮胎制造,橡胶板、管、带制造,橡胶零件制造,运动场地用塑胶制造和其他橡胶制品制造排污单位废气主要排放口暂不许可排放量;日用及医用橡胶制品制造排污单位涉及硫化工艺的废气处理设施排放口应申请颗粒物年许可排放量。排污单位的废气许可排放量为各废气主要排放口年许可排放量之和
废水许可排放量	日用及医用橡胶制品排污单位废水总排放口应申请化学需氧量、氨氮的年许可排放量;对位于国家正式发布文件中规定的总磷、总氮总量控制区内的排污单位还应分别申请总磷、总氮年许可排放量
无组织废气管控要求	《技术规范》对橡胶制品制造排污单位无组织废气提出了详细的措施管理要求;此外,还需要满足《国务院关于印发打赢蓝天保卫战三年行动计划的通知》《重点行业挥发性有机物综合治理方案》等文件中的相关要求。若地方有更严格的无组织排放控制管理要求,从其规定

5.6.1　许可排放浓度

原则上按排放标准确定许可排放浓度,若执行不同许可排放浓度的生产设施或排放口采用混合方式排放,且选择的监控位置只能监测混合后的污染物浓度时,应根据排放标准要求确定许可排放浓度,若无明确要求的,应执行各限值要求中最严格的许可排放浓度。

5.6.2　许可排放量

许可排放量主要包括年许可排放量和特殊时段许可排放量,年许可排放量是指允许排污单位连续 12 个月排放的污染物最大排放量,同时适用于考核自然年的实际排放量。此外,年许可排放量也可以按照季、月进行细化。对于废气,通常对颗粒物、二氧化硫、氮氧化物、挥发性有机物（石化、化工、包装印刷、工业涂装等重点行业）、重金属（有色冶炼等重点行业）等污染物许可排放量。对于废水,一般对化学需氧量、氨氮以及受纳水体环境质量超标且列入相关污染物排放标准的污染物许可排放量;对于设立在总氮、总磷控制区域内的排污单位,废水主要排放口还需要申请总氮、总磷的许可排放量。

文本摘要：许可排放限值

1. 一般原则

《技术规范》许可排放限值包括污染物许可排放浓度和许可排放量。许可排放量包括年许可排放量和特殊时段许可排放量。年许可排放量是指允许排污单位连续 12 个月排放的污染物最大排放量,同时适用于考核自然年的实际排放量。有核发权的地方生态环境主管部门根据环境管理要求（如枯水期等）,可将年许可排放量按季、月进行细化。

对于大气污染物,以排放口为单位确定有组织主要排放口和一般排放口的许可排放浓度，以厂区内或厂界监控点确定无组织许可排放浓度。废气主要排放口应许可排放量，各主要排放口许可排放量之和为排污单位的许可排放量。一般排放口和无组织废气不许可排放量。

对于水污染物，以排放口为单位确定主要排放口的许可排放浓度和许可排放量，各主要排放口许可排放量之和为排污单位的许可排放量。一般排放口仅许可排放浓度。单独排入市政污水处理厂的生活污水仅说明排放去向。

根据国家或地方污染物排放标准，按照从严原则确定许可排放浓度；按照《技术规范》4.2.2.3规定的许可排放量核算方法和依法分解落实到排污单位的重点污染物排放总量控制指标，从严确定许可排放量，2015年1月1日（含）后取得环境影响评价审批意见的排污单位，许可排放量还应满足环境影响评价文件和审批意见要求。

排污单位填报许可排放量时，应在全国排污许可证管理信息平台申报系统中写明许可排放量计算过程。排污单位申请的许可排放限值严于《技术规范》规定的，在排污许可证中载明。

2. 许可排放浓度

（1）废气

依据GB 27632、GB 16297、GB 37822和GB 14554确定橡胶制品工业排污单位有组织和无组织废气许可排放浓度限值。

轮胎制造（轮胎翻新除外），橡胶板、管、带制造，橡胶零件制造，日用及医用橡胶制品制造，运动场地用塑胶制造和其他橡胶制品制造排污单位大气污染物许可排放浓度依据GB 27632、GB 37822确定。轮胎翻新排污单位大气污染物许可排放浓度依据GB 16297、GB 14554、GB 37822确定。地方污染物排放标准有更严格要求的，从其规定。

大气污染防治重点控制区按照《关于执行大气污染物特别排放限值的公告》（环境保护部公告 2013年第14号）、《关于京津冀大气污染传输通道城市执行大气污染物特别排放限值的公告》（环境保护部公告 2018年第9号）、《关于执行大气污染物特别排放限值有关问题的复函》（环办大气函〔2016〕1087号）的要求执行，其他执行大气污染物特别排放限值及其他污染控制要求的地域范围和时间由国务院生态环境主管部门或省级人民政府规定。

若执行不同排放控制要求的废气合并排气筒排放时，应在废气混合前分别对废气进行监测，并执行相应的排放控制要求；若可选择的监控位置只能对混合后的废气进行监测，则应执行各许可排放限值中最严格的许可排放浓度。

（2）废水

依据GB 27632、GB 8978确定橡胶制品工业排污单位水污染物许可排放浓度。

轮胎制造（轮胎翻新除外），橡胶板、管、带制造，橡胶零件制造，运动场地用塑胶制造和其他橡胶制品制造废水总排放口执行GB 27632，排污单位的废水许可排放浓度污染物包括pH值、悬浮物、化学需氧量、五日生化需氧量、氨氮、总氮、总磷和石油类。日用及医用橡胶制品制造排污单位的废水执行GB 27632，许可排放浓度污染物包括pH值、悬浮物、化学需氧量、五日生化需氧量、氨氮、总氮、总磷、石油类和总锌。轮胎翻新制造废水总排放口执行GB 8978，许可排放浓度污染物包括pH值、悬浮物、五日生化需氧量、化学需氧量、动植物油、氨氮、石油类。地方污染物排放标准有更严格要求的，从其规定。

《关于太湖流域执行国家排放标准水污染特别排放限值的公告》（环境保护部 2008 年第 28 号）和《关于太湖流域执行国家污染物排放标准水污染排放限值行政区域范围的公告》（环境保护部公告 2008 年第 30 号）中所涉及行政区域的水污染物特别排放限值按照其要求执行，其他依法执行特别排放限值的应从其规定。

若排污单位的生产设施同时使用不同排放控制要求或者执行不同的污水处理排放标准，且生产设施产生的废水混合处理排放的情况下，应执行排放标准中最严格的浓度限值。

3. 许可排放量

（1）废气

许可排放量包括年许可排放量和特殊时段许可排放量。轮胎制造，橡胶板、管、带制造，橡胶零件制造，运动场地用塑胶制造和其他橡胶制品制造排污单位主要排放口暂不许可排放量。日用及医用橡胶制品制造排污单位涉及硫化工艺的废气处理设施排放口应申请颗粒物年许可排放量。排污单位的废气年许可排放量为各废气主要排放口年许可排放量之和。

年许可排放量依据许可排放浓度、基准排气量、年耗胶量确定，核算方法见公式（1）。

1）年许可排放量

$$E_{许可} = Q_{基准}\, t_{年耗胶量}\, c_s \times 10^{-9} \tag{1}$$

式中　$E_{许可}$——第 i 个主要排放口某项大气污染物年许可排放量，t/a；

　　　$Q_{基准}$——基准排气量，$m^3/t_{胶}$，参照 GB 27632 计算；

　　　$t_{年耗胶量}$——年耗胶量，按自然年乳胶使用量的 60% 计算（不折算为干胶），$t_{胶}/a$；

　　　c_s——某项大气污染物许可排放浓度限值，mg/m^3。

2）特殊时段许可排放量

排污单位应按照国家或所在地区人民政府制定的重污染天气应急预案等文件，根据停产、减产、减排等要求，确定特殊时段日许可排放量。国家和地方生态环境主管部门依法规定的其他特殊时段短期许可排放量应当在排污许可证中明确。地方制定的相关法规中对特殊时段许可排放量有明确规定的，从其规定。

特殊时段许可排放量按日均许可排放量进行核算，核算方法见公式（2）：

$$E_{i\,日许可} = E_{i\,日均排放量}(1-\alpha) \tag{2}$$

式中　$E_{i\,日许可}$——排污单位重污染天气应对期间第 i 项大气污染物日许可排放量，kg/d；

　　　$E_{i\,日均排放量}$——排污单位废气第 i 项大气污染物日均排放量，kg/d；对于现有排污单位，优先用前一年环境统计实际排放量和相应设施运行天数折算的日均值；若无前一年环境统计数据，则用实际排放量和相应设施运行天数折算的日均值；对于新建排污单位，则用许可排放量和相应设施运行天数折算的日均值；

　　　α——重污染天气应对期间或冬防阶段日产量或日排放量的削减比例。

基于生产组织等考虑，地方生态环境主管部门可以按其他方式（如按月或按周等）核准特殊时段许可排放量。

（2）废水

许可排放量包括年许可排放量和特殊时段许可排放量。废水许可排放量的核算方法见公式（3）～公式（4）。日用及医用橡胶制品排污单位废水总排放口应申请化学需氧量、氨氮的年许可排放量。对位于国家正式发布文件中规定的总磷、总氮总量控制区内的排污单位还应分别申请总磷、总氮年许可排放量。

年许可排放量按照许可排放浓度、基准排水量、年耗胶量确定，核算方法见公式（3）。

1）年许可排放量

$$E_{许可} = Q_{基准} \, t_{年耗胶量} \, c_s \times 10^{-6}$$ (3)

式中　$E_{许可}$——第 i 项水污染物年许可排放量，t/a；

$Q_{基准}$——基准排水量，$m^3/t_{胶}$，参照 GB 27632 计算；

$t_{年耗胶量}$——年耗胶量，即天然胶、合成胶、再生胶的自然年使用量合计，日用及医用橡胶制品企业耗胶量按 60% 的乳胶计算（不折算为干胶），$t_{胶}/a$；

c_s——第 i 项水污染物许可排放浓度限值，mg/L。

2）特殊时段许可排放量

特殊时段许可排放量按日均许可排放量进行核算，核算方法见公式（4）。

$$E_{i日许可} = E_{i日均排放量}(1-\alpha)$$ (4)

式中　$E_{i日许可}$——排污单位特殊时段第 i 项水污染物日许可排放量，kg/d；

$E_{i日均排放量}$——排污单位废水第 i 项水污染物日均排放量，kg/d；对于现有排污单位，优先用前一年环境统计实际排放量和相应设施运行天数折算的日均值；若无前一年环境统计数据，则用实际排放量和相应设施运行天数折算的日均值；对于新建排污单位，则用许可排放量和相应设施运行天数折算的日均值；

α——特殊时段日产量或日排放量的消减比例。

基于生产组织等考虑，地方生态环境主管部门可以按其他方式（如按月或按周等）核准特殊时段许可排放量。

5.7　污染防治可行技术要求

5.7.1　污染防治可行技术

《技术规范》中所列污染防治可行技术及运行管理要求可作为生态环境主管部门对排污单位排污许可证申请材料审核的参考。对于排污单位采用《技术规范》所列可行技术的，原则上认为具备符合规定的防治污染设施或污染物处理能力。

对于未采用《技术规范》所列可行技术的，排污单位应当在申请时提供相关证明材料（如提供半年以内的污染物排放监测数据、采用技术的可行性论证材料等）；对于国内外首次采用的污染防治技术，还应当提供中试数据等说明材料，证明可达到与污染防治可行技术相当的处理能力。对于不属于可行技术的污染防治技术，排污单位应当加强自行监测、台账记录，评估达标可行性。对于废气、废水执行特别排放限值的，排污单位自行填报可行的污染防治技术及管理要求。

5.7.2 运行管理要求

排污单位应当按照相关法律法规、标准和技术规范等要求运行废气、废水污染防治设施，并进行维护和管理，保证设施正常运行。对于特殊时段，排污单位应满足重污染天气应急预案、各地人民政府制定的冬防措施等文件规定的污染防治要求。

排污单位应采用低挥发性有机物含量、低反应活性的原辅材料，减少反应活性强的物质以及有毒、有害原辅材料的使用。优化产品或工艺结构，积极推广清洁生产新技术，采用先进的生产工艺和设备，提升污染防治水平，加强生产管理，减少跑、冒、滴、漏情况。含挥发性有机物的原辅材料集中存放并设置专门管理人员，根据日生产量配发并做好相应台账记录。废水处理站应加强源头管理、加强对工艺废水来水的监测，并通过管理手段控制工艺废水来水水质，满足废水处理站的进水要求。

运行管理执行 GB 27632、GB 16297、GB 14554、GB 37822、GB 8978 等国家污染物排放标准的规定，地方管理部门有更严格要求的，从其规定。环境影响评价文件或地方相关规定中有针对原辅材料、生产过程等其他污染防治强制要求的，还应根据环境影响评价文件或地方相关规定，明确相应污染防治要求。

文本摘要：污染防治可行技术

1. 废气

产排污环节	污染物种类	过程控制技术	可行技术
炼胶废气	颗粒物		袋式除尘；滤筒/滤芯除尘
	非甲烷总烃		—
	臭气浓度、恶臭特征物质		喷淋、吸附、低温等离子体、UV 光氧化/光催化、生物法两种及以上组合技术
硫化废气	颗粒物[①]	密闭过程密闭场所局部收集	袋式除尘；滤筒/滤芯除尘
	非甲烷总烃		—
	臭气浓度、恶臭特征物质		喷淋、吸附、低温等离子体、UV 光氧化、生物法两种及以上组合技术
热/冷翻废气	颗粒物		袋式除尘；滤筒/滤芯除尘
	非甲烷总烃		—
	臭气浓度、恶臭特征物质		喷淋、吸附、低温等离子体、UV 光氧化、生物法两种及以上组合技术
配料废气[①]、浸渍废气[①]	氨		多级喷淋
	臭气浓度、恶臭特征物质		喷淋、吸附、低温等离子体、UV 光氧化/光催化、生物法两种及以上组合技术

续表

产排污环节	污染物种类	过程控制技术	可行技术
胶浆制备、浸浆、喷涂、涂胶废气	甲苯及二甲苯合计、臭气浓度、恶臭特征物质	溶剂替代密闭过程密闭场所局部收集	燃烧
废水处理站废气	臭气浓度、恶臭特征物质	密闭过程密闭场所局部收集	喷淋、吸附、生物法两种及以上组合技术

① 适用于日用及医用橡胶制品排污单位。

2. 废水

废水类别	污染物种类	可行技术
厂区综合废水处理设施排水	除轮胎翻新外的橡胶制品：pH 值、悬浮物、化学需氧量、五日生化需氧量、氨氮、总氮、总磷、石油类、总锌①	预处理设施：调节、隔油、沉淀 生化处理设施：厌氧、厌氧-好氧、兼性-好氧、氧化沟、生物转盘 深度处理设施：高级氧化、生物滤池、混凝沉淀（或澄清）、过滤、活性炭吸附、超滤、反渗透
	轮胎翻新：pH 值、悬浮物、化学需氧量、五日生化需氧量、氨氮、石油类	
生活污水（单独排放）	除轮胎翻新外的橡胶制品：pH 值、悬浮物、化学需氧量、五日生化需氧量、氨氮、总氮、总磷、石油类、总锌①	生活污水处理设施：隔油池、化粪池、调节池、厌氧-好氧、兼性-好氧、好氧生物处理 深度处理设施：混凝沉淀、过滤、活性炭吸附、超滤、反渗透
	轮胎翻新：pH 值、悬浮物、五日生化需氧量、化学需氧量、氨氮、石油类、动植物油	

① 适用于日用及医用橡胶制品排污单位。

文本摘要：运行管理要求

1. 废气

（1）有组织排放

a. 企业应考虑生产工艺、操作方式、废气性质、处理方法等因素，对工艺废气进行分类收集、分类处理或预处理，严禁经污染控制设施处理后的废气与锅炉排放烟气及其他未经处理的废气混合后直接排放，严禁经污染控制设施处理后的废气与空气混合后稀释排放。

b. 环保设施应先于其对应的生产设施运转，后于对应设施关闭，保证在生产设施运行波动情况下仍能正常运转，实现达标排放。产生大气污染物的生产工艺和装置需设立局部或整体气体收集系统和净化处理装置，集气方向应与污染气流运动方向一致。

c. 废气收集系统的输送管道应密闭，在负压下运行。废气收集系统排风罩（集气罩）的设置应符合 GB/T 16758 的规定。采用外部排风罩的，应按 GB/T 16758、AQ/T

4274 规定的方法测量控制风速。

d. 废气收集处理系统应与生产工艺设备同步运行。废气收集处理系统发生故障或检修时，对应的生产工艺设备应停止运行，待检修完毕后同步投入使用；生产工艺设备不能停止运行或不能及时停止运行的，应设置废气应急处理设施或采取其他替代措施。

e. 所有治理设施应制定操作规程，明确各项运行参数，实际运行参数应与操作规程一致。使用吸附技术治理挥发性有机物时，应记录吸附剂的使用/更换量、更换/再生周期，操作温度应满足设计参数的要求，更换的吸附材料按危险废物处置；采用废气燃烧设施治理挥发性有机物时，应按设计温度运行，并安装燃烧温度连续监控系统；使用催化氧化设施治理挥发性有机物时，应记录催化氧化温度、催化剂用量、催化剂种类、更换周期。

f. 排污单位如果安装了自动监控设备，需要定期对自动监控设备进行比对校核。

g. 对于使用发泡剂、溶剂、助剂等消耗臭氧层物质的，应当按照《消耗臭氧层物质管理条例》的要求对消耗臭氧层物质采取必要措施，防止或减少消耗臭氧层物质的泄漏和排放。

（2）无组织排放

无组织排放运行管理要求按照 GB 27632、GB 16297、GB 14554、GB 37822 中的要求执行。地方污染物排放标准有更严格要求的，从其规定。

① 大气污染防治重点控制区按照《关于执行大气污染物特别排放限值的公告》（环境保护部公告 2013 年第 14 号）、《关于京津冀大气污染传输通道城市执行大气污染物特别排放限值的公告》（环境保护部公告 2018 年第 9 号）、《关于执行大气污染物特别排放限值有关问题的复函》（环办大气函〔2016〕1087 号）的要求执行，其他执行大气污染物特别排放限值及其他污染控制要求的地域范围和时间由国务院生态环境主管部门或省级人民政府规定。

② 挥发性有机物物料储存无组织排放控制要求

a. 挥发性有机物物料应储存于密闭的容器、包装袋、储库、料仓中。盛装挥发性有机物物料的容器或包装袋应存放于室内，或存放于设置有雨棚、遮阳和防渗设施的专用场地。盛装挥发性有机物物料的容器或包装袋在非取用状态时应加盖、封口，保持密闭。

b. 挥发性有机物物料使用过程无法密闭的，应采取局部气体收集措施，废气应排放至挥发性有机物废气收集处理系统。

c. 液态挥发性有机物物料应采用密闭管道输送。采用非管道输送方式转移液态挥发性有机物物料时，应采用密闭容器。粉状、粒状挥发性有机物物料应采用气力输送设备、管状带式输送机、螺旋输送机等密闭输送方式，或者采用密闭的包装袋、容器进行物料转移。

③ 挥发性有机物质量占比大于等于 10% 的含挥发性有机物原辅材料使用过程无法密闭的，应采取局部气体收集措施，废气应排放至挥发性有机物废气收集处理系统。

④ 工艺过程无组织排放控制，在炼胶、挤出、压延、硫化及胶浆制备、浸浆和胶浆喷涂和涂胶等作业中应采用密闭设备或在密闭空间内操作，废气应排至废气收集处理系统，无法密闭的，应采取局部气体收集措施，废气应排放至废气收集处理系统。通过采

取设备与场所密闭、工艺改进、废气有效收集等措施，削减无组织排放。对敞开式恶臭排放源（废水治理设施的调节池、酸化池、好氧池、污泥浓缩池等），应采取覆盖方式进行密闭收集。收集系统在设计时，对高浓度挥发性有机物区域应考虑防爆和安全要求。根据恶臭控制要求，按照不同构筑物种类和池型设置密闭系统抽风口和补风口，并配备风阀进行控制。

⑤ 所有废气收集系统应采用技术经济合理的密闭方式，具有耐腐、气密性好的特性，同时考虑具备阻燃和抗静电等性能，并结合其他专业设备的运行、维护需要，设置观察口、呼吸阀等设施。

⑥ 载有挥发性有机物物料的设备及其管道在开停工（车）、检维修和清洗时，应在退料阶段将残存物料退净，并用密闭容器盛装，退料过程废气应排至挥发性有机物废气收集处理系统；清洗及吹扫过程排气应排至挥发性有机物废气收集处理系统。

2. 废水

a. 应当按照相关法律法规、标准和技术规范等要求运行废水治理设施并进行维护和管理，保证设施运行正常，处理、排放水污染物符合国家或地方污染物排放标准的规定。

b. 应进行雨污分流、清污分流、冷热分流，分类收集、分质处理，循环利用，污染物稳定达到排放标准要求。

c. 高浓度有机/无机废水宜单独收集进行综合利用或预处理，再与中低浓度工艺废水（冲洗水、洗涤水等）混合处理。

d. 生产设施、废水收集系统以及废水治理设施应同步运行。废水收集系统或废水治理设施发生故障或检修时，应停止运转对应的生产设施，报告当地生态环境主管部门，待检修完毕后同时投入使用。

e. 废水治理设施应在满足设计工况的条件下运行，并根据工艺要求，定期对设备、电气、自控仪表及构筑物进行检查维护，确保废水治理设施可靠运行。

f. 做好排放口管控，正常情况下，厂区内除雨水排放口、生活污水排放口和废水总排放口外，不得设置其他未纳入监管的排放口。

3. 固体废物

a. 加强固体废物收集、贮存、利用、处置等各环节的环境管理，一般工业固体废物和危险废物暂存应采取措施有效防止有毒有害物质渗漏、流失和扬散。

b. 生产过程中产生的可自行利用的固体废物应尽可能进行综合利用，不能利用的固体废物按照法规标准进行处理处置。

c. 固体废物自行综合利用时，应采取有效措施防治二次污染。

d. 危险废物应按照相关规定严格执行危险废物转移联单制度。

4. 地下水和土壤污染

a. 源头控制：对有毒有害物质特别是液体或者粉状固体物质的储存及输送、生产加工、废水治理、固体废物堆放时，采取相应的防渗漏、泄漏措施。

b. 分区防控：原辅料及燃料储存区、输送管道、废水治理设施、固体废物堆存区的防渗要求，应满足国家和地方标准、防渗技术规范要求。

列入设区的市级以上地方人民政府生态环境主管部门制定的土壤污染重点监管单位

名录的排污单位，应当履行下列义务并在排污许可证中载明：

a. 严格控制有毒有害物质排放，并按年度向生态环境主管部门报告排放情况。

b. 建立土壤污染隐患排查制度，保证持续有效防止有毒有害物质渗漏、流失、扬散。

c. 制定、实施自行监测方案，并将监测数据报生态环境主管部门。

5.8　自行监测要求

排污单位在申请排污许可证时，应按照相关规定提出的产排污环节、排放口、污染物种类及排放限值等要求制定自行监测方案，并在全国排污许可证信息管理平台中明确。随着《排污单位自行监测技术指南 橡胶和塑料制品》（HJ 1207）的发布实施，橡胶制品工业企业自行监测的相关要求按照该技术指南执行。

5.8.1　重点管理排污单位

5.8.1.1　废气

（1）主要排放口

颗粒物和非甲烷总烃应实施自动监测。其中，固定污染源废气非甲烷总烃连续监测技术规范发布实施前，非甲烷总烃按季度监测；氨、甲苯、二甲苯、臭气浓度、恶臭特征污染物、二氧化硫、氮氧化物最低监测频次执行 1 次/季度。

（2）一般排放口

轮胎制造、橡胶板管带制造、橡胶零件制造、运动场地用塑胶制造和其他橡胶制品制造（除热/冷翻排气筒外）的颗粒物和非甲烷总烃最低监测频次执行 1 次/季度，热/冷翻排气筒的颗粒物和非甲烷总烃最低监测频次执行 1 次/半年，日用及医用橡胶制品制造的浸渍和硫化排气筒不需要监测，其他排气筒及其污染物最低监测频次执行 1 次/半年。

（3）无组织排放

厂界监测点位最低监测频次执行 1 次/半年。厂区内挥发性有机物无组织排放监测，可根据 GB 37822 及地方生态环境管理要求确定。

5.8.1.2　废水

（1）废水总排放口

轮胎制造、橡胶板管带制造、橡胶零件制造、日用及医用橡胶制品制造、运动场地用塑胶制造和其他橡胶制品制造的废水总排放口的流量、pH 值、化学需氧量、氨氮实施自动监测；除日用及医用橡胶制品制造的直接排放和间接排放的悬浮物、五日生化需氧量、总氮、总磷、石油类、总锌分别实施月度和季度监测外，其他类别的监测指标分别实施季度和半年监测频次。

（2）生活污水

轮胎制造、橡胶板管带制造、橡胶零件制造、日用及医用橡胶制品制造、运动场地用塑胶制造和其他橡胶制品制造的生活污水直接排放口的流量、pH 值、化学需氧量、氨氮、悬浮物、五日生化需氧量、总氮、总磷、石油类、总锌最低监测频次执行 1 次/

季度；间接排放口不需要监测。

（3）雨水排放口

轮胎制造、橡胶板管带制造、橡胶零件制造、日用及医用橡胶制品制造、运动场地用塑胶制造和其他橡胶制品制造的雨水排放口的化学需氧量、石油类、总锌执行 1 次/月或 1 次/季度。其中，雨水排放口有流动水排放时按月监测，若监测一年没有异常情况的，可放宽到每季度开展一次监测，具体情况按照地方管理部门要求执行。

5.8.2　简化管理排污单位

5.8.2.1　废气

（1）有组织排放

轮胎制造、橡胶板管带制造、橡胶零件制造、运动场地用塑胶制造和其他橡胶制品制造的非甲烷总烃的最低监测频次为 1 次/半年，其他指标最低监测频次执行 1 次/年。

（2）无组织排放

厂界监测点位最低监测频次执行 1 次/年。厂区内挥发性有机物无组织排放监测，可根据 GB 37822 及地方生态环境管理部门要求确定。

5.8.2.2　废水

直接排放的废水排放口最低监测频次执行 1 次/半年；间接排放的厂区综合废水总排放口最低监测频次执行 1 次/年，间接排放的生活污水单独排放口及雨水排放口不需要监测。

文本摘要（HJ 1207）：橡胶制品工业排污单位有组织废气监测点位、监测指标及最低监测频次

有组织废气					
类别	监测点位	监测指标	监测频次		
			重点排污单位		非重点排污单位
			主要排放口	一般排放口	
轮胎制造、橡胶板管带制造、橡胶零件制造、运动场地用塑胶制造和其他橡胶制品制造	炼胶排气筒	颗粒物	自动监测	季度	年
		非甲烷总烃	自动监测（季度①）	季度	半年
		臭气浓度、恶臭特征污染物②	季度	半年	年
	硫化排气筒	非甲烷总烃	自动监测（季度①）	季度	半年
		臭气浓度、恶臭特征污染物②	季度	半年	年
	胶浆制备、浸浆、胶浆喷涂和涂胶排气筒	非甲烷总烃、甲苯及二甲苯	—	半年	
		臭气浓度、恶臭特征污染物②	—	半年	年
	热/冷翻排气筒③	非甲烷总烃	—	半年	
		颗粒物、臭气浓度、恶臭特征污染物②	—	半年	年

续表

			监测频次		
类别	监测点位	监测指标	重点排污单位		非重点排污单位
			主要排放口	一般排放口	
日用及医用橡胶制品制造	配料排气筒	氨、臭气浓度、恶臭特征污染物	—	半年	年
	浸渍排气筒	氨、臭气浓度、恶臭特征污染物②	季度	—	年
	硫化排气筒	颗粒物	自动监测	—	年
		臭气浓度、恶臭特征污染物②	季度	—	年
轮胎制造、橡胶板管带制造、橡胶零件制造、日用及医用橡胶制品制造、运动场地用塑胶制造和其他橡胶制品制造	有机废气治理设施(燃烧法)排气筒	二氧化硫④、氮氧化物④	季度	半年	年
	综合废水处理站排气筒	臭气浓度、恶臭特征污染物②	—	半年	年

有组织废气

① 固定污染源废气非甲烷总烃连续监测技术规范发布实施前，重点排污单位按季度监测。

② 恶臭特征污染物执行 GB 14554，污染物种类按环境影响评价文件及其批复确定。

③ 适用于轮胎翻新排污单位。

④ 若生态过程中产生的有机废气采用燃烧法进行治理，除监测生产工序排气筒对应的监测指标外，还应监测二氧化硫和氮氧化物。

注：1. 废气监测应按照相应监测分析方法、技术规范同步监测废气参数。

2. 根据环境影响评价及其批复，结合项目工艺及产排污特点，选择项目所包含监测点位进行监测。

3. 设区的市级及以上生态环境主管部门明确要求安装自动监测设备的污染物指标，应采用自动监测。

文本摘要（HJ 1207）：橡胶制品工业排污单位无组织废气监测点位、监测指标及最低监测频次

			监测频次	
类别	监测点位	监测指标	重点排污单位	非重点排污单位
轮胎制造(除轮胎翻新外)、橡胶板管带制造、橡胶零件制造、日用及医用橡胶制品制造、运动场地用塑胶制造和其他橡胶制品制造	厂界	非甲烷总烃、甲苯、二甲苯、臭气浓度、恶臭特征污染物①	半年	年
轮胎翻新	厂界	非甲烷总烃、臭气浓度、恶臭特征污染物①	半年	年

无组织废气

① 恶臭特征污染物执行 GB 14554，污染物种类按环境影响评价文件及其批复确定。

注 1. 无组织废气排放监测应同步监测气象参数。

2. 厂区内 VOCs 无组织排放监测要求按 GB 37822 规定执行。

文本摘要（HJ 1207）：橡胶制品工业排污单位废水排放口监测指标及最低监测频次

类别	监测点位	监测指标	监测频次			
			重点排污单位		非重点排污单位	
			直接排放	间接排放	直接排放	间接排放
轮胎制造（除轮胎翻新外）、橡胶板管带制造、橡胶零件制造、运动场地用塑胶制造和其他橡胶制品制造	废水总排放口	流量、pH 值、化学需氧量、氨氮	自动监测		半年	年
		悬浮物、五日生化需氧量、总氮、总磷、石油类	季度	半年	半年	年
日用及医用橡胶制品制造		流量、pH 值、化学需氧量、氨氮	自动监测		半年	年
		悬浮物、五日生化需氧量、总氮、总磷、石油类、总锌[①]	月	季度	半年	年
轮胎翻新		流量、pH 值、化学需氧量、氨氮	自动监测		半年	年
		悬浮物、五日生化需氧量、石油类	季度	半年	半年	年
轮胎制造（除轮胎翻新外）、橡胶板管带制造、橡胶零件制造、日用及医用橡胶制品制造、运动场地用塑胶制造和其他橡胶制品制造	生活污水排放口	流量、pH 值、化学需氧量、氨氮、悬浮物、五日生化需氧量、总氮、总磷、石油类、总锌[①]	季度	—	半年	—
轮胎翻新		流量、pH 值、化学需氧量、氨氮、悬浮物、五日生化需氧量、石油类、动植物油	季度	—	半年	—
轮胎制造、橡胶板管带制造、橡胶零件制造、日用及医用橡胶制品制造、运动场地用塑胶制造和其他橡胶制品制造	雨水排放口	化学需氧量、石油类、总锌[①]	月（季度[②]）	—	—	—

① 适用于日用及医用橡胶制品工业排污单位。
② 雨水排放口有流动水排放时按月监测。若监测一年无异常情况，可放宽至每季度开展一次监测。
注：设区的市级及以上生态环境主管部门明确要求安装自动监测设备的污染物指标，应采用自动监测。

5.9 实际排放量核算

《技术规范》规定排污单位的废气、废水污染物在核算时段内的实际排放量等于正常情况与非正常情况实际排放量之和，核算时段可以为季度、年或者特殊时段。其中，非正常情况包括生产设施非正常工况（如设施启停机、设备故障、设备检修等）及污染防治（控制）设施非正常状况（如故障等引起的达不到应有治理效果或同步运转率）等。

《技术规范》要求本行业采用实测法和产污系数法进行实际排放量核算，其中实测法包括自动监测法和手工监测法。正常情况下可采用实测法或产污系数法，非正常情况下无法采用实测法核算的，应采用产污系数法核算污染物实际排放量，且按照直接排放计算。

　　针对正常情况，对于排污许可证中要求采用自动监测的排放口和污染物，应根据符合监测规范的有效自动监测数据核算污染物实际排放量；未采用的，则使用产污系数法且按直接排放进行核算。对于未要求采用自动监测的，按照优先顺序选取自动监测数据、手工监测数据核算污染物实际排放量。对于手工监测数据和自动监测数据不一致的，手工监测数据符合法定监测标准和监测方法要求的，以手工监测数据为准。

　　具体的，对于废气，日用及医用橡胶制品制造涉及硫化工艺废气的颗粒物计算其实际排放量。对于废水，日用及医用橡胶制品制造排污单位废水总排口的化学需氧量、氨氮计算其实际排放量；若位于国家正式发布文件中规定的总磷、总氮总量控制区的排污单位还应计算其总氮、总磷的实际排放量。

文本摘要：废气污染物实际排放量核算方法

1. 正常情况

（1）实测法

1）采用自动监测数据核算

　　自动监测实测法是指根据符合监测规范的有效自动监测数据污染物的小时平均排放浓度、平均排气量、运行时间核算污染物实际排放量。排污单位某项大气污染物实际排放量，按公式(5)、公式(6)进行核算。

$$E_i = \sum_{j=1}^{T} (C_{i,j} Q_{i,j} \times 10^{-9}) \tag{5}$$

$$E_z = \sum_{i=1}^{m} E_i \tag{6}$$

式中　E_i——核算时段内第 i 个主要排放口某项污染物的实际排放量，t；

　　　E_z——排污单位核算时段内某项污染物的实际排放量，t；

　　　m——主要排放口数量，个；

　　　$C_{i,j}$——第 i 个主要排放口某项污染物在第 j 小时的自动实测平均排放浓度（标态），mg/m^3；

　　　$Q_{i,j}$——第 i 个主要排放口某项污染物在第 j 小时的排气量（标态），m^3/h；

　　　T——核算时段内的污染物排放时间，h。

　　对于因自动监控设施发生故障以及其他情况导致监测数据缺失的，按 HJ 75 进行补遗。二氧化硫、氮氧化物、颗粒物在线监测数据缺失时段超过 25% 的自动监测数据不能作为核算实际排放量的依据，实际排放量按照"要求采用自动监测而未采用的排放口或污染物"的相关规定进行计算。其他污染物在线监测数据缺失情形可参照核算，生态环境部另有规定的从其规定。

　　对于出现自动监测数据缺失或数据异常等情况的排污单位，若排污单位能提供材料充分证明不是其责任的，可按照排污单位提供的手工监测数据核算实际排放量，或者按照上一个半年申报期间的稳定运行期间自动监测数据的小时浓度均值和半年平均烟气量，核算数据缺失时段的实际排放量。

　　2）采用手工监测数据核算

　　手工监测实测法是指采用每次手工监测时段内污染物的小时平均排放浓度、小时排气量、运行时间核算污染物实际排放量，核算方法见公式(7)和公式(8)。排污单位应将手工监测时段内生产负荷与核算时段内的平均生产负荷进行对比，并给出对比结果。

$$E_i = \sum_{j=1}^{m}(C_j Q_j T_j \times 10^{-9}) \qquad (7)$$

式中　E_i——核算时段内第 i 个主要排放口某项污染物的实际排放量，t；

　　　m——核算时段内某项污染物的监测时段数量，个；

　　　C_j——第 i 个主要排放口某项污染物在第 j 个监测时段的实测小时平均排放浓度（标态），mg/m³；

　　　Q_j——第 i 个主要排放口某项污染物在第 j 个监测时段的平均排气量（标态），m³/h；

　　　T_j——第 i 个主要排放口在第 j 个监测时段的累计运行时间，h。

$$C_j = \frac{\sum_{k=1}^{n}(C_k Q_k)}{\sum_{k=1}^{n} Q_k}, Q_j = \frac{\sum_{k=1}^{n} Q_k}{n} \qquad (8)$$

式中　C_k——核算时段内某项污染物第 k 次监测的小时平均浓度（标态），mg/m³；

　　　Q_k——核算时段内某项污染物第 k 次监测的排气量（标态），m³/h；

　　　n——核算时段内取样监测次数，无量纲。

（2）产污系数法

采用产污系数法核算实际排放量的污染物，按公式(9)核算。

$$E = M\beta \times 10^{-3} \qquad (9)$$

式中　E——核算时段内某项大气污染物的实际排放量，t；

　　　M——核算时段内耗胶量，t胶；

　　　β——某项污染物的产污系数，kg/t胶，推荐取值参见《技术规范》附录表 G.1。

　　　　　待第二次全国污染源普查核算的橡胶制品工业产污系数发布后，参照取值。

2. 非正常情况

生产过程中开停车（工、炉）、设备检修、工艺设备运转异常等非正常工况下的污染物排放，以及污染物排放控制措施达不到应有效率等情况下的排放，大气污染物实际排放量优先采用实测法核算，无法采用实测法核算的，采用产污系数法核算污染物实际排放量，且按直接排放进行核算。核算时段为非正常运行时段。

文本摘要：废水污染物实际排放量核算方法

1. 正常情况

（1）实测法

a. 采用自动监测数据核算

废水自动监测实测法是指根据符合监测规范的有效自动监测数据，按照公式(10)计算污染物实际排放量。

$$E_j = \sum_{i=1}^{T}(c_{i,j} Q_i \times 10^{-6}) \qquad (10)$$

式中　E_j——核算时段内主要排放口第 j 项污染物的实际排放量，t；

　　　$c_{i,j}$——第 j 项污染物在第 i 日的实际平均排放浓度，mg/L；

　　　Q_i——第 i 日的流量，m^3/d；

　　　T——核算时段内的污染物排放时间，d。

在自动监测数据由于某种原因出现中断或其他情况时，可根据 HJ 356 进行排放量补遗。要求采用自动监测的排放口或污染物项目而未采用的，均按直接排放进行核算。

b. 采用手工监测数据核算

手工监测实测法是指根据每次手工监测时段内监测数据，按照公式(11)、公式(12)核算污染物实际排放量。排污单位应将手工监测时段内生产负荷与核算时段内平均生产负荷进行对比，并给出对比结果。

$$E = cqh \times 10^{-6} \tag{11}$$

$$c = \frac{\sum_{i=1}^{n}(c_i q_i)}{\sum_{i=1}^{n} q_i}, q = \frac{\sum_{i=1}^{n} q_i}{n} \tag{12}$$

式中　E——核算时段内主要排放口某项水污染物的实际排放量，t；

　　　c——核算时段内主要排放口某项水污染物的实测日加权平均排放浓度，mg/L；

　　　q——核算时段内主要排放口的日平均排水量，m^3/d；

　　　c_i——核算时段内某项水污染物第 i 次监测的日监测浓度，mg/L；

　　　h——核算时段内主要排放口的水污染物排放时间，d；

　　　q_i——核算时段内第 i 次监测的日排水量，m^3/d；

　　　n——核算时段内取样监测次数，无量纲。

生产过程中开停车（工、炉）、设备检修、工艺设备运转异常等非正常工况下的污染物排放，以及污染物排放控制措施达不到应有效率等情况下的排放，大气污染物实际排放量优先采用实测法核算，无法采用实测法核算的，采用产污系数法核算污染物实际排放量，且按直接排放进行核算，核算时段为非正常运行时段。

(2) 产污系数法

采用产污系数法核算实际排放量的污染物，按公式(13)核算。

$$E = M\gamma \times 10^{-6} \tag{13}$$

式中　E——核算时段内某项废水污染物的实际排放量，t；

　　　M——核算时段内耗胶量，$t_{胶}$；

　　　γ——某项污染物的产污系数，$g/t_{胶}$，推荐取值参见《技术规范》附录表 G.1。待第二次全国污染源普查核算的橡胶制品工业产污系数发布后，参照取值。

2. 非正常情况

废水处理设施非正常情况下的排水，如无法满足排放标准要求时，不应直接排入外环境，待废水处理设施恢复正常运行且满足排放标准要求后方可排放。如因特殊原因造成废水处理设施未正常运行而超标排放污染物的或其他情况外排的，采用产污系数法核算污染物实际排放量，且按直接排放进行核算，核算时段为非正常运行时段。

5.10　环境管理台账记录要求

　　台账记录内容主要包括与污染物排放相关的主要生产设施运行情况，发生异常情况的应记录原因和采取的措施；污染防治设施运行情况及管理信息，发生异常情况的应记录原因和采取的措施；污染物实际排放浓度和排放量，发生超标情况的应当记录超标原因和采取的措施；以及其他要求等。台账记录方式可以是电子台账也可以是纸质台账，保存期限不少于三年。地方管理部门有更严格要求的，从其规定。需要特别说明的是，《技术规范》发布后，国务院于 2021 年 1 月发布《排污许可管理条例》（国令 第 736 号），其中第二十一条规定，环境管理台账记录保存期限不得少于 5 年。

文本摘要：台账记录内容

　　1. 基本信息

　　基本信息主要包括企业排污单位基本信息、生产设施基本信息、污染治理设施基本信息。如排污单位工艺、设施调整等发生变化的，应在基本信息台账记录表中进行相应修改，并将变化内容进行说明同时纳入执行报告中。

　　① 排污单位基本信息：单位名称、生产经营场所地址、行业类别、法定代表人、统一社会信用代码、产品名称、生产工艺、生产规模、环保投资、环评批复文号、排污权交易文件及排污许可证编号等。

　　② 生产设施基本信息：生产设施（设备）名称、编码、型号、规格参数、设计生产能力等。

　　③ 污染治理设施基本信息：治理设施名称、编码、型号、规格参数等。

　　2. 生产设施运行管理信息

　　排污单位应定期记录生产设施运行状况并留档保存，应按班次至少记录以下内容：

　　① 生产运行情况包括生产设施（设备）、公用单元和全厂运行情况，重点记录排污许可证中相关信息的实际情况及与污染物治理、排放相关的主要运行参数，以及正常情况各生产单元主要生产设施（设备）的累计生产时间、主要产品产量、原辅材料使用情况等数据。

　　② 产品产量：记录统计时段内主要产品产量。

　　③ 原辅材料：记录名称、用量单位、密度、主要成分含量、含水率、挥发性有机物含量、用量、品牌。

　　④ 燃料：记录种类、用量、成分、热值、品质。涉及二次能源的需建立能源平衡报表，应填报一次购入能源和二次转化能源。

　　3. 污染防治设施运行管理信息

　　① 正常情况：污染防治设施运行信息应按照设施类别分别记录设施的实际运行相关参数和维护记录。

　　a. 有组织废气治理设施记录设施运行时间、运行参数、污染排放情况等。

　　b. 无组织废气排放控制记录措施执行情况。

c. 废水处理设施应记录废水类别、处理能力、运行状态、污染排放情况、药剂名称及使用量、投放时间、电耗、污泥产生量及污泥处理处置去向等。

② 非正常情况：污染防治设施非正常情况信息按工况记录，每工况记录一次，内容应记录设施名称和编号、非正常起始时刻、非正常终止时刻、污染物排放量、排放浓度、事件原因、是否报告、应对措施等。

4. 其他环境管理信息

排污单位在特殊时段应记录管理要求、执行情况（包括特殊时段生产设施运行管理信息和污染防治设施运行管理信息）。排污单位还应根据环境管理要求和排污单位自行监测内容需求，自行增补记录。

5. 监测记录信息

排污单位应建立污染防治设施运行管理监测记录，记录、台账的形式和质量控制参照 HJ/T 373、HJ 819 等相关要求执行。《排污单位自行监测技术指南　橡胶和塑料制品》发布后，从其规定。

文本摘要：台账记录频次

1. 基本信息

对于未发生变化的基本信息，按年记录，1 次/年；对于发生变化的基本信息，在发生变化时记录 1 次。

2. 生产设施运行管理信息

（1）正常工况

① 生产运行状况：按照排污单位生产批次记录，每批次记录 1 次。

② 产品产量：连续性生产的排污单位产品产量按照批次记录，每批次记录 1 次。周期性生产的设施按照一个周期进行记录，周期小于 1 日的按照 1 日记录。

③ 原辅料、燃料用量：按照批次记录，每批次记录 1 次。

（2）非正常工况：按照工况期记录，每工况期记录 1 次。

3. 污染防治设施运行管理信息

（1）正常情况

① 污染防治设施运行状况：每日记录 1 次。

② 采取无组织废气污染控制措施的信息记录频次原则上不小于 1 日。

③ 污染物产排污情况：连续排放污染物的，按照日记录，每日记录 1 次。非连续排放污染物的，按照产排污阶段记录，每个产排污阶段记录 1 次。安装自动监测设施的按照自动监测频率记录，DCS 原则上以 7 日为周期截屏。

④ 药剂添加情况：采用批次投放的，按照投放批次记录，每投放批次记录 1 次。采用连续加药方式的，每班次记录 1 次。

（2）非正常情况

按照非正常情况期记录，每非正常情况期记录 1 次，包括起止时间、污染物排放浓度、非正常原因、应对措施、是否报告等。

4. 监测记录信息

按照《技术规范》4.4.3 中所确定的监测频次要求记录。

5. 其他环境管理信息

重污染天气和应对期间特殊时段的台账记录频次原则上与正常生产记录频次一致，涉及特殊时段停产的排污单位或生产工序，期间原则上仅对起始和结束当天进行 1 次记录，地方生态环境主管部门有特殊要求的，从其规定。

5.11　排污单位执行报告编制要求

重点管理排污单位需要提交年度和季度（月）执行报告，简化管理排污单位只提交年度执行报告。

月度执行报告至少应包括污染物实际排放浓度和排放量、合规判定分析、超标排放或污染防治设施异常情况说明等内容。季度执行报告还应包括各月度生产小时数、主要产品及其产量、主要原辅材料及其消耗量、新水用量及废水排放量、主要污染物排放量等信息。

年度执行报告不仅包含月度和季度执行报告内容，还需增加排污单位基本生产信息、污染防治设施运行情况、自行监测执行情况、环境管理台账记录执行情况、信息公开情况、排污单位内部环境管理体系建设与运行情况以及其他执行情况等。建设项目竣工环境保护验收报告中与污染物排放相关的主要内容，应当由排污单位记载在该项目验收完成当年排污许可证年度执行报告中。

文本摘要：执行报告分类、周期、编制流程

1. 报告分类及周期

（1）报告分类

排污许可证执行报告按报告周期分为年度执行报告、季度执行报告。排污单位应当按照排污许可证规定的时间提交执行报告。实行重点管理的排污单位应提交年度执行报告和季度执行报告。

（2）报告周期

1）年度执行报告

对于持证时间超过三个月的年度，报告周期为当年全年（自然年）；对于持证时间不足三个月的年度，当年可不提交年度执行报告，排污许可执行情况纳入下一年度执行报告。

2）季度执行报告

对于持证时间超过一个月的季度，报告周期为当季全季（自然季度）；对于持证时间不足一个月的季度，该报告周期内可不提交季度执行报告，排污许可执行情况纳入下一季度执行报告。

2. 编制流程

流程包括资料收集与分析、编制、质量控制、提交四个阶段，具体要求按照 HJ 944 执行。

文本摘要：报告编制内容

1. 年度执行报告

年度执行报告编制内容如下，具体格式根据排污单位的管理要求选择，重点管理排污单位根据《技术规范》附录E编制。

① 排污单位基本情况；

② 污染防治设施运行情况；

③ 自行监测执行情况；

④ 环境管理台账执行情况；

⑤ 实际排放情况及合规判定分析；

⑥ 信息公开情况；

⑦ 排污单位内部环境管理体系建设与运行情况；

⑧ 其他排污许可证规定的内容执行情况；

⑨ 其他需要说明的问题；

⑩ 结论；

⑪ 附图附件。

2. 季度执行报告

季度执行报告应包括污染物实际排放浓度和排放量、合规判定分析、超标排放或污染防治设施非正常情况说明等内容，以及各月度生产小时数、主要产品及其产量、主要原辅料及燃料消耗量、新水用量及废水排放量等信息。

5.12　合规判定方法

许可事项合规是指排污单位排放口位置和数量、排放方式、排放去向、排放污染物种类、排放限值、环境管理要求符合排污许可证规定。

① 排放限值合规是指排污单位污染物实际排放浓度和排放量（不含简化管理）满足许可排放限值要求；环境管理要求合规是指排污单位按排污许可证规定落实自行监测、台账记录、执行报告、信息公开等环境管理要求。

② 生态环境主管部门可依据排污单位环境管理台账、执行报告、自行监测记录中的内容，判断其污染物排放浓度和排放量（不含简化管理）是否满足许可排放限值要求，无组织管控措施是否满足许可要求，也可通过执法监测判断其污染物排放浓度是否满足许可排放限值要求。

文本摘要：废气合规判定

1. 排放浓度合规判定

排污单位废气排放浓度合规是指各有组织排放口和排污单位厂界无组织污染物排放浓度满足相关标准要求。

排污单位各废气排放口的排放浓度合规是指"任一小时浓度均值均满足许可排放浓

度要求"。小时浓度均值根据排污单位自行监测（包括自动监测和手工监测）、执法监测进行确定。排放标准中浓度限值非小时均值的污染物，其排放浓度达标是指按照相关监测要求测定的排放浓度满足许可排放浓度要求。生态环境部发布自动监测数据达标判定方法的，从其规定。

（1）执法监测

按照 GB/T 16157、HJ/T 397、HJ/T 55、HJ 905 等监测规范要求获取的执法监测数据超过许可排放浓度限值的，即视为不合规。相关标准中对采样频次和采样时间有规定的，按相关标准的规定执行。

（2）排污单位自行监测

1）自动监测

将按照监测规范要求获取的有效自动监测数据计算得到的有效小时浓度均值与许可排放浓度对比，超过许可排放浓度的，即视为不合规。对于应当采用自动监测而未采用的排放口或污染物，即认为不合规。

2）手工监测

对于未要求采用自动监测的排放口或污染物，应进行手工监测，按照自行监测方案、监测规范要求获取的监测数据计算得到的有效小时浓度均值超过许可排放浓度的，即视为不合规。

对于连续生产设施，手工监测应在生产稳定状态下进行；对于间歇生产设施，手工监测至少应包括一个完整的生产周期。

2. 排放量合规判定

排污单位有组织排放源主要排放口的大气污染物年实际排放量之和不超过主要排放口污染物年许可排放量之和，即视为合规。有特殊时段许可排放量要求的，实际排放量不得超过特殊时段许可排放量。

3. 无组织排放控制要求合规判定

无组织排放合规以现场检查《技术规范》4.3.3.2.2 无组织排放控制要求落实情况为主，必要时辅以现场监测方式判定排污单位无组织排放合规性。

未按照《消耗臭氧层物质管理条例》的要求对消耗臭氧层物质采取必要措施的，即视为不合规。

文本摘要：废水合规判定

1. 排放浓度合规判定

排污单位各废水排放口污染物的排放浓度合规是指任一有效日均值［pH 值、色度（稀释倍数）除外］满足许可排放浓度要求。排放标准中浓度限值非日均值的污染物，其排放浓度达标是指按相关监测规范要求测定的排放浓度满足许可排放浓度要求。生态环境部发布自动监测数据达标判定方法的，从其规定。

（1）执法监测

按照 HJ 91.1 监测规范要求获取的执法监测数据超过许可排放浓度限值的，即视为不合规。相关标准中对采样频次和采样时间有规定的，按相关标准的规定执行。

（2）排污单位自行监测

1) 自动监测

按照监测规范要求获取的自动监测数据计算得到的有效日均浓度值［pH 值、色度（稀释倍数）除外］不超过许可排放浓度限值的，即视为合规。对于应当采用自动监测而未采用的排放口或污染物，即视为不合规。

有效日均浓度值的计算按照 HJ 355、HJ 356 等相关文件要求执行。

2) 手工监测

按照 HJ 494、HJ 495、HJ 91.1 等开展手工监测，计算得到的有效日均浓度值不超过许可排放浓度的，即视为合规。

2. 排放量合规判定

废水排放口污染物排放量合规指排污单位主要排放口污染物年实际排放量之和不超过相应污染物的年许可排放量。

文本摘要：管理要求合规判定

生态环境主管部门依据排污许可证中的管理要求，以及橡胶制品工业相关技术规范，审核环境管理台账记录和许可证执行报告；检查排污单位是否按照自行监测方案开展自行监测；是否按照排污许可证中环境管理台账记录要求记录相关内容，记录频次、形式等是否满足许可证要求；是否按照许可证中执行报告要求定期报告，报告内容是否符合要求等；是否按照许可证要求定期开展信息公开；是否满足特殊时段污染防治要求；是否满足污染防治运行管理要求。

第 6 章

行业排污许可证申请要点与典型案例分析

6.1 申请要点

6.1.1 排污许可证申报材料准备

6.1.1.1 材料收集必要性

根据排污许可管理要求，落实"自证守法"，企业要确保填报内容的全面、合理、真实、有效，橡胶制品排污单位在排污许可证申报过程中主要存在以下难点。

① 排污单位需要依据设计文件、环评文件、总量指标控制文件、执行标准文件、行业相关技术规范、生产统计报表、各类证件等材料申报，且一一对应各部门生产工艺流程职责分工，并确保跨专业信息填报的准确性。

② 填报信息涵盖专业较多。橡胶制品排污单位在申报排污许可证时，填报的信息涵盖多个专业。

根据排污许可证申报要求，排污单位应在申报前做好申报信息的收集、整理，同时要求排污单位内部各相关部门予以配合，严格遵守《排污许可管理条例》《排污许可管理办法（试行）》等政策文件。

6.1.1.2 平台填报流程与填报内容

排污许可证申请表填报主表表 1～表 16，共计 16 张，分别为：

① 排污单位基本情况（表 1）；

② 排污单位登记信息-主要产品及产能（表 2）；

③ 排污单位登记信息-主要原辅材料及燃料（表 3）；

④ 排污单位登记信息-排污节点及污染治理设施（表 4）；

⑤ 大气污染物排放信息-排放口（表 5）；

⑥ 大气污染物排放信息-有组织排放信息（表 6）；

⑦ 大气污染物排放信息-无组织排放信息（表 7）；

⑧ 大气污染物排放信息-企业大气排放总许可量（表 8）；

⑨ 水污染物排放信息-排放口（表 9）；

⑩ 水污染物排放信息-申请排放信息（表 10）；

⑪ 固体废物管理信息（表 11）；

⑫ 环境管理要求-自行监测要求（表 12）；

⑬ 环境管理要求-环境管理台账记录要求（表 13）；

⑭ 补充登记信息（表 14）；

⑮ 地方生态环境主管部门依法增加的内容（表 15）；

⑯ 相关附件（表 16）。

排污单位应按照表格顺序依次填写。由于各填报信息的表格之间有逻辑性和关联性，排污单位在填报时应确保每一步填报信息的准确性和完整性。

6.1.1.3　平台填报材料梳理

填报各申请表所需的资料/数据清单见表 6-1。

表 6-1　填报各申请表所需资料/数据清单

申报表名称	所需资料/数据清单
排污单位基本情况	营业执照；统一社会信用代码；全部环评及批复文件；全部验收文件；地方政府对违规项目的认定或备案文件（如有）；主要污染物总量分配计划文件（如有）
排污单位登记信息—主要产品及产能	主要产品及产能设计信息；全部生产设施清单及设计参数信息
排污单位登记信息—主要原辅材料及燃料	全厂设计使用原辅材料、燃料信息；生产工艺流程图；厂区总平面布置图
排污单位登记信息—排污节点及污染治理设施	有组织排放口编号；污染治理设施；是否为可行技术（若非可行技术需提供说明材料）
大气污染物排放信息	排放口地理坐标；排气筒高度、排气筒出口内径、排气温度；污染物种类及执行的排放标准；污染物许可排放量计算过程；无组织排放源管控措施
水污染物排放信息	排放口地理坐标；排放去向；排放规律；受纳污水处理厂/自然水体信息；污染物种类及执行的排放标准；污染物许可排放量计算过程
固体废物管理信息	固体废物来源、种类、类别、处理方式；固体废物产生量、贮存量、利用量、处置量、排放量
环境管理要求	自行监测方案；监测点位示意图；环境管理台账记录要求
补充登记信息	主要产品、燃料使用、涉 VOCs 辅料使用、废气排放、废水排放、工业固体废物排放、其他需要说明的信息
地方生态环境主管部门依法增加的内容	有核发权的地方生态环境主管部门依法要求排污单位增加的内容
相关附件	守法承诺书；排污许可证申领信息公开情况说明表；通过排污权交易获取排污权指标的证明材料；地方规定的排污许可证申请表文件等

6.1.2　全国排污许可证管理信息平台账号注册及注意事项

6.1.2.1　账号注册流程及注意事项

（1）注册流程

信息填报系统的网址为 http：//permit.mee.gov.cn。也可以通过生态环境部官网 http：//www.mee.gov.cn 进入，点击左上方"业务工作"→"排污许可"模块，点击"全国排污许可证管理信息平台"模块，进入信息平台公开端，界面如图 6-1 所示。对于初次申请排污许可证的单位应进行系统注册，界面如图 6-2 所示。

图 6-1　全国排污许可证管理信息平台公开端界面

图 6-2　企业账号注册界面

（2）注意事项

关于浏览器，建议优先采用 IE 9 及以上 IE 浏览器，并设置兼容模式。若发现仍无法正常使用，建议尝试其他浏览器；若登录不正常，请公司网管协助解决登录权限。

6.1.2.2　注册信息填报内容及注意事项

（1）填报内容

内容包括申报单位名称、总公司单位名称、注册地址、生产经营场所地址、邮编、省份、城市、区县、流域、行业类别、其他行业类别、是否有统一社会社会信用代码或组织机构代码/营业执照注册号、统一社会信用代码、总公司统一社会信用代码、用户名、密码、手机号、电子邮箱、统一社会信用代码或组织机构代码或营业执照注册号复印件，见图 6-3。

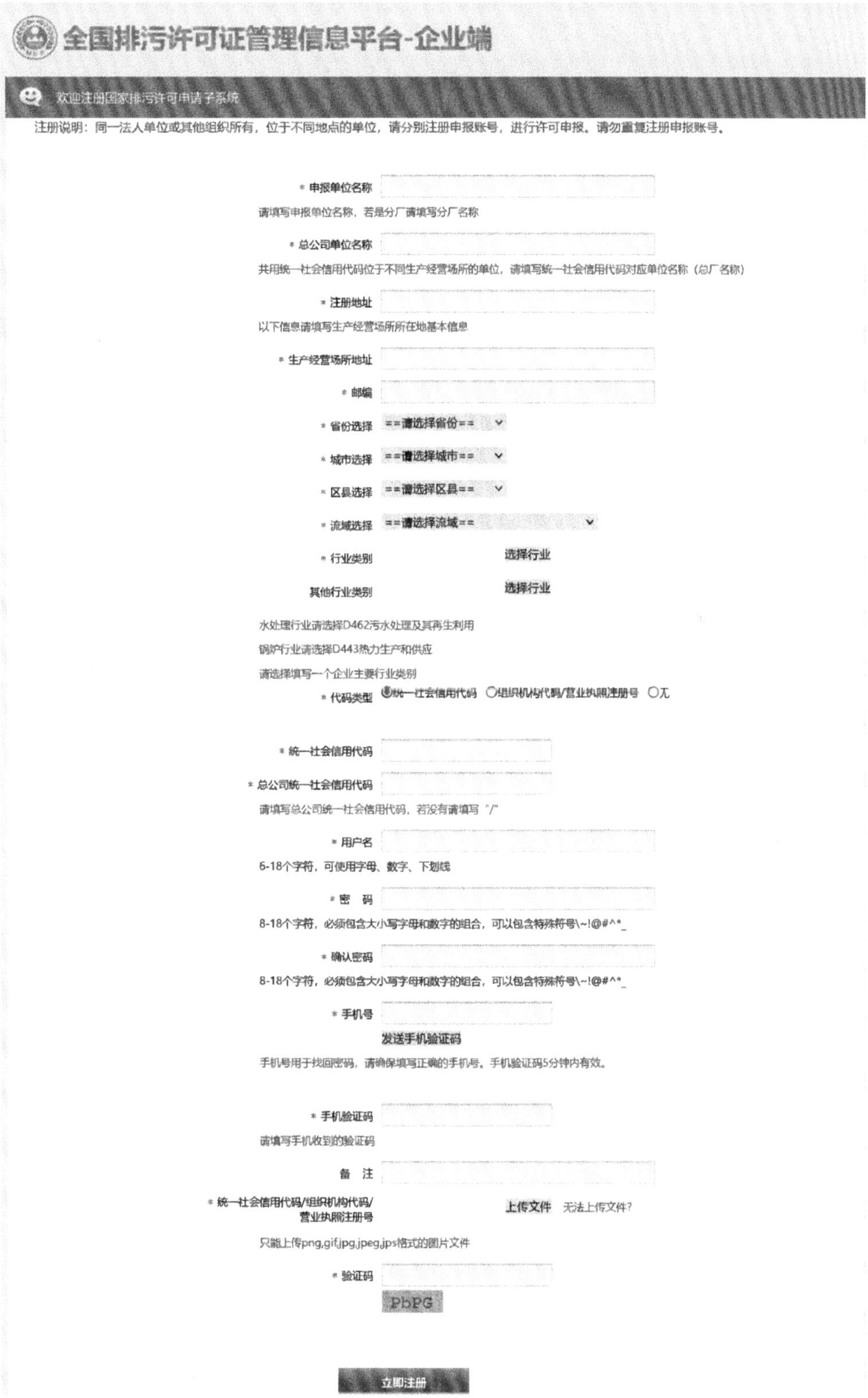

全国排污许可证管理信息平台-企业端

欢迎注册国家排污许可申请子系统

注册说明：同一法人单位或其他组织所有，位于不同地点的单位，请分别注册申报账号，进行许可申报。请勿重复注册申报账号。

* 申报单位名称
请填写申报单位名称，若是分厂请填写分厂名称

* 总公司单位名称
共用一社会信用代码位于不同生产经营场所的单位，请填写统一社会信用代码对应单位名称（总厂名称）

* 注册地址
以下信息请填写生产经营场所所在地基本信息

* 生产经营场所地址

* 邮编

* 省份选择　　==请选择省份==

* 城市选择　　==请选择城市==

* 区县选择　　==请选择区县==

* 流域选择　　==请选择流域==

* 行业类别　　　　　　　　选择行业

其他行业类别　　　　　　选择行业

水处理行业请选择D462污水处理及其再生利用
锅炉行业请选择D443热力生产和供应
请选择填写一个企业主要行业类别

* 代码类型　　●统一社会信用代码　○组织机构代码/营业执照注册号　○无

* 统一社会信用代码

* 总公司统一社会信用代码
请填写总公司统一社会信用代码，若没有请填写 "/"

* 用户名
6-18个字符，可使用字母、数字、下划线

* 密码
8-18个字符，必须包含大小写字母和数字的组合，可以包含特殊符号\~!@#^*_

* 确认密码
8-18个字符，必须包含大小写字母和数字的组合，可以包含特殊符号\~!@#^*_

* 手机号
　　　　　　发送手机验证码
手机号用于找回密码，请确保填写正确的手机号。手机验证码5分钟内有效。

* 手机验证码
请填写手机收到的验证码

备　注

* 统一社会信用代码/组织机构代码/　　　上传文件　无法上传文件？
营业执照注册号
只能上传png,gif,jpg,jpeg,jps格式的图片文件

* 验证码
　　　　　PbPG

立即注册

图 6-3　账号注册界面

（2）注意事项

① 应对照注册说明进行填报，确保信息准确。

② 本系统所有带"＊"号项皆为必填项，无信息的填报"/"，不能为空。

③ 申报单位名称注册后无法修改，需确保单位名称填写准确。

④ 注册地址及生产经营场所地址应与排污单位营业执照上信息保持一致。

⑤ 总公司单位名称需与统一社会信用代码对应的单位名称一致，申报单位名称可以是分厂名称或所在部门名称。

⑥ 涉及多个行业的排污单位，填报主行业类别后，还应填报其他附属行业类别。例如，既有轮胎制造，又有废轮胎加工再生橡胶原料，还涉及锅炉的，应该填报三个行业类别，主行业类别为轮胎制造，其他行业类别为非金属废料和碎屑加工处理、锅炉/热力生产和供应。

⑦ 橡胶制品行业类别应选择编码为"C291 橡胶制品业"栏目下的小类，点击"选择行业"后在搜索栏输入相应行业，例如 C291 橡胶制品业、C4220 非金属废料和碎屑加工处理、TY01 锅炉等。

⑧ 妥善保存用户名和密码，用户名建议使用公司名称的缩写，防止遗忘及人员调动造成的不便。

⑨ 手机号、企业邮箱等信息建议采用排污单位负责人手机号码，避免人员变动产生的影响。

6.1.2.3 系统登录

信息申报系统的登录界面见图 6-4～图 6-11。平台主页界面上端包括"申请前信息公开""许可信息公开""限期整改""登记信息公开""许可注销公告""许可撤销公告""许可遗失声明""重要通知""法规标准""网上申报""更多"栏目，如图 6-4 所示。其中"申请前信息公开"为企业申领排污许可证之前进行的信息公开，"许可信息公开""限期整改""登记信息公开""许可注销公告""许可撤销公告""许可遗失声明"为申领排污许可证之后可使用的功能模块，"重要通知""法规标准"为平台功能性模块。点击"网上申报"即可进入登录界面。

图 6-4　平台主页界面

申报流程界面如图 6-5 所示。

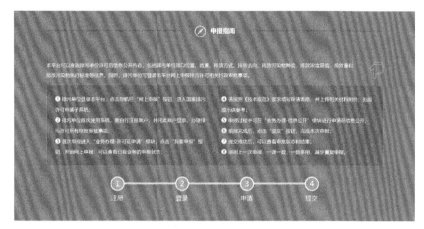

图 6-5　申报流程界面

联系方式：

为规范排污许可答疑工作，现停止使用原平台系统技术支持电话、名录和技术规范技术支持电话答疑渠道。

开通邮箱答疑渠道，平台系统技术支持邮箱：pwxkpt@acee.org.cn，

名录和技术规范技术支持邮箱：pwxk@acee.org.cn

技术规范交流（QQ群）：

管理部门：167487301、445642952
火电工业：210890523、362539120
钢铁工业：423554111、665866519
水泥工业：632416722、544104053、325878291

造纸工业：274640434	玻璃工业-平板玻璃：615560668、616708158
石化工业：660506334	制药工业-原料药：641913633
电镀工业：198150383、369703834	化肥工业-氮肥：392128628
制糖工业：398155591	纺织印染工业：620069178
农药工业：345589457	有色金属工业：672979912
制革工业：206584665	炼焦化学工业：636041548、669598449
淀粉工业：195020875	屠宰及肉类加工工业：209733304
锅炉工业：826110227、160604715	陶瓷砖瓦工业：859180380、913839878
汽车工业：776709969	水处理行业：809903604
畜禽养殖：868028965	乳制品行业：784374585
家具行业：690231343	酒、饮料行业：204304322
电池行业：697993581	调味品行业：754901392
电子行业：881943332	人造板行业：704282835、946086848
无机化学工业：786936787	废物治理工业：892490442
聚氯乙烯工业：755638665	方便食品、添加剂工业：81523718
废弃资源加工工业：673954044	危废焚烧工业：560811151
生活垃圾焚烧：948048707	毛皮加工工业：985405184
印刷工业：111409951	制药行业：824017167
金属铸造：1031732303、961560987	涂料油墨：1078751615
铁合金电解锰：1046542715	储油库加油站：846104709
石墨非金属：973060368	煤炭加工-合成气和液体燃料生产：1079513306
化学纤维制造业：1080056410	专用化学产品制造工业：1045384551
医疗机构：929988165	日用化学产品制造工业：731969456
环境卫生管理业：1071141192	码头：1079815018
羽毛绒加工工业：1080893294	农副食品加工（水产加工和饲料加工、植物油加工）：1081072201
稀土工业：754337412	橡胶工业：729545761
塑料工业：863518750	海陆空行业：827920073
制鞋工业：297579029	水处理通用工序：1040958918
工业炉窑：1072279880、1084625906	

附件资料：

- 排污许可申领信息公开情况说明表（样本）
- 承诺书(样本)-20180824新
- 各行业申请表样本
- 控制污染物排放许可制实施方案、管理暂行规定、通知
- 火电行业排污许可技术规范讲解课件
- 造纸行业排污许可技术规范课件
- 国家排污许可申请核发系统信息公开系统功能介绍
- 排污许可地方培训班学习材料
- 各行业排污许可技术规范培训视频汇总
- 无法上传附件或图片解决方案
- 2020年度温室气体排放报告补充数据表

图 6-6　联系方式与相关附件下载区界面

主页下端为技术支持相关文件，包括平台系统技术支持端联系方式、各技术规范编制组建立的 QQ 交流群号码以及相关的附件资料，如图 6-6 所示。企业可在此处下载排污许可证申领信息公开情况说明表（样本）、承诺书（样本），填写并盖章上传，还有各行业排污许可技术规范培训材料等均可自行下载查阅。

点击"网上申报"，进入登录页面，填入已申请的账号，如图 6-7 所示。

图 6-7　企业登录界面

登录后为企业端业务办理主界面，包括"环境影响评价""许可证业务""许可证执行记录""碳排放情况"四个部分，右侧为个人信息栏，可以修改部分企业基本信息、密码、手机号等；下端显示正在进行步骤的情况。如图 6-8 所示。

图 6-8　企业端业务办理主界面

点击"许可证申请"模块，对于初次申领的企业选择"首次申请"，涉及增扩改建的或者已取得排污许可证的其他行业配套"橡胶制品工业"行业的，应选择"补充申请"，对于已发放整改通知书但未核发许可证的企业选择"整改后申请"，如图 6-9 所示。

图 6-9　企业排污许可证申请界面

首次填报申请排污许可证，应选择"我要申报"，如图 6-10 所示；已填报过数据继续填报的，应选择"继续申报"，如图 6-11 所示。

图 6-10　企业排污许可证填报界面

图 6-11　企业排污许可证填报界面

企业填报信息正式填报界面如图 6-12 所示。各企业在填报前需仔细阅读填报指南，根据《技术规范》要求逐项填报 18 类信息，填报完成后即可提交申请，等待相关部门审批。

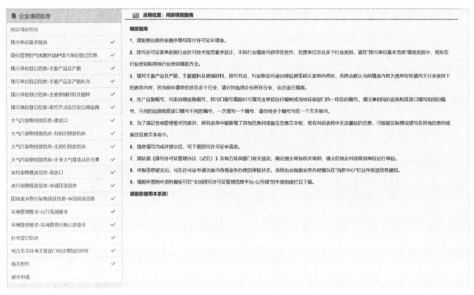

图 6-12　企业填报信息正式填报界面

6.2　重点管理排污单位填报案例

6.2.1　企业基本情况

某轮胎制造企业拥有 2 条轮胎生产线及废旧轮胎翻新生产线，主要产品有全钢子午线轮胎和半钢子午线轮胎。原辅料主要包括天然橡胶、合成橡胶、再生橡胶、金属、纤维、补强体系、增塑体系、防老体系、硫化体系、功能性助剂等，同时配套建设余热发电、烟气脱硫脱硝除尘设施，配套水、电、气及环保、安全等设施。

全厂废气排气筒共计 12 个，包括 2 个密炼工序排气筒，治理工艺为"沸石转轮＋RTO"；4 个硫化工序排气筒、2 个压延工序排气筒、2 个压出工序排气筒，硫化、压延、压出工序治理措施为"低温等离子体＋光催化＋活性炭吸附"的组合治理工艺。

该重点管理企业基本信息见表 6-2。

表 6-2　某重点管理企业基本信息

企业名称	××橡胶制品工业有限公司
行业类别	C2911 轮胎制造、TY01 锅炉、C4220 非金属废料和碎屑处理加工
投产日期	2000 年 7 月 1 日
主要产品及产能	工程机械用橡胶轮胎 50000 条/年、乘用车橡胶轮胎 1000000 条/年
主要生产单元及工艺	炼胶、压延、成型、硫化
共用单元	锅炉

6.2.2　填报流程及注意事项

6.2.2.1　排污单位基本信息填报

（1）填报内容

内容包括是否需改正、排污许可证管理类别、是否投产、投产日期、生产经营场所中心经纬度、法定代表人（主要负责人）、技术负责人、联系方式（固定电话、移动电话）、所在地是否属于大气重点控制区、所在地是否属于总磷控制区、所在地是否属于总氮控制区、所在地是否属于重金属污染物特别排放限值实施区域、是否位于工业园区、是否有环评审批文件及相关文号（备案编号）、是否有地方政府对违规项目的认定或备案文件、是否有主要污染物总量分配计划文件，以及大气污染物、水污染物控制指标（填写默认的二氧化硫、氮氧化物、颗粒物、挥发性有机物、化学需氧量和氨氮以外的大气污染物和水污染物控制指标）。

排污单位基本信息填报界面如图 6-13 所示。

（2）注意事项

① 根据《排污许可管理办法（试行）》第二十九条规定确定是否需改正。对于需要改正的，核发部门应提出限期改正要求，改正期限为 3~6 个月；对于存在多种改正情形的，改正期限以改正时间最长的情形为准，不得累加，最长不超过一年。

② 许可证管理类别应根据排污单位类型选填，针对橡胶制品行业，以《固定污染源排污许可分类管理名录（2019 年版）》为准，纳入重点排污单位名录的为重点管理；除重点管理以外的轮胎制造 2911，年耗胶量 2000t 及以上的橡胶板、管、带制造 2912，橡胶零件制造 2913，再生橡胶制造 2914，日用及医用橡胶制品制造 2915，运动场地用塑胶制造 2916，其他橡胶制品制造 2919 为简化管理；其余为登记管理。

③ 关于是否投产，以排污单位第一条生产线的实际投产并产生排污行为为准。

④ 关于生产经营场所中心经纬度，必须通过全国排污许可证管理信息平台中的 GIS 系统进行定位与拾取。

⑤ 法定代表人（主要负责人）、技术负责人、联系方式为必填项。其中，技术负责人应为"了解公司排污许可内容、精通公司环保管理工作"的管理人员，联系方式应为技术负责人的电话，涉及人员变动的情况，应及时更新技术负责人及联系方式。

⑥ 所在地是否属于大气重点控制区，可以通过点击"重点控制区域"进行查看并确定。

⑦ 根据《国务院关于印发"十三五"生态环境保护规划的通知》（国发〔2016〕65 号）以及生态环境部相关文件中确定所在地是否属于总磷、总氮控制区。

⑧ 所在地是否属于重金属污染物特别排放限值实施区域，可以通过点击"特别区域清单"进行查看并确定。

⑨ 根据地方工业园区及工业聚集区规划文件确定是否属于工业园区。

⑩ 应填报环境影响评价审批文件或地方政府对违规项目的认定或备案文件。环境影响评价审批文件或备案文件应填报全面，配套锅炉等项目的环境影响评价审批文件也应填报。针对环境影响评价审批文件无文号甚至无项目名称的，应简要填报项目名

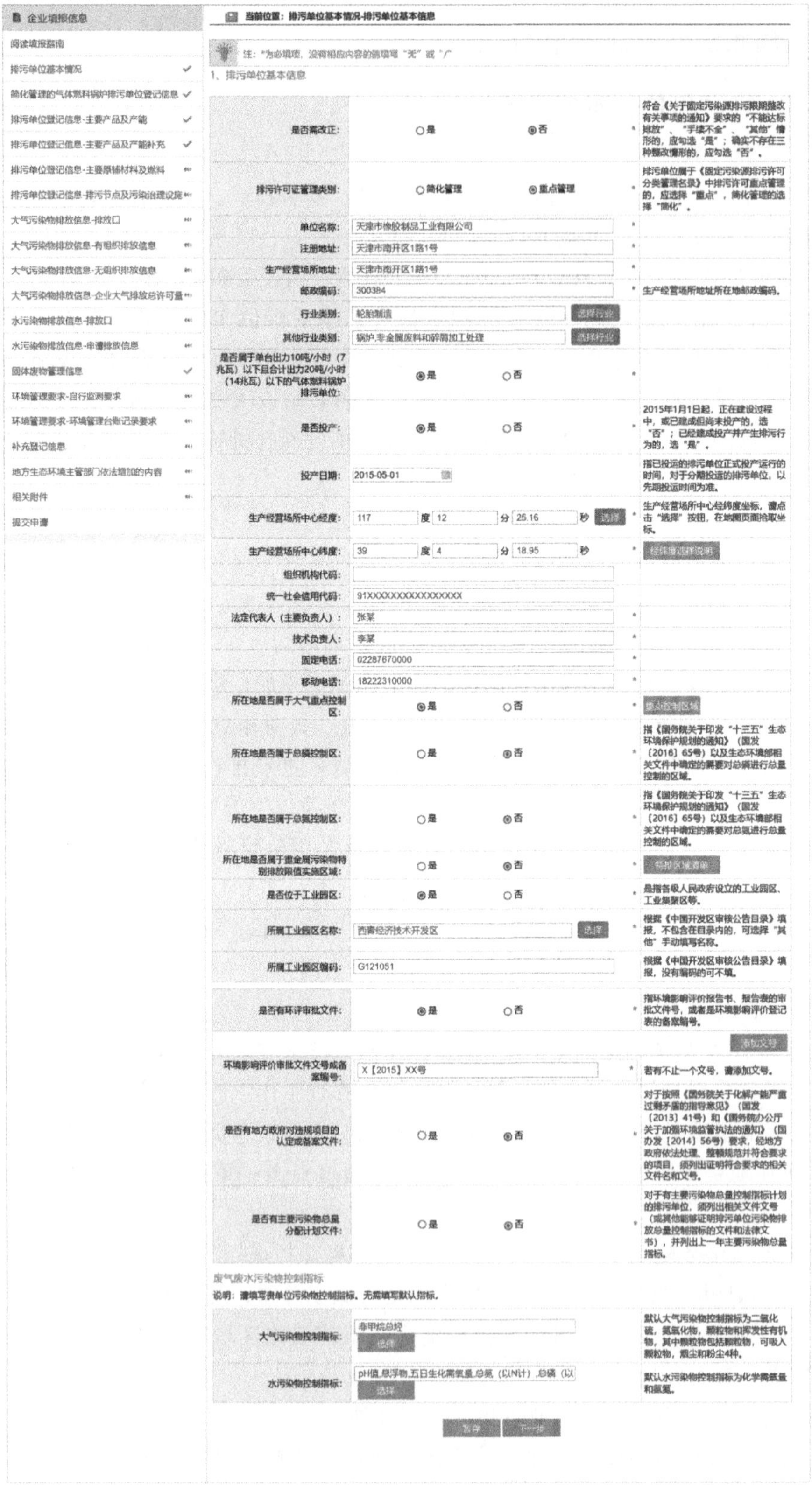

图 6-13　排污单位基本信息填报界面

称、审批文件时间。若项目环境影响评价审批文件为 2015 年 1 月 1 日（含）后取得的，在填报污染因子、许可排放量以及自行监测方案时，应同时考虑环评及审批文件要求。

⑪ 主要污染物总量分配计划文件信息，针对一个公司含有多个有效的总量分配计划文件的，应在"总量分配计划文件文号"栏中逐一填报；填报指标时，应结合总量分配计划文件从严确定；烟尘和粉尘应统一填报为颗粒物。

针对通用工序锅炉，以《固定污染源排污许可分类管理名录（2019 年版）》为准，纳入重点排污单位名录的为重点管理。也就是说，若企业被纳入重点排污单位名录，同时涉及锅炉的，那么按照重点管理要求填报；单台或合计 20t/h（14MW）及以上的锅炉（不含电热锅炉）需要单独填报锅炉申请信息表。锅炉填报要求与企业管理要求保持一致。

图 6-14　简化管理气体燃料锅炉信息填报界面

涉及锅炉简化管理的需要对应填报锅炉申请信息表，详见图6-14～图6-19，简化管理气体燃料锅炉信息包括锅炉设备及燃料信息、产品及污染排放信息、废气排放口信息、废水排放口信息、自行监测要求信息和备注信息。

点击锅炉设备及燃料信息中"添加"按钮弹出图6-15所示的界面，根据企业实际情况填写锅炉编号、容量、容量单位、年运行时间（h），同时点击"添加燃料"填报使用燃料的具体信息，并添加锅炉设备污染排放信息、废气排放口信息、废水排放口信息和自行监测要求信息，对应填报界面见图6-16～图6-19。

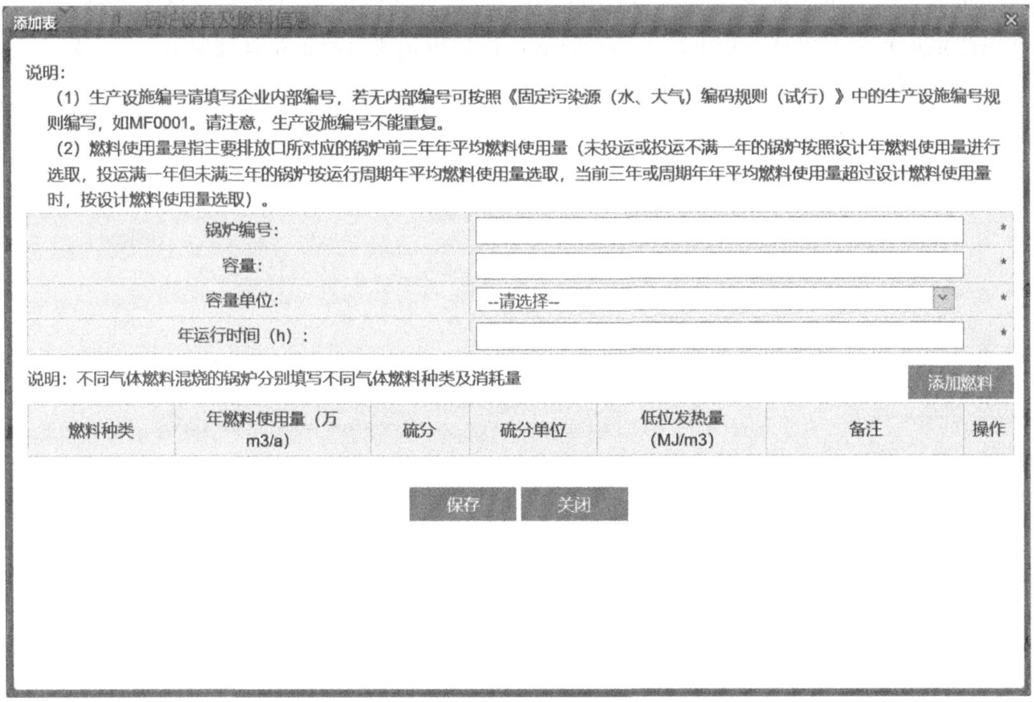

图6-15 锅炉设备及燃料信息填报界面

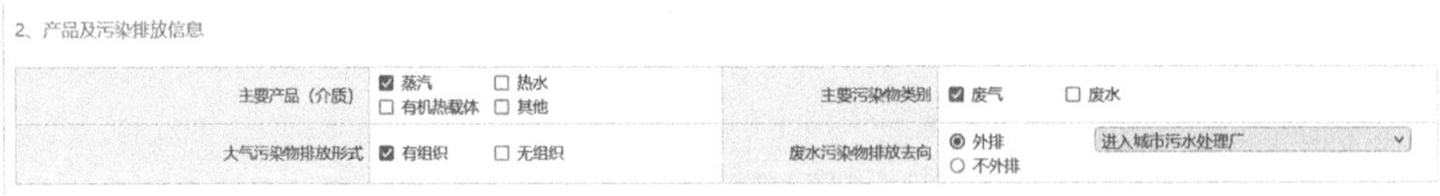

图6-16 锅炉设备污染排放信息填报界面

6.2.2.2 主要产品及产能填报

主要填报内容包括行业类别（在企业账号注册阶段已经填报）、主要生产单元名称、主要工艺名称、生产设施名称、生产设施编号、生产设施参数、产品名称、生产能力、计量单位、设计年生产时间以及其他产品信息。主要产品及产能填报界面如图6-20～图6-24所示。

点击图6-20主要产品及产能填报界面中"添加"按钮，弹出"添加表"，如图6-21所示。

图 6-17　锅炉废气排放口信息填报界面

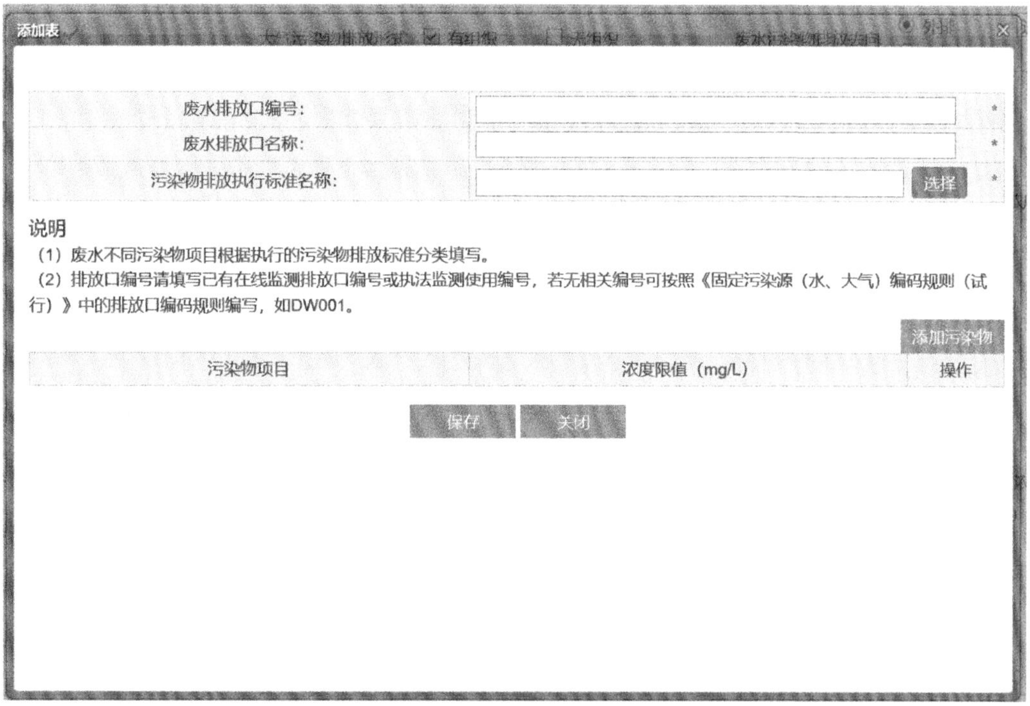

图 6-18　锅炉废水排放口信息填报界面

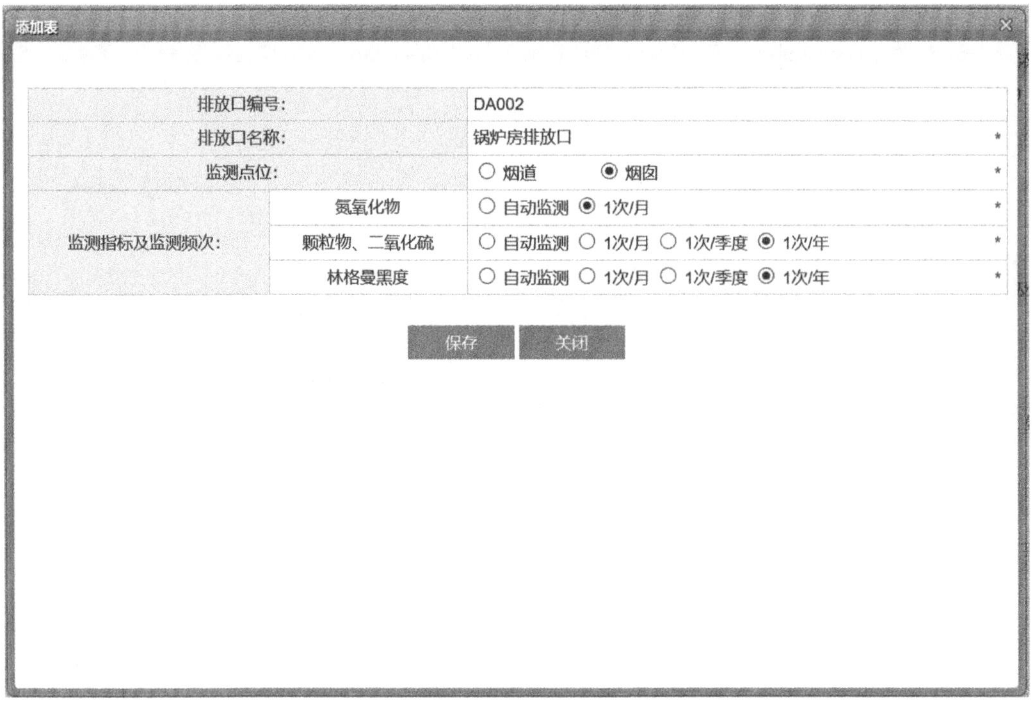

图 6-19　锅炉自行监测要求信息填报界面

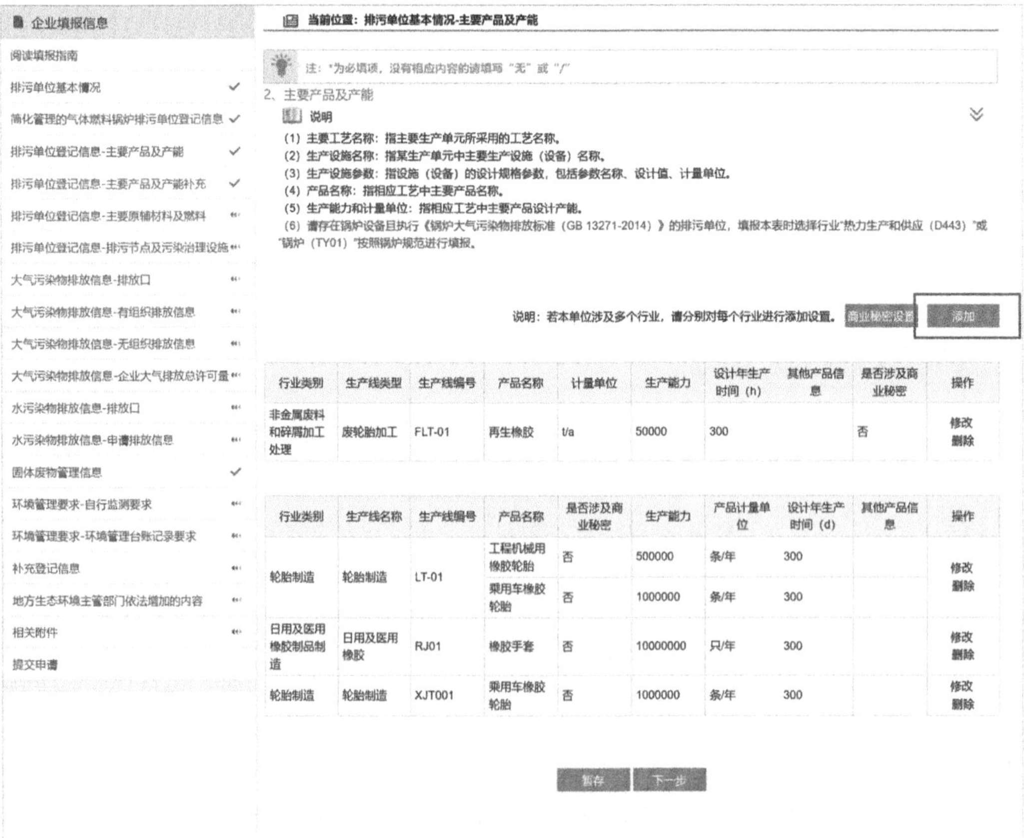

图 6-20　主要产品及产能填报界面

在"添加表"中通过"放大镜"按钮选择将要填写的主要生产设施所属行业类别。

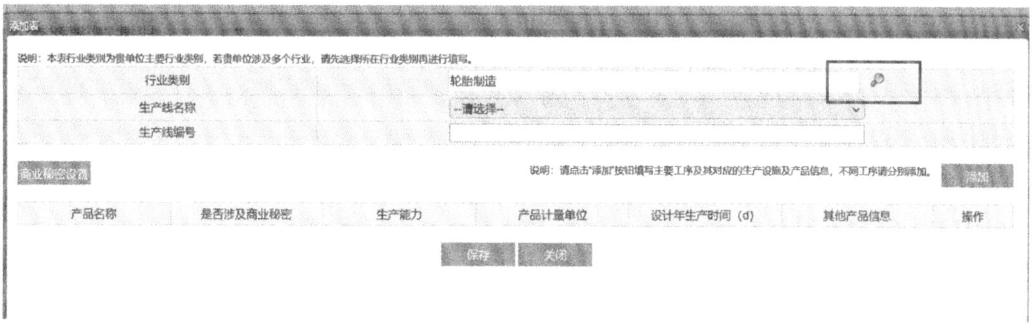

图 6-21　主要设施添加界面

通过搜索行业编码"C291"可找到对应行业小类。根据排污单位实际情况选择"C291 橡胶制品业"栏目下的所有小类，行业小类选择界面见图 6-22。

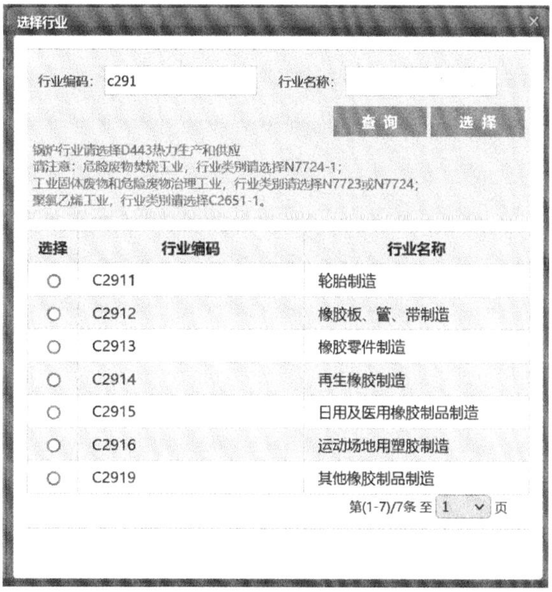

图 6-22　行业小类选择界面

点击"添加"按钮，如图 6-23 所示，添加具体产品名称、生产能力、设计年生产时间、其他产品信息、是否涉及商业秘密和产品计量单位。

图 6-24 为具体生产信息填报界面。

涉及以废橡胶为原料加工获取再生橡胶原料的生产设施或排放口，适用于《排污许可证申请与核发技术规范　废弃资源加工工业》（HJ 1034），填报界面如图 6-25～图 6-28 所示。以废轮胎加工填报为例，行业类别选择"C4220 非金属废料和碎屑加工处理"，根据企业实际情况选择添加该部分内容。

点击"放大镜"选择对应产品名称，具体名称可以参见图 6-27，同时填报生产能力等信息。

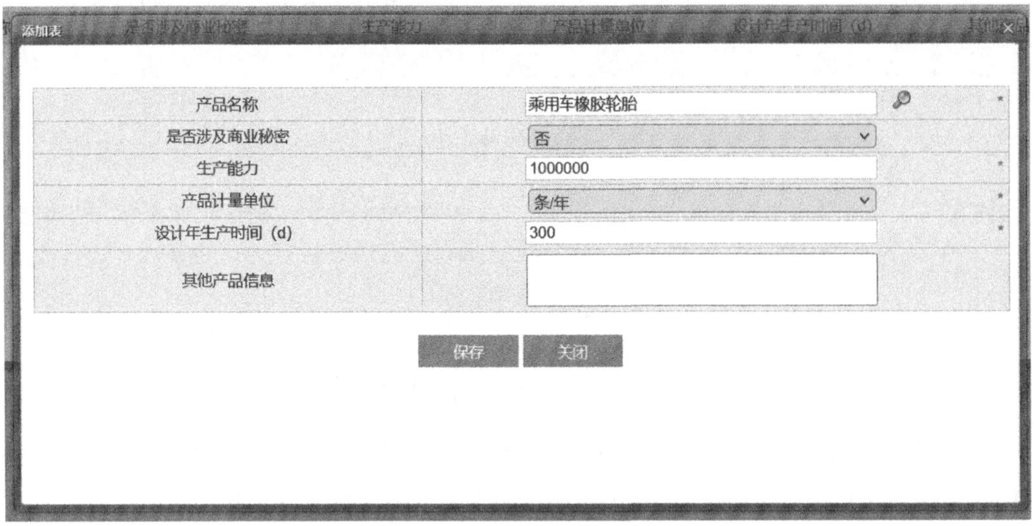

图 6-23　添加生产信息界面

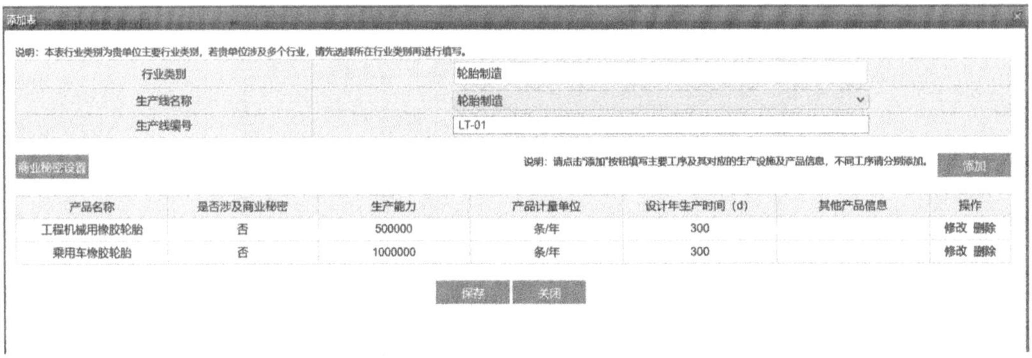

图 6-24　具体生产信息填报界面

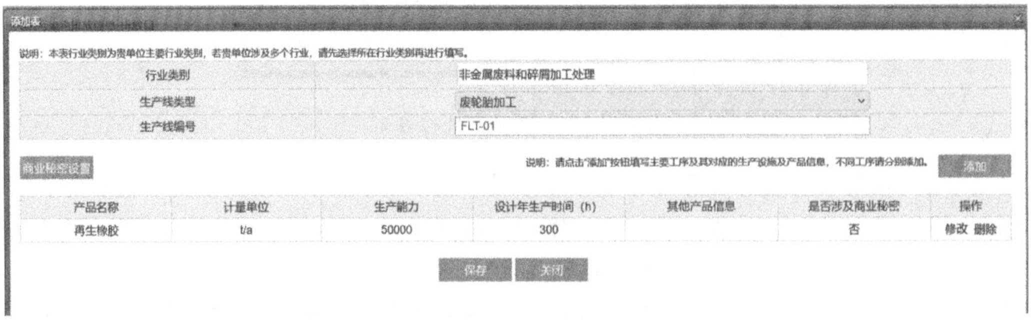

图 6-25　废轮胎加工再生橡胶信息填报界面

6.2.2.3　主要产品及产能补充填报

主要填报内容包括行业类别（在排污单位账号注册阶段已经填报）、生产线名称、生产线编号、主要生产单元名称、主要工艺名称、生产设施名称、是否涉及商业秘密、生产设施编号、设施参数、其他设施信息以及其他工艺信息。主要产品及产能补充填报

图 6-26　废轮胎加工再生橡胶信息添加界面

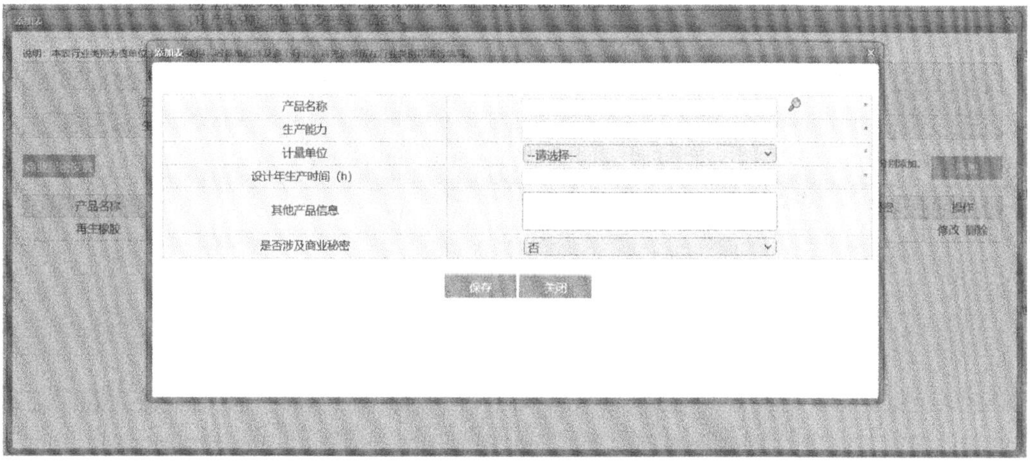

图 6-27　废轮胎加工产品名称填报界面

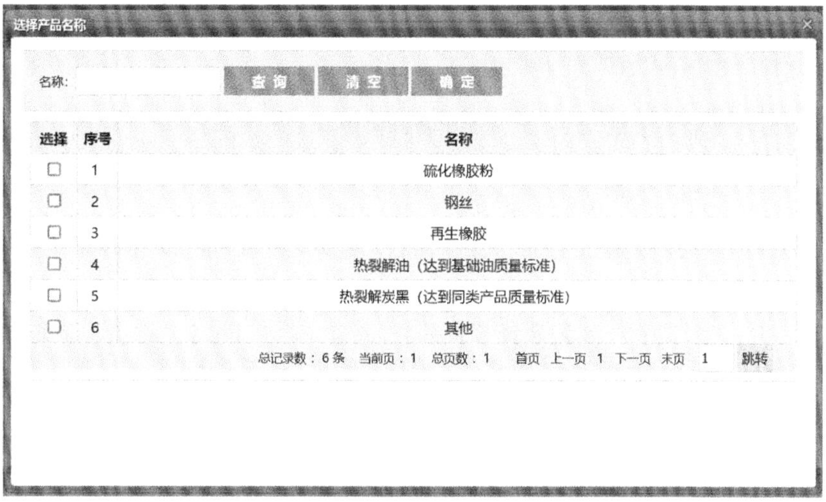

图 6-28　废轮胎加工产品名称选择界面

图 6-29　主要产品及产能补充填报主界面

图 6-30　行业类别、生产线名称、生产线编号自动带入界面

主界面见图 6-29，行业类别、生产线名称、生产线编号自动带入界面见图 6-30，生产线名称与编号填报界面见图 6-31，主要工艺名称填报界面见图 6-32，主要生产单元名称选择界面见图 6-33，主要生产工艺选择界面见图 6-34，生产设施名称填报界面见图 6-35，生产设施名称选择界面见图 6-36，生产设施参数填报界面见图 6-37。炼胶工艺填报内容展示界面见图 6-38。

6.2.2.4　主要原辅材料及燃料填报

（1）原辅料填报内容

包括行业类别、种类、类型、名称、具体物质名称、设计年使用量、计量单位、其

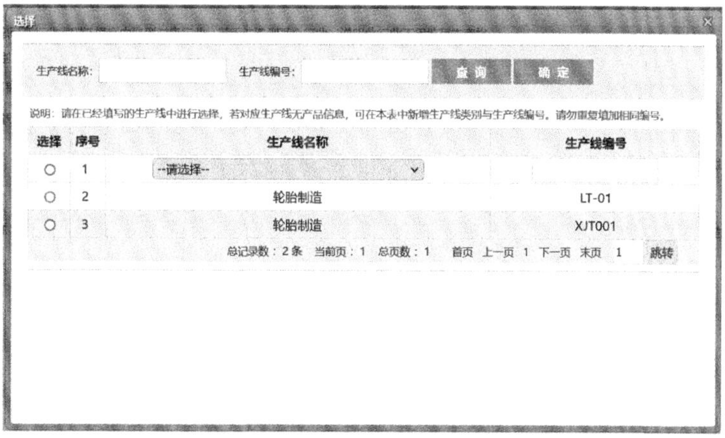

图 6-31　生产线名称与编号填报界面

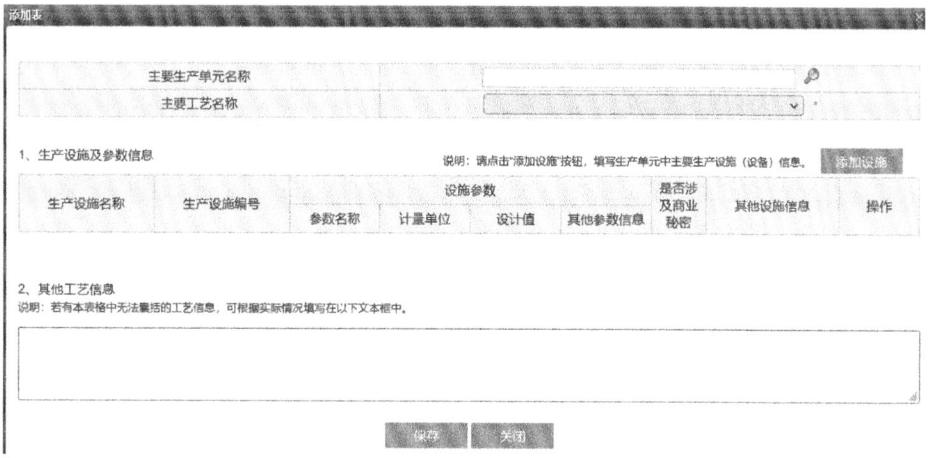

图 6-32　主要工艺名称填报界面

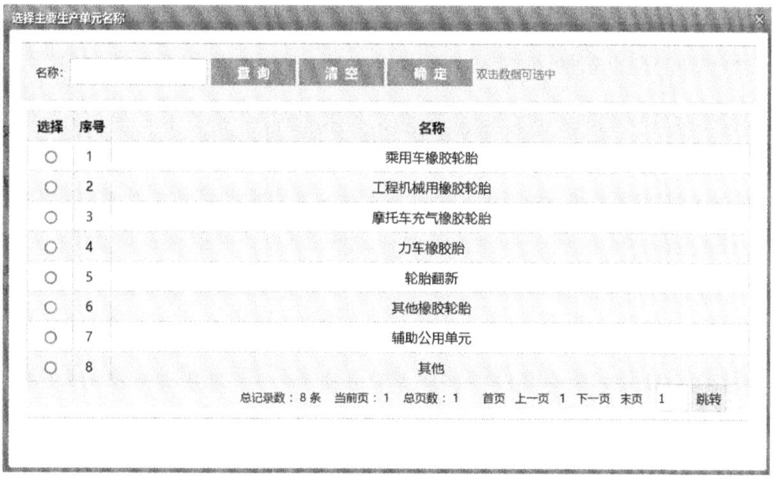

图 6-33　主要生产单元名称选择界面

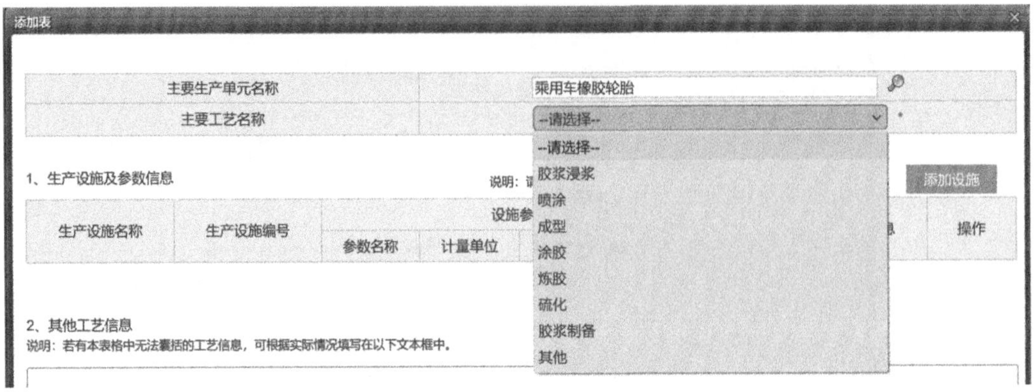

图 6-34　主要生产工艺选择界面

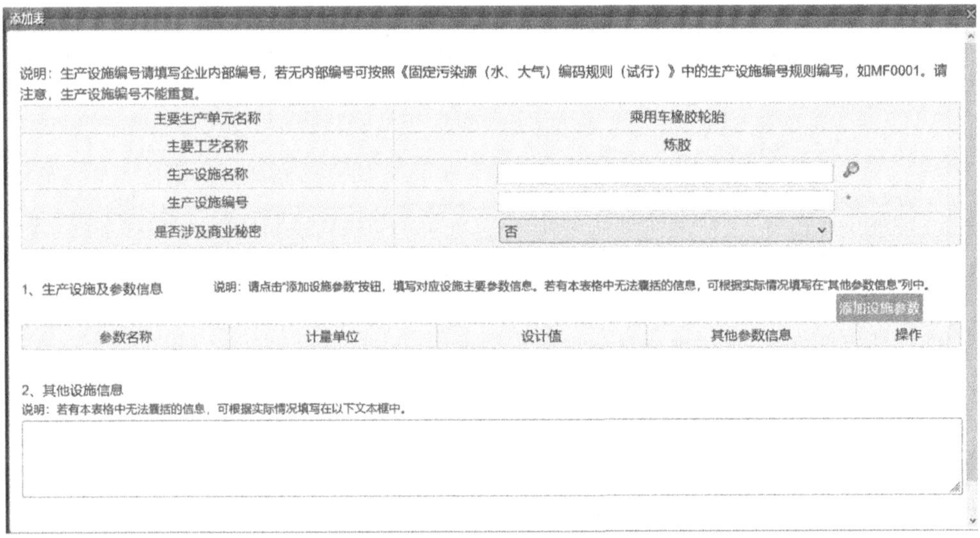

图 6-35　生产设施名称填报界面

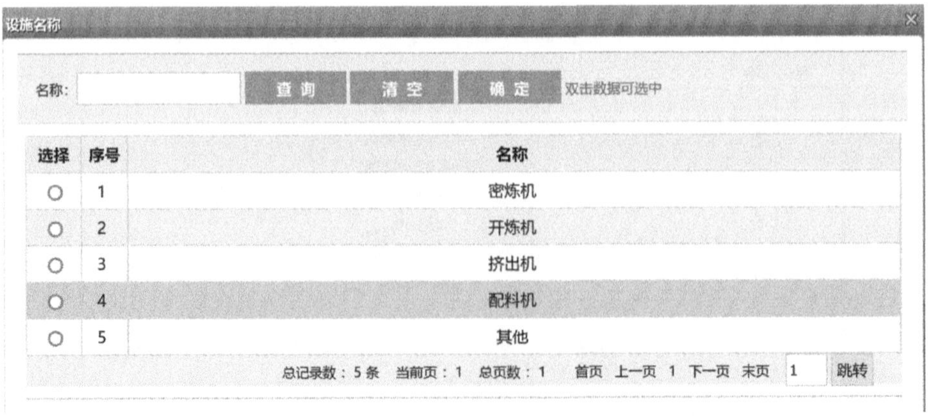

图 6-36　生产设施名称选择界面

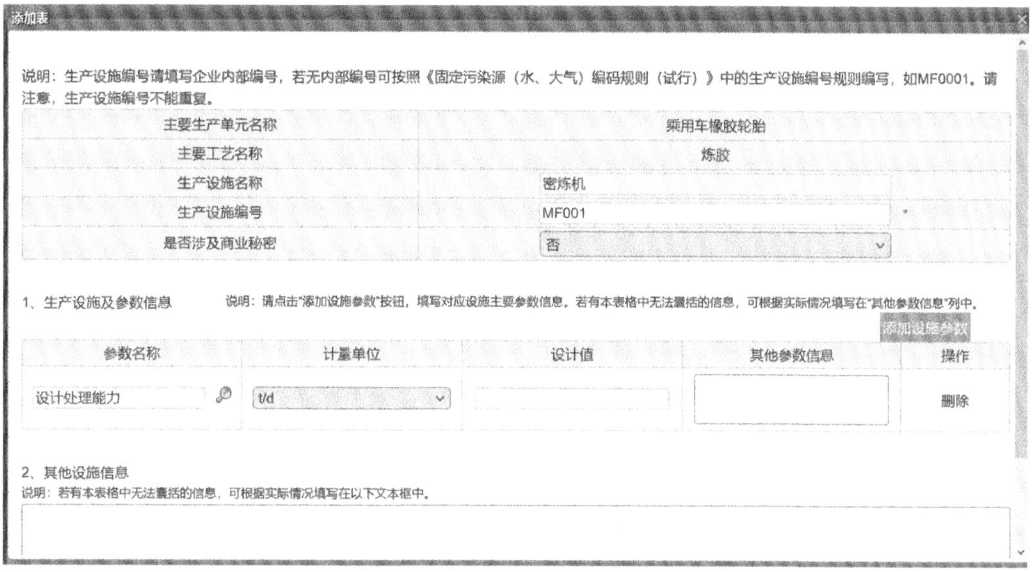

图 6-37 生产设施参数填报界面

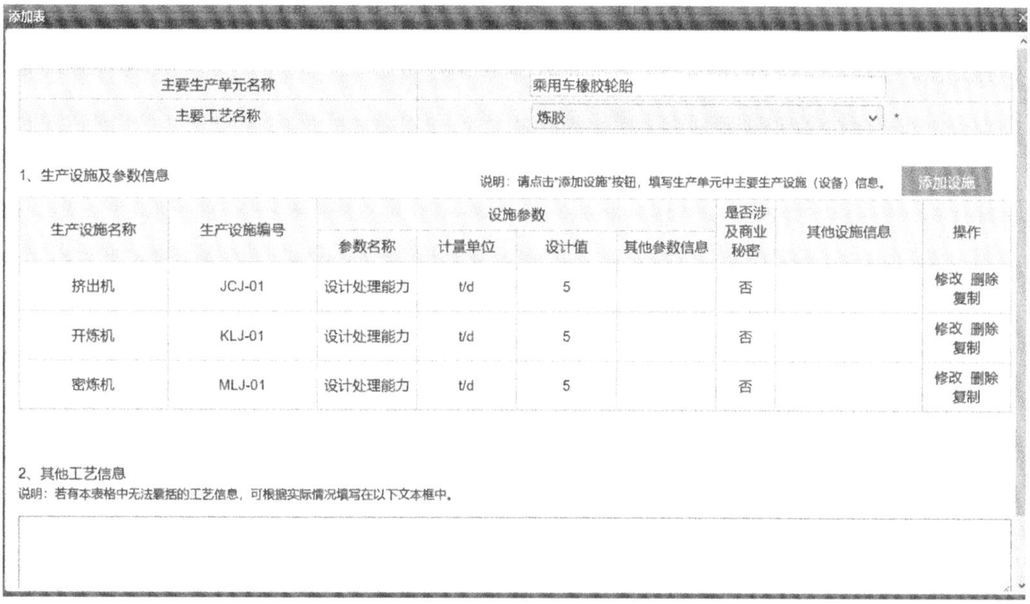

图 6-38 炼胶工艺填报内容展示界面

他信息等，详见图 6-39。

（2）注意事项

① 原辅料不仅包括生产产品必需材料，还包括污水处理添加剂、废气处理吸附剂、催化剂等。

② 设计年使用量（或年最大使用量）为全厂同类原辅料的总计，填报时需要注意匹配计量单位。

当前位置：排污单位基本情况-主要原辅材料及燃料

注："*为必填项，没有相应内容的请填写"无"或"/"

3、主要原辅材料及燃料

　　说明：

　　(1) 种类：指材料种类，选填"原料"或"辅料"。

　　(2) 名称：指原料、辅料名称。

　　(3) 有毒有害成分及占比：指有毒有害物质或元素，及其在原料或辅料中的成分占比，如氟元素（0.1%）。此内容各行业不同，具体请参照内部填报页面说明。

　　(4) 若有表格中无法囊括的信息，可根据实际情况填写在"其他信息"列中。

(1) 原料及辅料信息

商业秘密设置　　添加

行业类别	种类	类型	名称	具体物质名称	设计年使用量	计量单位	其他信息	是否涉及商业秘密	操作
轮胎制造	辅料	补强材料	炭黑	炭黑	1	t/a		否	编辑 删除
	辅料	补强材料	碳酸钙	碳酸钙	1	t/a		否	
	辅料	防老材料	RD	RD	1	t/a		否	
	辅料	硫化材料	硫化剂（硫磺、其他）	硫磺	1	t/a		否	
	辅料	填充材料	碳酸钙	碳酸钙	1	t/a		否	
	辅料	稳定材料	氢氧化钾	氢氧化钾	1	t/a		否	
	原料	橡胶材料	合成橡胶	丁苯橡胶	1	t/a		否	
	原料	橡胶材料	天然橡胶	XX天然橡胶	1	t/a		否	
	原料	橡胶材料	再生橡胶	XX再生胶	1	t/a		否	
	辅料	增塑材料	树脂	树脂	1	t/a		否	

(2) 燃料信息

说明：请存在锅炉设备且执行《锅炉大气污染物排放标准（GB 13271-2014）》的排污单位，填报本表时选择行业"热力生产和供应（D443）"或"锅炉（TY01）"按照锅炉规范进行填报。

商业秘密设置　　添加

行业类别	燃料名称	年最大使用量	计量单位	低位热值（kJ/kg）	含硫率（%）	灰分（%）	硫化氢含量（%）	挥发分（%）	其他相关物质成分	物质成分占比（%）	其他信息	是否涉及商业秘密	操作
轮胎制造													编辑 删除

图 6-39　主要原辅材料及燃料填报主界面

　　点击"添加"按钮，依次填入相关信息，点击"放大镜"按钮，选择对应行业类别。原辅料添加完成界面见图 6-40，原辅料信息填报界面见图 6-41。

　　(3) 燃料填报内容

　　包括行业类别、燃料名称、灰分、含硫量、挥发分、低位热值、年最大使用量以及其他信息。填写有毒有害成分时，"硫分"中固体和液体燃料按硫分计，气体燃料按总硫计，总硫包含有机硫和无机硫。燃料填报主界面如图 6-42 所示，燃料填报相关指标填报界面如图 6-43 所示。

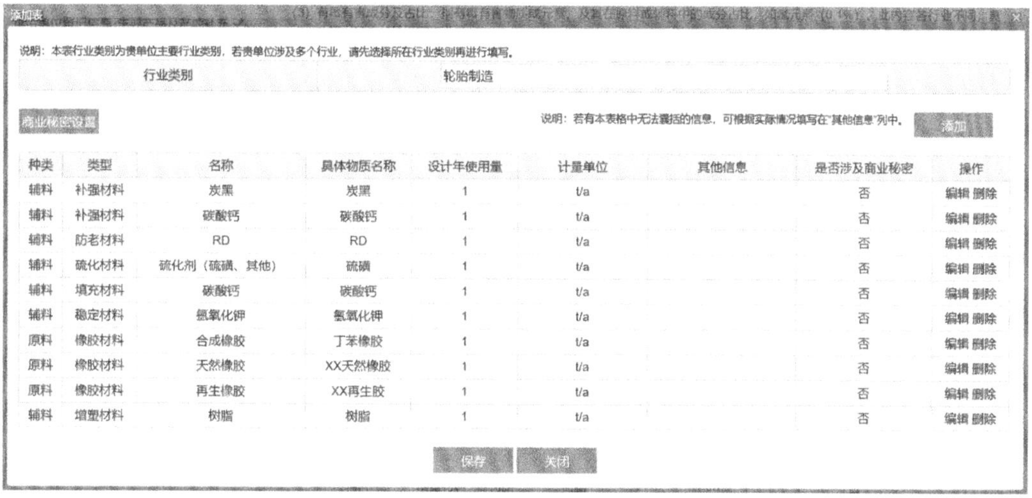

图 6-40　原辅料添加完成界面

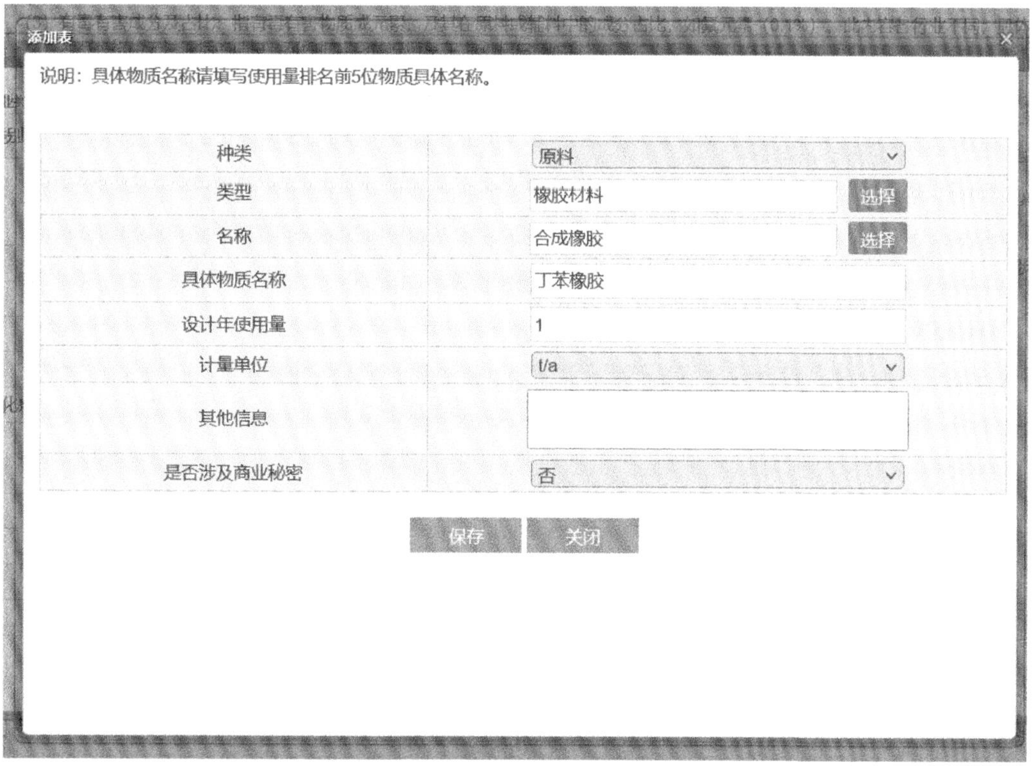

图 6-41　原辅料信息填报界面

6.2.2.5　生产工艺流程图、生产厂区总平面布置图上传

（1）填报流程

原辅料、燃料信息填写完成后，返回至"主要原辅材料及燃料"表的下半部分（见图 6-44），分别点击"上传文件"按钮，从本地选取生产工艺流程图与生产厂区平面布置图进行上传，上传完毕后，点击下一步，完成主要原辅材料及燃料信息填写。

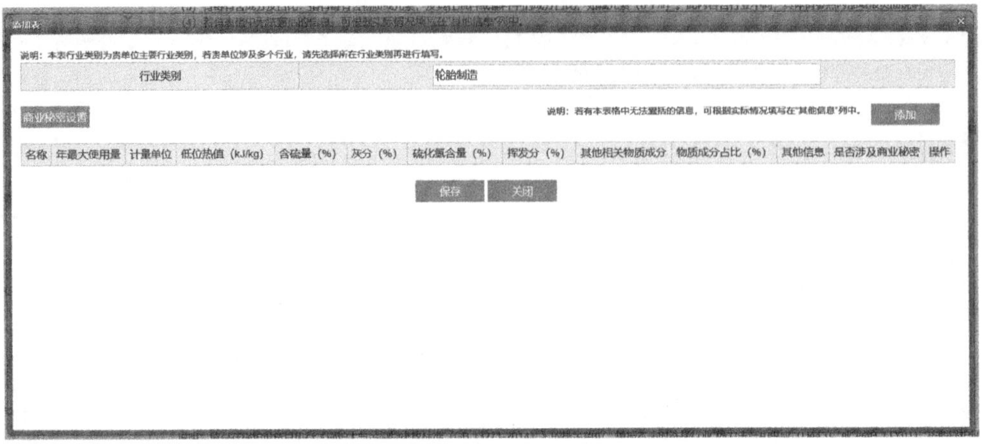

图 6-42　燃料填报主界面

图 6-43　燃料填报相关指标填报界面

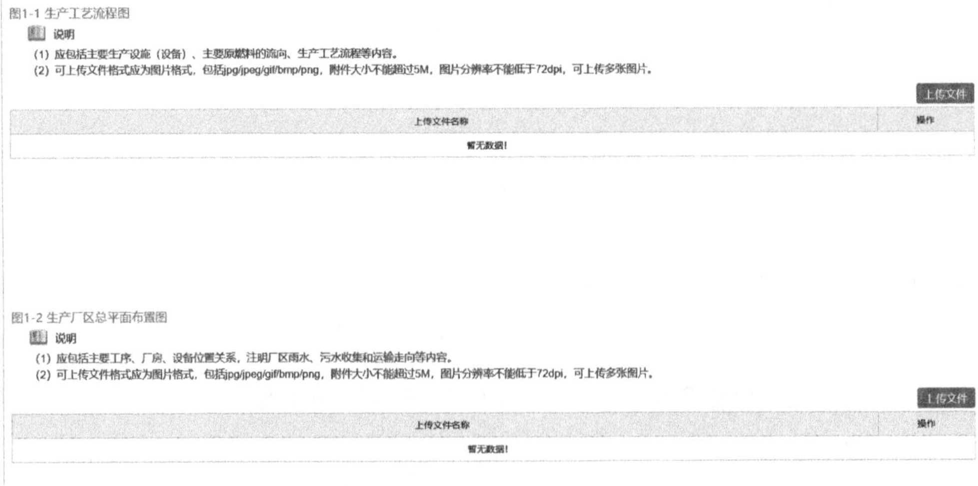

图 6-44　生产工艺流程图、生产厂区总平面布置图上传界面

（2）注意事项

① 生产工艺流程图应包括主要生产设施（设备）、主要原辅料及燃料的流向、生产工艺流程等内容。生产厂区总平面布置图应包括主要生产单元、厂房、设备位置关系，并注明厂区雨水、污水收集和运输走向等内容。

② 针对存在多个生产工艺而一张图难以涵盖全的，可以上传多张生产工艺流程图。

③ 生产厂区总平面布置图应能够真实、清晰地反映排污单位现状，图例明确，且不存在上下左右颠倒的情况。针对未建项目，不应在总平面布置图上体现，但可在图中增加备注。

④ 上传文件应清晰，分辨率精度在 72dpi 以上。

6.2.2.6　产排污节点、污染物及污染治理设施填报

（1）废气

1）填报的内容

包括对应产污环节名称、污染物种类、排放形式、污染治理设施编号、污染治理设施名称、污染治理设施工艺、设计处理效率（％）、是否为可行技术、有组织排放口编号及名称、排放口设置是否符合要求、排放口类型、其他信息等内容。产污设施编号和产污设施名称系统自动带入（来自"排污单位登记信息-主要产品及产能"表。废气产排污节点、污染物及治理设施填报界面如图 6-45 所示，生成界面如图 6-46 所示，产污环节与废气属性填报界面如图 6-47 所示。

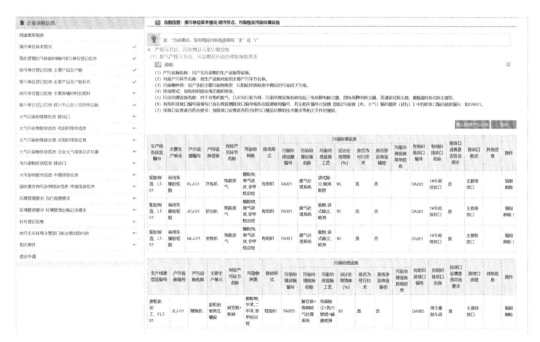

图 6-45　废气产排污节点、污染物及污染治理设施填报界面

2）填报方法

方法 1：选择"带入新增生产设施"，将"排污单位登记信息-主要产品及产能"填报的生产设施信息全部带入，对于部分不产污的设备或无组织排放源进行删除。

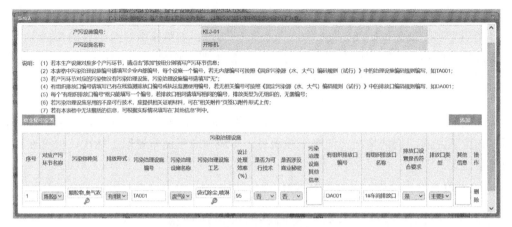

图 6-46　废气产排污节点、污染物及污染治理设施生成界面

图 6-47　产污环节与废气属性填报界面

方法 2：自行添加产污设备，但该方法易产生遗漏，排污单位应进行审核。

对应污染物种类可以多选，同时需要结合行业标准、地方标准、通用标准等，不能存在漏项或错项。污染物种类填报界面如图 6-48 所示。

图 6-48　污染物种类填报界面

选择排放形式、填写污染治理设施编号以及污染治理设施名称后，对于企业实际污染治理设施工艺，填报界面如图 6-49 所示，填报组合工艺，可多选。如遇选项中未列明的治理工艺时，可选择"其他"，并自行输入治理工艺。

图 6-49　污染治理设施填报界面

根据规范标准要求选择是否为可行技术，同时选择是否涉及商业秘密，并且填写有组织排口编号及名称。是否为可行技术填报界面如图 6-50 所示。

图 6-50　是否为可行技术填报界面

根据标准规范 GB/T 16157—1996、HJ/T 397—2007、HJ 836—2017、HJ 75—2017 等要求确认排放口设置是否符合要求，其确认界面如图 6-51 所示。

最后，根据《技术规范》要求确认排放口类型。根据《技术规范》要求，对于重点管理的企业轮胎制造，橡胶板、管、带制造，橡胶零件制造，运动场地用塑胶制造和其他橡胶制品制造排污单位，涉及炼胶、硫化工艺废气的单根排气筒，非甲烷总烃排放速率 ≥3kg/h，重点地区非甲烷总烃排放速率 ≥2kg/h 的废气排放口为主要排放口，其他废气排放口均为一般排放口。排放口类型选择界面如图 6-52 所示。

3）注意事项

① 排放口污染物种类多的，应按照《技术规范》要求选填全。

图 6-51　排放口设置确认界面

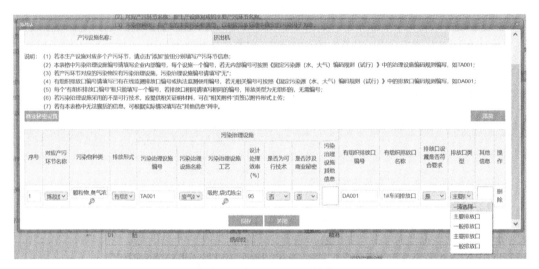

图 6-52　排放口类型选择界面

② 排污单位大气污染物种类依据 GB 27632、GB 16297、GB 14554、GB 37822 确定。轮胎制造（轮胎翻新除外），橡胶板、管、带制造，橡胶零件制造，运动场地用塑胶制造和其他橡胶制品制造排污单位的大气污染物种类依据 GB 27632、GB 37822 确定，为颗粒物、非甲烷总烃、甲苯、二甲苯；日用及医用橡胶制品制造排污单位大气污染物种类依据 GB 27632、GB 37822 确定，为颗粒物、氨、非甲烷总烃；轮胎翻新排污单位大气污染物种类依据 GB 16297、GB 37822 确定，为颗粒物、非甲烷总烃；橡胶制品工业排污单位的恶臭污染物种类依据 GB 27632、GB 14554 确定。地方污染物排放标准有更严格要求的，从其规定。涉及喷涂工序的橡胶制品工业排污单位，大气污染物种类包括颗粒物、二氧化硫、氮氧化物、非甲烷总烃、苯、甲苯、二甲苯，依据 GB 16297 确定。排污单位排放恶臭污染物的，执行 GB 14554。地方污染物排放标准有更严格要求的，从其规定。

③ 所有配置污染治理设施污染源，均属于"有组织"。

④ 污染治理设施编号优先使用排污单位内部编号，也可参照《排污单位编码规则》

（HJ 608—2017）要求编号。

⑤ 排放口编号优先使用生态环境管理部门已核发的编号，若无，应使用内部编号，也可按照《固定污染源（水、大气）编码规则（试行）》编号。

⑥ 针对多个污染源共用一套污染治理设施的情况，应在污染治理设施其他信息中备注清楚；针对单个污染源配备多个污染治理设施的情况，应逐一填报。

⑦ 未采用《技术规范》所列污染防治可行技术的，排污单位应当在申请时提供相关证明材料（如已有的监测数据，对于国内外首次采用的污染治理技术，还应当提供中试数据等说明），证明具备同等污染防治能力。

（2）废水

1）填报的内容

包括行业类别、废水类别、污染物种类、污染治理设施编号、污染治理设施名称、污染治理设施工艺、设计处理水量、是否为可行技术、排放去向、排放方式、排放规律、排放口编号、排放口名称、排放口设置是否符合要求、排放口类型、其他信息等。废水类别、污染物及污染治理设施填报界面见图 6-53～图 6-61。

废水类别、污染物及污染治理设施填报完成界面见图 6-53，填报添加界面见图 6-54，废水类别选择界面见图 6-55。

(2) 废水类别、污染物及污染治理设施信息表

说明

(1) 废水类别：指产生废水的工艺、工序，或废水类型的名称。
(2) 污染物种类：指产生的主要污染物类型，以相应排放标准中确定的污染因子为准。
(3) 排放去向：包括不外排：排至厂内综合污水处理站，直接进入海域；直接进入江河、湖、库等水环境；
进入城市下水道（再入江河、湖、库）；进入城市下水道（再入沿海海域）；进入城市污水处理厂；直接进入污灌农田；进入地渗或蒸发地；进入其他单位；工业废水集中处理设施；其他（包括回喷、回填、回灌、回用等）。对于工艺、工序产生的废水，"不外排"指全部在工序内部循环使用；"排至厂内综合污水处理站"指工序废水经处理后排至综合处理站。对于综合污水处理站，"不外排"指全厂废水经处理后全部回用不再排放。
(4) 污染治理设施名称：指主要污水处理设施名称，如综合污水处理站、"生活污水处理系统"等。
(5) 排放口编号请填写已有在线监测排放口编号或环境监测使用编号，若无相关编号可按照《固定污染源（水、大气）编码规则（试行）》中的排放口编码规则填写，如DW001。
(6) 排放口设置是否符合要求：指排放口设置是否符合排污口规范化整治技术要求等相关文件的规定。
(7) 除B06-B12以外的行业，若需填写与水处理通用工序相关的废水类别、污染物及污染治理设施信息表，行业类别请直接选择TY04。

添加

行业类别	废水类别	污染物种类	污染治理设施			设计处理水量(l/h)	是否为可行技术	是否涉及商业秘密	污染治理设施其他信息	排放去向	排放方式	排放规律	排放口编号	排放口名称	排放口设置是否符合要求	排放口类型	其他信息	操作
			污染治理设施编号	污染治理设施名称	污染治理设施工艺													
轮胎制造	厂内综合废水处理设施排水	化学需氧量,氨氮(NH3-N),总氮(以N计),总磷(以P计),pH值,悬浮物,五日生化需氧量,石油类	TW001	厂内综合污水处理设施	预处理设施：调节、隔油、沉淀;生化处理设施:厌氧、厌氧好氧、兼性好氧、氧化沟、生物转盘	5	是	否		进入城市污水处理厂	间接排放	间断排放,排放期间流量不确定,但有周期性规律	DW001	厂区综合废水处理设施排水	是	一般排放口-总排口		编辑 删除

图 6-53　废水类别、污染物及污染治理设施填报完成界面

关于污染物种类指标，排污单位（轮胎翻新除外）废水污染物种类依据 GB 27632 确定，轮胎翻新排污单位污染物种类依据 GB 8978 确定。地方污染物排放标准有更严格要求的，从其规定。污染物种类选择界面如图 6-56 所示。

污染治理设施工艺，根据企业实际情况进行选择。如遇选项中未列明的治理工艺时，可选择"其他"，并自行输入治理工艺。填报界面见图 6-57。

根据企业实际情况填写排放去向、方式、规律和排放口类型。其中，排放口类型分

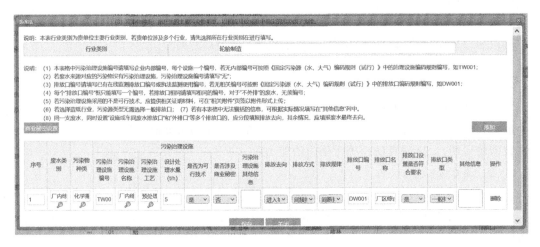

图 6-54　废水类别、污染物及污染治理设施填报添加界面

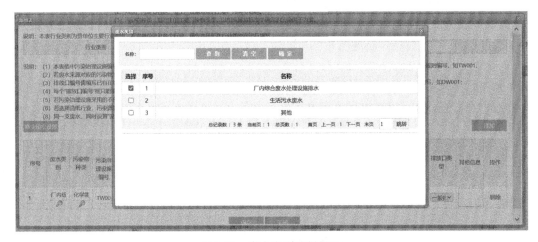

图 6-55　废水类别选择界面

图 6-56　污染物种类选择界面

图 6-57　污染治理工艺填报界面

为废水总排放口（厂区综合废水处理设施排放口）和生活污水单独排放口。纳入重点管理的日用及医用橡胶制品排污单位的厂区综合废水处理设施排水口为主要排放口，其他废水排放口均为一般排放口。填报界面如图 6-58～图 6-61 所示。

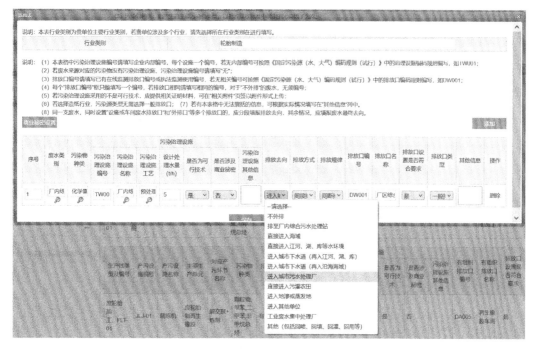

图 6-58　废水排放去向填报界面

2）注意事项

① 涉及设备冷却排污水、机修等辅助生产废水、其他生产废水、生活污水的，应根据实际产污情况填报。

② 废水排放去向包括不外排，排至厂内综合处理站，直接进入海域，直接进入江河、湖、库等水环境，进入城市下水道（再入江河、湖、库），进入城市下水道（再入

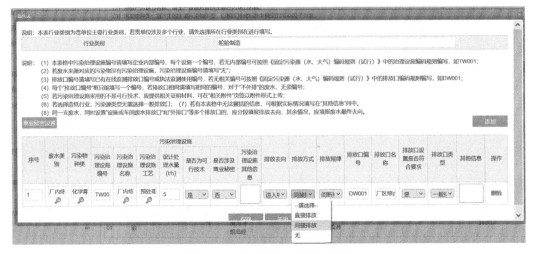

图 6-59 废水排放方式填报界面

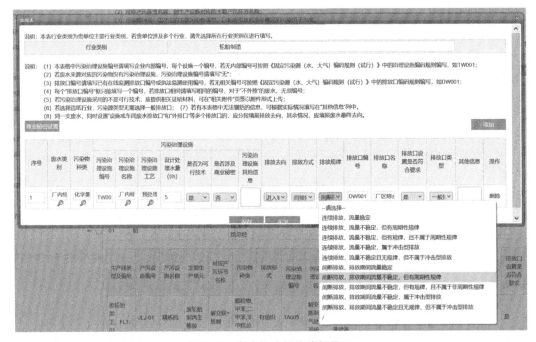

图 6-60 废水排放规律填报界面

沿海海域），进入城市污水处理厂，直接进入污灌农田，进入地渗或蒸发地，进入其他单位，进入工业废水集中处理厂，其他（包括回喷、回填、回灌、回用等）。对于工艺、工序产生的废水，"不外排"指全部在工序内部循环使用，"排至厂内综合污水处理站"指工序废水经处理后排至综合污水处理站；对于综合污水处理站，"不外排"指全厂废水经处理后全部回用不排放。根据企业实际情况填报排放去向，并填报相应的排放口编号。

③ 排放规律包括：连续排放，流量稳定；连续排放，流量不稳定，但有周期性规律；连续排放，流量不稳定，但有规律，且不属于周期性规律；连续排放，流量不稳

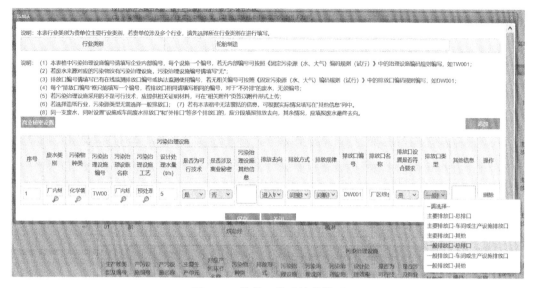

图 6-61　排放口类型填报界面

定，属于冲击型排放；连续排放，流量不稳定且无规律，但不属于冲击型排放；间断排放，排放期间流量稳定；间断排放，排放期间流量不稳定，但有周期性规律；间断排放，排放期间流量不稳定，但有规律，且不属于非周期性规律；间断排放，排放期间流量不稳定，属于冲击型排放；间断排放，排放期间流量不稳定且无规律，但不属于冲击型排放。

④ 废水污染治理设施编号优先使用排污单位内部编号，若无内部编号，可按照 HJ 608 要求进行编号后填报，废水污染治理设施编号为 TW＋三位数字。

⑤ 对于未采用《技术规范》所列污染防治可行技术的，排污单位应当在申请时提供相关证明材料（如已有的监测数据，对于国内外首次采用的污染治理技术，还应当提供中试数据等说明），证明具备同等污染防治能力。

⑥ 废水排放口编号优先使用生态环境管理部门已核发的编号，若无，可填报企业内部编号，也可按照《固定污染源（水、大气）编码规则（试行）》编号，废水排放口编号为 DW＋三位数字。

6.2.2.7　大气污染物排放口填报

（1）填报内容

包括排放口编号（自动带入）、排放口名称（自动带入）、污染物种类（自动带入）、排放口地理坐标、排气筒高度、排气筒出口内径等信息，填报界面如图 6-62～图 6-66 所示。

如图 6-63 所示，系统自动带入排放口编号、排放口名称、污染物种类，企业根据自身情况可以选择手动填写经纬度坐标，或者点击"选择"按钮在地图中拾取经纬度坐标，然后依次填写排气筒高度、排气筒出口内径、排气温度等参数。

（2）注意事项

① 排气筒高度为排气筒顶端距离地面的高度。

注：*为必填项，没有相应内容的请填写"无"或"/"。↔ 表示此条数据填写不完整。

1、排放口
(1) 大气排放口基本情况表
说明：
(1) 排放口地理坐标：指排气筒所在地经纬度坐标，可通过点击"选择"按钮在GIS地图中点选后自动生成。
(2) 排气筒出口内径：对于不规则形状排气筒，填写等效内径。
(3) 若与本表格无法囊括的信息，可根据实际情况填写至"其他信息"列中。
(4) 锅炉排污单位请点击显示为蓝色的排放口编号按钮完成烟气量的计算。

排放口编号	排放口名称	污染物种类	排放口地理坐标		排气筒高度(m)	排气筒出口内径(m)	排气温度	其他信息	操作
			经度	纬度					
DA001	1#车间排放口	颗粒物,臭气浓度,非甲烷总烃	117度 12分 26.71秒	39度 4分 18.80秒	25	0.8	常温		编辑
DA005	再生橡胶车间	颗粒物,甲苯,二甲苯,非甲烷总烃	117度 12分 24.30秒	39度 4分 16.54秒	25	0.8	常温		编辑

图 6-62　大气污染物排放信息填报界面

图 6-63　排放口信息填报界面

② 排气筒出口内径为监测点位处的内径。

③ 排气筒高度应满足 GB 27632、GB 16297、GB 14554 等标准的要求。

④ 排污单位可以根据自身情况选择手动填写经纬度坐标，或者点击"选择"按钮在地图中拾取经纬度坐标。对于排放口的经纬度在拾取过程中地图分辨率无法满足要求的，仅在可显示的分辨率下拾取大概位置即可；对于无法在地图上显示的新建项目，可通过周边参照物拾取。

（3）废气污染物排放执行标准信息表

显示内容包括排放口编号（自动带入）、排放口名称（自动带入）、污染物种类（自动带入）、国家或地方污染物排放标准、环境影响评价批复要求（若有）、承诺更加严格排放限值（若有）、其他信息等。企业需要根据行业、地方环境管理要求，选择对应指标执行的污染物排放标准，填报完成界面如图 6-64 所示。

（2）废气污染物排放执行标准信息表

说明：

(1) 国家或地方污染物排放标准指对应排放口须执行的国家或地方污染物排放标准的名称、编号及浓度限值。
(2) 环境影响评价批复要求：新增污染源必填。
(3) 承诺更加严格排放限值：如火电厂超低排放浓度限值。
(4) 二噁英及二噁英类浓度限值单位为ng-TEQ/m³。
(5) 臭气浓度浓度限值无量纲。
(6) 浓度限值未显示单位的，默认单位为"mg/m³"。

排放口编号	排放口名称	污染物种类	国家或地方污染物排放标准		速率限值(kg/h)	环境影响评价批复要求	承诺更加严格排放限值	其他信息	操作
			名称	浓度限值					
DA001	1#车间排放口	颗粒物	橡胶制品工业污染物排放标准GB 27632—2011	12mg/Nm3	/	/mg/Nm3	/mg/Nm3	基准排气量2000m3/吨胶	编辑 复制
DA001	1#车间排放口	非甲烷总烃	橡胶制品工业污染物排放标准GB 27632—2011	10mg/Nm3	/	/mg/Nm3	/mg/Nm3	基准排气量2000m3/吨胶	编辑 复制

图 6-64　废气污染物排放执行标准填报完成界面

轮胎制品行业对应选择《橡胶制品工业污染物排放标准》（GB 27632—2011），如地方有更严格要求的，从其规定。例如，天津市橡胶企业应按照地方标准《工业企业挥发性有机物排放控制标准》（DB12/ 524—2020）要求增加"总反应活性挥发性有机物"指标。

点击"编辑"按钮，进入编辑界面，如图 6-65 所示。点击"选择"按钮，选出所需执行的标准名称，填写或从下拉菜单中选择排放浓度限值、速率限值、浓度限值单位等内容。依次对应选择污染物种类进行填报，如图 6-66 所示。

需要注意的是，应根据标准执行原则选择应执行的标准，执行标准中有排放速率限值的应填报，否则填"/"；有环评影响评价批复要求的，应按要求填报；排污单位可根据自身的管理需求决定是否填报承诺更加严格排放限值。

6.2.2.8　有组织排放信息填报

（1）主要排放口、一般排放口

1）填报内容

包括申请年许可排放量限值、申请特殊排放浓度限值、申请特殊时段许可排放量限值，系统自动带入排放口编号、排放口名称、污染物种类、申请许可排放浓度限值、申请许可排放速率限值。大气污染物有组织排放信息（主要排放口）填报界面如图 6-67

图 6-65　排放标准填报界面

排放口编号	排放口名称	污染物种类	国家或地方污染物排放标准			环境影响评价批复要求	承诺更加严格排放限值	其他信息	操作
			名称	浓度限值	速率限值(kg/h)				
DA001	1#车间排放口	颗粒物	橡胶制品工业污染物排放标准GB 27632—2011	12mg/Nm3	/	/ mg/Nm3	/ mg/Nm3	基准排气量2000m3/吨胶	编辑 复制
DA001	1#车间排放口	非甲烷总烃	橡胶制品工业污染物排放标准GB 27632—2011	10mg/Nm3	/	/ mg/Nm3	/ mg/Nm3	基准排气量2000m3/吨胶	编辑 复制
DA001	1#车间排放口	臭气浓度	恶臭污染物排放标准DB12/059-2018	1000	/	/	/	/	编辑 复制

图 6-66　污染物种类填报界面

所示。

轮胎制造，橡胶板、管、带制造，橡胶零件制造，运动场地用塑胶制造和其他橡胶制品制造排污单位主要排放口暂不许可非甲烷总烃排放量。但是如果企业涉及锅炉主要排放口的需要对应添加。

注："*为必填项，没有相应内容的请填写"无"或"/"。 ◀◀ 表示此条数据填写不完整。

2、大气污染物有组织排放信息

（1）主要排放口

📖 说明

（1）申请特殊排放浓度限值：指地方政府制定的环境质量限期达标规划、重污染天气应对措施中对排污单位有更加严格的排放控制要求。

（2）申请特殊时段许可排放量限值：指地方政府制定的环境质量限期达标规划、重污染天气应对措施中对排污单位有更加严格的排放控制要求。

（3）浓度限值未显示单位的，默认单位为"mg/Nm³"。

排放口编号	排放口名称	污染物种类	申请许可排放浓度限值	申请许可排放速率限值(kg/h)	申请年许可排放量限值 (t/a)					申请特殊排放浓度限值	申请特殊时段许可排放量限值	操作
					第一年	第二年	第三年	第四年	第五年			
DA001	1#车间排放口	颗粒物	12mg/Nm3	/								编辑 ◀◀
DA001	1#车间排放口	非甲烷总烃	10mg/Nm3	/								编辑 ◀◀
DA001	1#车间排放口	臭气浓度	1000	/								编辑 ◀◀

图 6-67　大气污染物有组织排放信息（主要排放口）填报界面

2）注意事项

① 严格按照《技术规范》要求核算许可排放量并填报。核算主要排放口许可排放量限值时，应根据核算公式按排放口逐个进行核算，求和得出；对于排污单位有多条生产线的情况，首先按单条生产线核算许可排放量，加和后即为排污单位许可排放量。

② 如排污单位不存在特殊时段管控要求，本表的特殊排放浓度限值和特殊时段许可排放量限值填"/"。

（2）全厂有组织排放总计

自动带入前表填写内容并求和，填报界面如图 6-68～图 6-72 所示。

（3）全厂有组织排放总计

📖 说明："全厂有组织排放总计"指的是，主要排放口与一般排放口之和数据。

请点击计算按钮，完成加和计算 **计算**

	污染物种类	申请年许可排放量限值 (t/a)					申请特殊时段许可排放量限值
		第一年	第二年	第三年	第四年	第五年	
全厂有组织排放总计	颗粒物	1.51	1.51	1.51	/	/	/
	SO2	/	/	/	/	/	/
	NOx	4.466	4.466	4.466	/	/	/
	VOCs	103.32	103.32	103.32	/	/	/

备注信息（说明：若有表格中无法囊括的信息或其他需要备注的信息，可根据实际情况填写在以下文本框中。）

图 6-68　全厂有组织排放总计填报界面

申请年许可排放量限值计算过程，参考《技术规范》许可排放量章节的内容进行计算，若计算过程复杂，可在"相关附件"页签以附件形式上传，此处可填写"计算过程详见附件"，填报界面如图 6-69 所示。申请特殊时段许可排放量限值计算过程填报界面如图 6-70 所示。

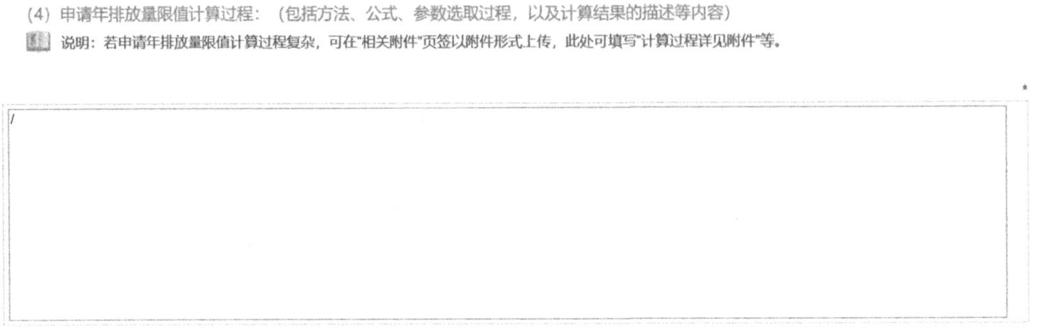

(4) 申请年排放量限值计算过程：（包括方法、公式、参数选取过程，以及计算结果的描述等内容）

说明：若申请年排放量限值计算过程复杂，可在"相关附件"页签以附件形式上传，此处可填写"计算过程详见附件"等。

图 6-69　申请年排放量限值计算过程填报界面

(5) 申请特殊时段许可排放量限值计算过程：（包括方法、公式、参数选取过程，以及计算结果的描述等内容）

说明：若申请特殊时段许可排放量限值计算过程复杂，可在"相关附件"页签以附件形式上传，此处可填写"计算过程详见附件"等。

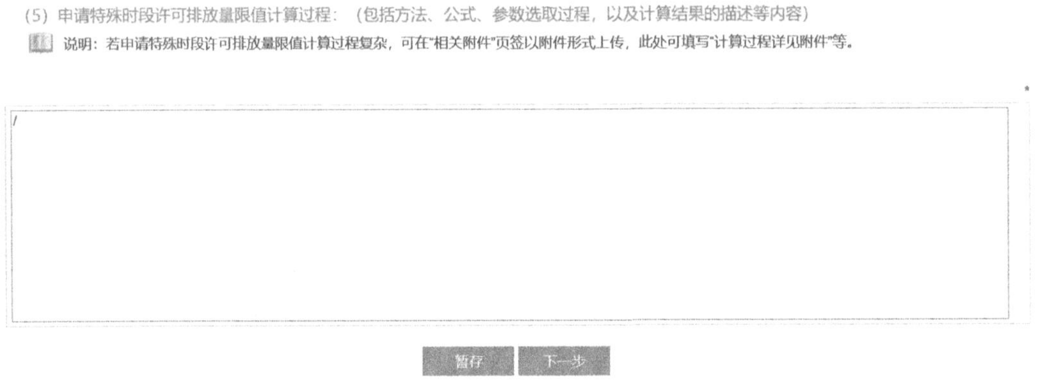

图 6-70　申请特殊时段许可排放量限值计算过程填报界面

6.2.2.9　无组织排放信息填报

填报内容包括无组织排放编号、产污环节、污染物种类、主要污染防治措施、国家或地方污染物排放标准、年许可排放量限值、申请特殊时段许可排放量限值、其他信息等。填报界面如图 6-71 所示，添加信息填报界面如图 6-72 所示，全厂无组织排放总计填报界面如图 6-73 所示。

6.2.2.10　企业大气排放总许可量填报

全厂合计值为按照《技术规范》从严取值原则核算出来的最终许可排放量。排污单位应将许可排放量（包括月许可排放量）的详细核算过程作为附件上传，以便后期环境管理执法。企业大气排放总许可量填报界面见图 6-74。

6.2.2.11　水污染物排放口填报

（1）废水直接排放口基本情况

1）填报内容

包括间歇式排放时段、排放口地理位置、受纳自然水体信息、汇入受纳自然水体处

注：*为必填项，没有相应内容的请填写"无"或"/"。 ◂◂ 表示此条数据填写不完整。

3、大气污染物无组织排放信息

📖 说明：

(1) 可点击"添加"按钮填写无组织排放信息。

(2) 本表行业类别为贵单位主要行业类别，若贵单位涉及多个行业，请先选择所在行业类别再进行填写。

(3) 若有本表格中无法囊括的信息，可根据实际情况填写在"其他信息"列中。

(4) 浓度限值未显示单位的，默认单位为"mg/Nm3"。

添加

行业	生产设施编号/无组织排放编号	产污环节	污染物种类	主要污染防治措施	国家或地方污染物排放标准		年许可排放量限值 (t/a)					申请特殊时段许可排放量限值	其他信息	操作
					名称	浓度限值	第一年	第二年	第三年	第四年	第五年			
轮胎制造	JCJ-01	炼胶废气	非甲烷总烃	/	橡胶制品工业污染物排放标准GB 27632—2011	10mg/Nm3	/	/	/	/	/	/		编辑 删除

图 6-71 大气污染物无组织排放信息填报界面

图 6-72 大气污染物无组织排放添加信息填报界面

地理坐标、其他信息等，排放口编号、排放口名称、排放去向、排放规律系统自动带入。填报界面如图 6-75 和图 6-76 所示。

全厂无组织排放总计

说明：

(1) 全厂无组织排放总计为系统根据产污环节填写内容加和计算，可按照贵单位实际情况进行核对与修改。

请点击计算按钮，完成加和计算 [计算]

	污染物种类	年许可排放量限值（t/a）					申请特殊时段许可排放量限值
		第一年	第二年	第三年	第四年	第五年	
全厂无组织排放总计	颗粒物	/	/	/	/	/	
	SO2	/	/	/	/	/	
	NOx	/	/	/	/	/	
	VOCs	/	/	/	/	/	
	非甲烷总烃	/	/	/	/	/	

图 6-73 全厂无组织排放总计填报界面

当前位置：大气污染物排放信息-企业大气排放总许可量

注：“*”为必填项，没有相应内容的请填写“无”或“/”。◀◀ 表示此条数据填写不完整。

4. 企业大气排放总许可量

说明：

(1) “全厂合计”指的是，“全厂有组织排放总计”与“全厂无组织排放总计”之和数据、全厂总量控制指标数据两者取严。

(2) 系统自动计算“全厂有组织排放总计”与“全厂无组织排放总计”之和，请根据贵单位全厂总量控制指标数据对“全厂合计”值进行核对与修改。

是否需要按月细化： 否 ▾ * [合规检查]

污染物种类	全厂有组织排放总计（t/a）					全厂无组织排放总计（t/a）					全厂合计（t/a）				
	第一年	第二年	第三年	第四年	第五年	第一年	第二年	第三年	第四年	第五年	第一年	第二年	第三年	第四年	第五年
颗粒物	/	/	/	/	/	/	/	/	/	/	/	/	/	/	/
SO2	/	/	/	/	/	/	/	/	/	/	/	/	/	/	/
NOx	/	/	/	/	/	/	/	/	/	/	/	/	/	/	/
VOCs	/	/	/	/	/	/	/	/	/	/	/	/	/	/	/
备注信息（说明：若有表格中无法囊括的信息或其他需要备注的信息，可根据实际情况填写在以下文本框中。）															

[暂存] [下一步]

图 6-74 企业大气排放总许可量填报界面

2）注意事项

① 受纳水体功能目标根据各地的水功能区划确定。

② 地理位置、地理坐标可选用地图标注等方法。

（2）入河排污口信息

入河排污口信息填报界面如图 6-77 所示。

（3）雨水排放口基本情况表

雨水排放口基本情况填报界面如图 6-78 所示。

（4）废水间接排放口基本情况表

1）填报内容

包括排放口地理坐标、间歇排放时段、受纳污水处理厂信息等，排放口编号、排放口名称、排放去向、排放规律系统自动带入。其填报界面具体见图 6-79 和图 6-80。

2）注意事项

① 填报排入受纳污水处理厂的所有污染因子。

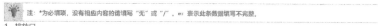

当前位置：水污染物排放信息-排放口

注：*为必填项，没有相应内容的请填写“无”或“/”。“‹‹‹” 表示此条数据填写不完整。

1、排放口

（1）废水直接排放口基本情况表

说明

（1）排放口地理坐标：对于直接排放至地表水体的排放口，指废水排出厂界处经纬度坐标；
纳入管控的车间或车间处理设施排放口，指废水排出车间或车间处理设施边界处经纬度坐标；
可通过点击“选择”按钮在GIS地图中点选后自动生成。

（2）受纳自然水体名称：指受纳水体的名称如南沙河、太子河、温榆河等。

（3）受纳自然水体功能目标：指对于直接排放至地表水体的排放口，其所处受纳水体功能类别，如Ⅲ类、Ⅳ类、Ⅴ类等。

（4）汇入受纳自然水体处地理坐标：对于直接排放至地表水体的排放口，指废水汇入地表水体处经纬度坐标；
可通过点击“选择”按钮在GIS地图中点选后自动生成。

（5）废水向海洋排放的，应当填写岸边排放或深海排放。深海排放的，还应说明排污口的深度、与岸线直线距离。在“其他信息”列中填写。

（6）若有本表格中无法囊括的信息，可根据实际情况填写在“其他信息”列中。

排放口编号	排放口名称	排放口地理位置		排水去向	排放规律	间歇式排放时段	受纳自然水体信息		汇入受纳自然水体处地理坐标		其他信息	操作
		经度	纬度				名称	受纳水体功能目标	经度	纬度		
DW002	厂内综合废水处理设施排水--直接排放	117度 14分 18.78秒	38度 59分 50.71秒	直接进入江河、湖、库等水环境	间断排放，排放期间流量不稳定且无规律，但不属于冲击型排放	/	xx河	V类	117度 19分 38.03秒	38度 59分 56.04秒	此排放口为填报举例，为了样表的完整充分性填写，实际填报中企业只能设置一个厂区废水总排放口	编辑

图 6-75　废水直接排放口基本信息填报完成界面

添加表

排放口编号		DW002
排放口名称		厂内综合废水处理设施排水--直接排放
排放口地理位置	经度	117 度 14 分 18.78 秒 *
	纬度	38 度 59 分 50.71 秒 选择 *
		说明：请点击“选择”按钮，在地图中拾取经纬度坐标。
排水去向		直接进入江河、湖、库等水环境
排放规律		间断排放，排放期间流量不稳定且无规律，但不属于冲击型排放
间歇式排放时段		/ *
受纳自然水体信息	名称	xx河 *
	受纳水体功能目标	V类 *
汇入受纳自然水体处地理坐标	经度	117 度 19 分 38.03 秒 *
	纬度	38 度 59 分 56.04 秒 选择 *
		说明：请点击“选择”按钮，在地图中拾取经纬度坐标。
其他信息		此排放口为填报举例，为了样表的完整充分性填写，实际填报中企业只能设置一个厂区废水总排放口

保存　关闭

图 6-76　废水直接排放口基本信息添加界面

(2) 入河排污口信息

排放口编号	排放口名称	入河排污口			其他信息	操作
		名称	编号	批复文号		
DW002	厂内综合废水处理设施排水--直接排放	xx河	xxxx	xx【2010】xx号	此排污口为填报举例，为了样表的完整充分性填写，实际填报中企业只能设置一个厂区废水总排放口	编辑

图 6-77　入河排污口信息填报界面

(3) 雨水排放口基本情况表

说明：畜禽养殖行业排污单位无需填报此信息

添加

排放口编号	排放口名称	排放口地理位置		排水去向	排放规律	间歇式排放时段	受纳自然水体信息		汇入受纳自然水体处地理坐标		其他信息	操作
		经度	纬度				名称	受纳水体功能目标	经度	纬度		

图 6-78　雨水排放口基本情况填报界面

(4) 废水间接排放口基本情况表

📖 说明：

(1) 排放口地理坐标：对于排至厂外城镇或工业污水集中处理设施的排放口，指废水排出厂界处经纬度坐标；对水入管控的车间或者生产设施排放口，指废水排出车间或者生产设施边界处经纬度坐标。可通过点击"选择"按钮在GIS地图中点选后自动生成。
(2) 受纳污水处理厂名称：指厂外城镇或工业污水集中处理设施名称，如酒仙生活污水处理厂、宏兴化工园区污水处理厂等。
(3) 排水协议规定的浓度限值：指排污单位与受纳污水处理厂等协商的污染物排放浓度限值要求。属于选项，没有可以填写/。
(4) 点击受纳污水处理厂名称后的"增加"按钮，可设置污水处理厂排放的污染物种类及其浓度限值。

排放口编号	排放口名称	排放口地理坐标		排放去向	排放规律	间歇排放时段	受纳污水处理厂信息				操作
		经度	纬度				名称	污染物种类	排放协议规定的浓度限值(mg/L)(如有)	国家或地方污染物排放标准浓度限值	
DW001	厂区综合废水排放口	117度14分18.56秒	38度59分50.35秒	进入城市污水处理厂	间断排放，排放期间流量不稳定且无规律，但不属于冲击型排放	工作时段	xx污水处理厂	悬浮物	/ mg/L	5 mg/L	编辑
								化学需氧量	/ mg/L	30 mg/L	
								五日生化需氧量	/ mg/L	6 mg/L	
								氨氮（NH3-N）	/ mg/L	1.5-3.0 mg/L	
								石油类	/ mg/L	0.5 mg/L	
								pH值	/	6-9	

图 6-79　废水间接排放口基本信息填报界面

② 填报污水处理厂执行的排放标准中的排放浓度限值。

（5）废水污染物排放执行标准表

1）填报内容

包括国家或地方污染物排放标准、排水协议规定的浓度限值（如有）、环境影响评价审批意见要求、承诺更加严格排放限值、其他信息等，排放口编号、排放口名称、污染物种类系统自动带入，填报界面如图 6-81 和图 6-82 所示。此处以污染物"五日生化需氧量"为例，其他污染物种类参考此步骤填报。

2）注意事项

① 针对执行标准名称的选择，参照我国标准执行规则要求。

图 6-80 废水间接排放口基本信息添加界面

(5) 废水污染物排放执行标准表

说明:

(1) 国家或地方污染物排放标准:指对应排放口须执行的国家或地方污染物排放标准的名称及浓度限值。
(2) 排水协议规定的浓度限值:指排污单位与受纳污水处理厂等协商的污染物排放浓度限值要求。属于选填项,没有可以填写/。
(3) 浓度限值未显示单位的,默认单位为"mg/L"。

排放口编号	排放口名称	污染物种类	国家或地方污染物排放标准 名称	国家或地方污染物排放标准 浓度限值	排水协议规定的浓度限值(如有)	环境影响评价审批意见要求	承诺更加严格排放限值	其他信息	操作
DW001	厂区综合废水排放口	悬浮物	污水综合排放标准DB 12/ 356-2018	400 mg/L	/ mg/L	/ mg/L	/ mg/L		编辑 复制
DW001	厂区综合废水排放口	五日生化需氧量	污水综合排放标准DB 12/ 356-2018	300 mg/L	/ mg/L	/ mg/L	/ mg/L		编辑 复制
DW001	厂区综合废水排放口	pH值	污水综合排放标准DB 12/ 356-2018	6-9	/	/	/		编辑 复制
DW001	厂区综合废水排放口	化学需氧量	污水综合排放标准DB 12/ 356-2018	500 mg/L	/ mg/L	/ mg/L	/ mg/L		编辑 复制
DW001	厂区综合废水排放口	氨氮(NH3-N)	污水综合排放标准DB 12/ 356-2018	45 mg/L	/ mg/L	/ mg/L	/ mg/L		编辑 复制
DW001	厂区综合废水排放口	石油类	污水综合排放标准DB 12/ 356-2018	15 mg/L	/ mg/L	/ mg/L	/ mg/L		编辑 复制
DW002	厂内综合废水处理设施排放 –直接排放	五日生化需氧量	污水综合排放标准DB 12/ 356-2018	10 mg/L	/ mg/L	/ mg/L	/ mg/L	此排放口为填报举例,为了样表的完整充分性填写,实际填报中企业只能设置一个厂区废水总排放口	编辑 复制

图 6-81 废水污染物排放执行标准填报界面

图 6-82 废水污染物排放执行标准添加界面

② 若有地方标准，而选填时平台下拉菜单中缺少该标准，应与地方生态环境管理部门联系添加。

6.2.2.12　水污染物申请排放信息填报

日用及医用橡胶制品排污单位废水总排放口应申请化学需氧量、氨氮的年许可排放量。对位于国家正式发布文件中规定的总磷和总氮总量控制区内的排污单位还应分别申请总磷、总氮年许可排放量。针对核发部门有总量控制要求的，从其规定。水污染物主要排放口、一般排放口申请排放信息填报界面如图 6-83、图 6-84 所示，全厂排放口总计填报界面如图 6-85 所示，申请年排放量限值计算过程填报界面如图 6-86 所示，申请特殊时段许可排放量限值计算过程如图 6-87 所示。

图 6-83 水污染物申请排放信息填报界面（主要排放口）

(2) 一般排放口

　说明：浓度限值未显示单位的，默认单位为"mg/L"。

排放口编号	排放口名称	污染物种类	申请排放浓度限值	申请年排放量限值 (t/a)					申请特殊时段排放量限值	操作
				第一年	第二年	第三年	第四年	第五年		
DW001	厂区综合废水排放口	化学需氧量	500mg/L	/	/	/	/	/	/	编辑
DW001	厂区综合废水排放口	石油类	15mg/L	/	/	/	/	/	/	编辑
DW001	厂区综合废水排放口	pH值	6-9	/	/	/	/	/	/	编辑
DW001	厂区综合废水排放口	悬浮物	400mg/L	/	/	/	/	/	/	编辑
DW001	厂区综合废水排放口	五日生化需氧量	300mg/L	/	/	/	/	/	/	编辑
DW001	厂区综合废水排放口	氨氮 (NH3-N)	45mg/L	/	/	/	/	/	/	编辑
DW002	厂内综合废水处理设施排水-直接排放	五日生化需氧量	10mg/L	/	/	/	/	/	/	编辑
DW002	厂内综合废水处理设施排水-直接排放	pH值	6-9	/	/	/	/	/	/	编辑
DW002	厂内综合废水处理设施排水-直接排放	氨氮 (NH3-N)	2.0-3.5mg/L	/	/	/	/	/	/	编辑
DW002	厂内综合废水处理设施排水-直接排放	石油类	1.0mg/L	/	/	/	/	/	/	编辑
DW002	厂内综合废水处理设施排水-直接排放	化学需氧量	40mg/L	/	/	/	/	/	/	编辑
DW002	厂内综合废水处理设施排水-直接排放	悬浮物	10mg/L	/	/	/	/	/	/	编辑
一般排放口合计		CODcr							/	计算 请点击计算按钮，完成加和计算
一般排放口合计		氨氮							/	

备注信息（说明：若有表格中无法囊括的信息或其他需要备注的信息，可根据实际情况填写在以下文本框中。）

图 6-84　水污染物申请排放信息填报界面（一般排放口）

(3) 全厂排放口总计

是否需要按月细化：否　∨ *

请点击计算按钮，完成加和计算　计算　合规检查

全厂排放口总计	污染物种类	申请年排放量限值 (t/a)					申请特殊时段排放量限值
		第一年	第二年	第三年	第四年	第五年	
	CODcr	7.680000	7.680000	7.680000	/	/	/
	氨氮	0.760000	0.760000	0.760000	/	/	/

备注信息（说明：若有表格中无法囊括的信息或其他需要备注的信息，可根据实际情况填写在以下文本框中。）

图 6-85　全厂排放口总计填报界面

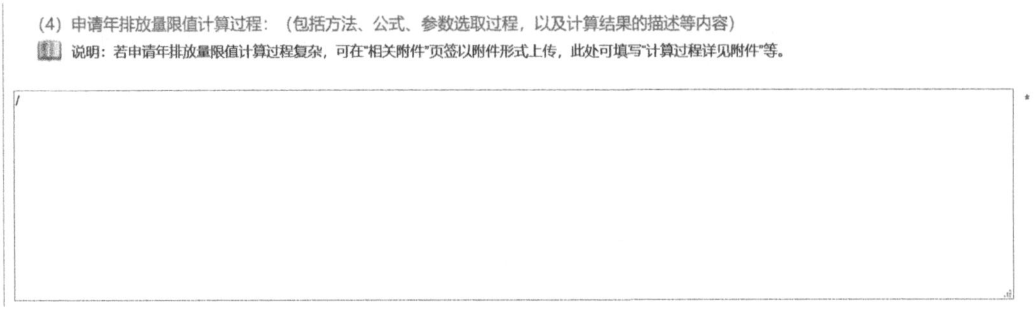

(4) 申请年排放量限值计算过程：（包括方法、公式、参数选取过程，以及计算结果的描述等内容）

说明：若申请年排放量限值计算过程复杂，可在"相关附件"页签以附件形式上传，此处可填写"计算过程详见附件"等。

/

图 6-86　申请年排放量限值计算过程填报界面

(5) 申请特殊时段许可排放量限值计算过程：（包括方法、公式、参数选取过程，以及计算结果的描述等内容）

说明：若申请特殊时段许可排放量限值计算过程复杂，可在"相关附件"页签以附件形式上传，此处可填写"计算过程详见附件"等。

/

暂存　下一步

图 6-87　申请特殊时段许可排放量限值填报界面

6.2.2.13　固体废物管理信息填报

填报内容包括固体废物来源、固体废物名称、固体废物种类、固体废物类别、固体废物描述、固体废物产生量、处理方式、处理去向、其他信息等。填报界面如图 6-88～图 6-95 所示。

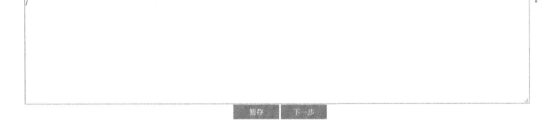

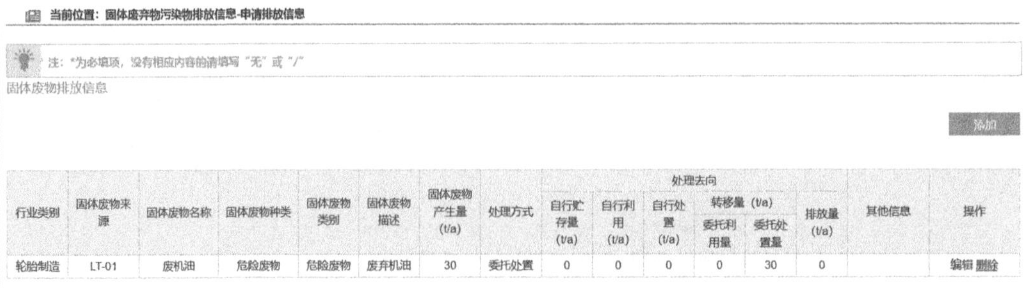

当前位置：固体废弃物污染物排放信息-申请排放信息

注："为必填项，没有相应内容的请填写"无"或"/"

固体废物排放信息

添加

行业类别	固体废物来源	固体废物名称	固体废物种类	固体废物类别	固体废物描述	固体废物产生量(t/a)	处理方式	处理去向：自行贮存量(t/a)	处理去向：自行利用(t/a)	处理去向：自行处置(t/a)	处理去向：转移量(t/a)：委托利用量	处理去向：转移量(t/a)：委托处置量	处理去向：排放量(t/a)	其他信息	操作
轮胎制造	LT-01	废机油	危险废物	危险废物	废弃机油	30	委托处置	0	0	0	0	30	0		编辑 删除

图 6-88　固体废物污染物排放信息填报界面

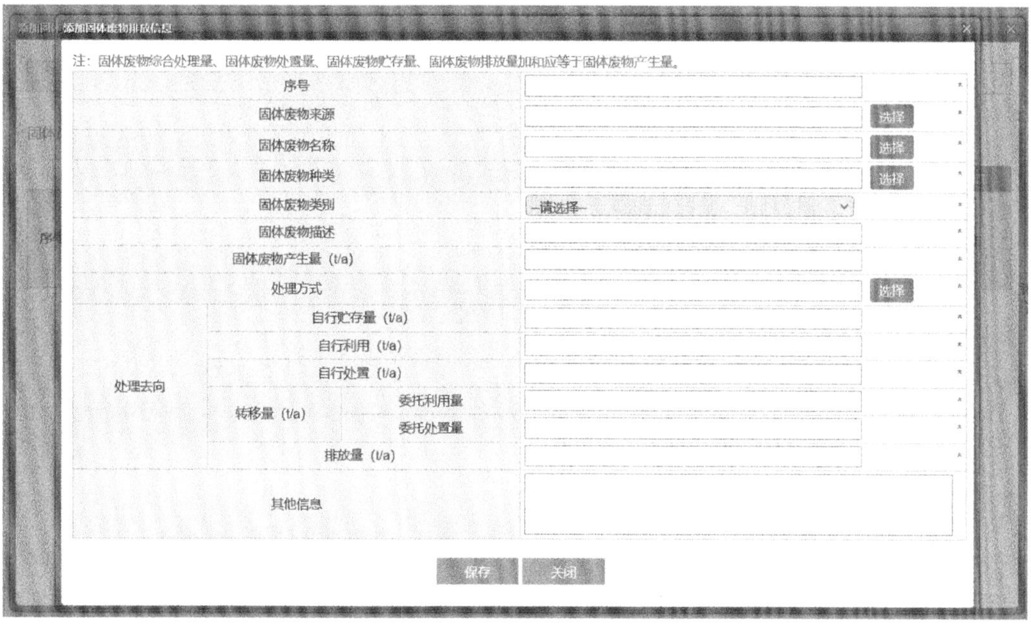

图 6-89　固体废物排放信息添加界面

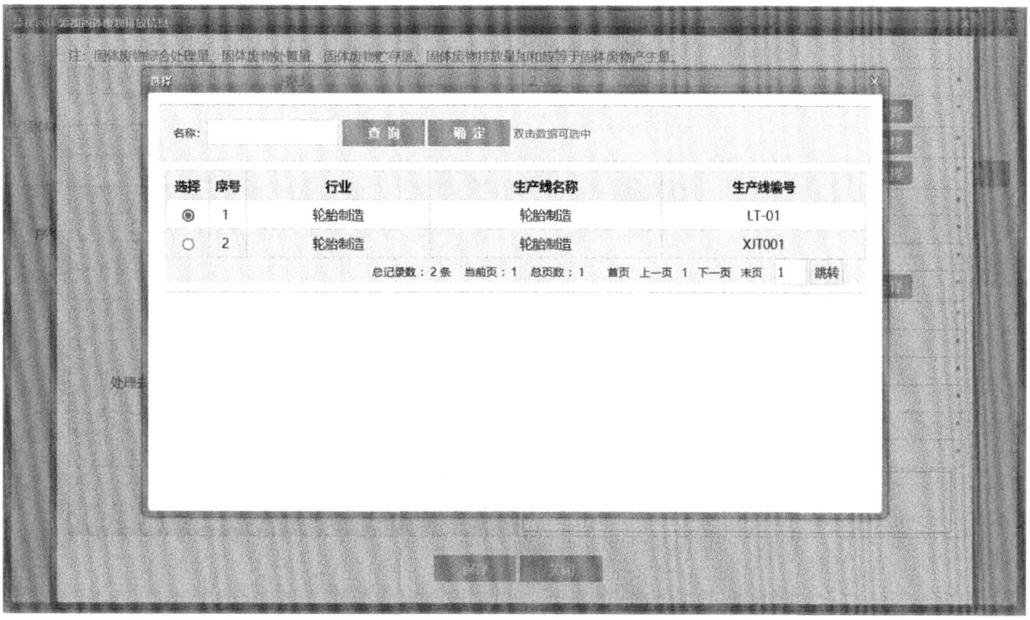

图 6-90　固体废物来源选择界面

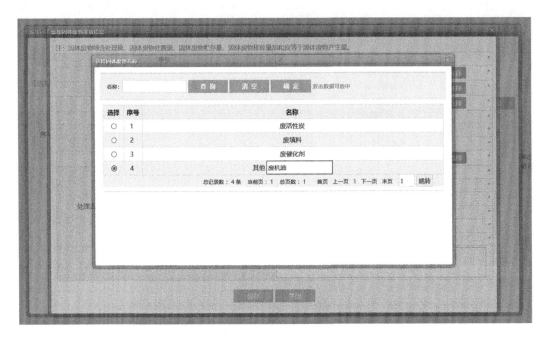

图 6-91　固体废物名称选择界面

图 6-92　固体废物种类选择界面

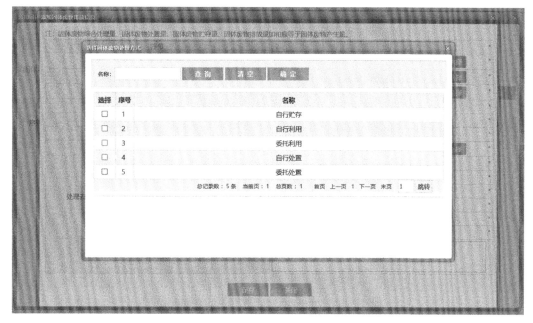

图 6-93 固体废物处理方式选择界面

委托利用、委托处置

固体废物来源	固体废物名称	固体废物类别	委托单位名称	危险废物利用和处置单位危险废物经营许可编号	操作
CS01	废化学品	危险废物	xx危险废物处置有限公司	xx第xx号	编辑
CS01	其他	一般工业固体废物	xx物资回收公司	/	编辑

自行处置

固体废物来源	固体废物名称	固体废物类别	自行处置描述	操作

图 6-94 委托利用与处置填报界面

6.2.2.14 自行监测要求填报

（1）填报内容

包括监测内容、污染物名称、监测设施、自动监测信息、手工监测信息等，污染源类别、排放口编号、排放口名称系统自动带入，填报界面如图 6-96 和图 6-97 所示。

监测内容指实际测试中的相关参数，包括烟气流速、烟气温度等。手工监测采样方法及个数填报界面如图 6-98 所示，手工监测频次选择界面如图 6-99 所示。根据污染物种类，选择手工测定方法对应标准，见图 6-99～图 6-103。

水污染物监测填报同理，对应选择监测内容等参数，填报界面如图 6-104 所示。

（2）注意事项

① 同一污染物的自行监测信息可以通过复制方法完成填报，监测内容、频次等不一致的应进行逐一填报。

② 手工监测频次应不低于行业自行监测技术指南要求。

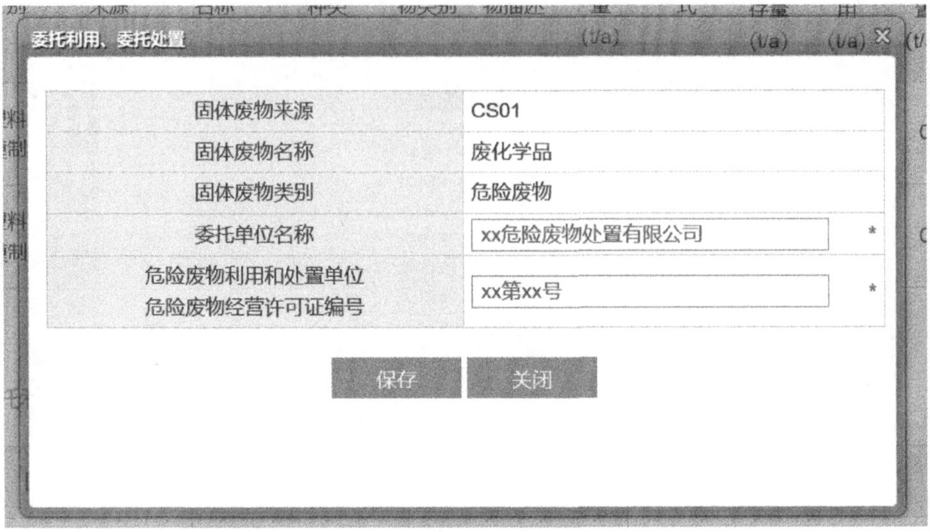

图 6-95 委托利用与处置信息填报界面

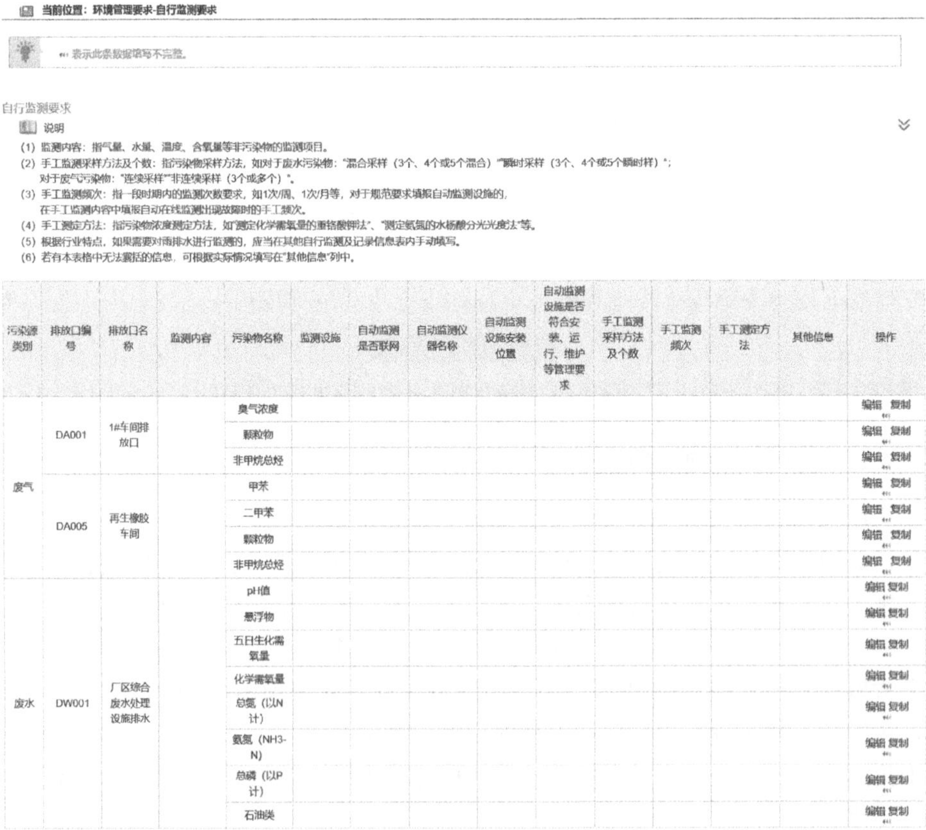

当前位置：环境管理要求-自行监测要求

表示此条数据填写不完整。

自行监测要求

说明

(1) 监测内容：指气量、水量、温度、含氧量等非污染物的监测项目。
(2) 手工监测采样方法及个数：指污染物采样方法，如对于废水污染物："混合采样（3个、4个或5个混合）""瞬时采样（3个、4个或5个瞬时样）"；对于废气污染物："连续采样""非连续采样（3个或多个）"。
(3) 手工监测频次：指一段时期内的监测次数要求，如1次/周、1次/月等，对于规范要求填报自动监测设施的，在手工监测内容中填报自动在线监测出现故障时的手工频次。
(4) 手工测定方法：指污染物浓度测定方法，如"测定化学需氧量的重铬酸钾法"、"测定氨氮的水杨酸分光光度法"等。
(5) 根据行业特点，如果需要对雨排水进行监测的，应当在其他自行监测及记录信息表内手动填写。
(6) 若有本表格中无法囊括的信息，可根据实际情况填写在"其他信息"列中。

污染源类别	排放口编号	排放口名称	监测内容	污染物名称	监测设施	自动监测是否联网	自动监测仪器名称	自动监测设施安装位置	自动监测设施是否符合安装、运行、维护等管理要求	手工监测采样方法及个数	手工监测频次	手工测定方法	其他信息	操作
废气	DA001	1#车间排放口		臭气浓度										编辑 复制
				颗粒物										编辑 复制
				非甲烷总烃										编辑 复制
	DA005	再生橡胶车间		甲苯										编辑 复制
				二甲苯										编辑 复制
				颗粒物										编辑 复制
				非甲烷总烃										编辑 复制
废水	DW001	厂区综合废水处理设施排水		pH值										编辑 复制
				悬浮物										编辑 复制
				五日生化需氧量										编辑 复制
				化学需氧量										编辑 复制
				总氮（以N计）										编辑 复制
				氨氮（NH3-N）										编辑 复制
				总磷（以P计）										编辑 复制
				石油类										编辑 复制

图 6-96 自行监测要求填报界面

图 6-97 自行监测内容填报界面

图 6-98 手工监测采样方法及个数填报界面

图 6-99　手工监测频次选择界面

图 6-100　颗粒物手工测定方法标准选择界面

污染源类别	排放口编号	排放口名称	监测内容	污染物名称	监测设施	自动监测是否联网	自动监测仪器名称	自动监测设施安装位置	自动监测设施是否符合安装、运行、维护等管理要求	手工监测采样方法及个数	手工监测频次	手工测定方法	其他信息	操作
	DA001	1#车间排放口	烟气流速,烟气温度,烟气压力,烟气含湿量,烟气量	臭气浓度	手工					非连续采样 至少3个	1次/季	空气质量 恶臭的测定……		编辑 复制
				颗粒物	手工					非连续采样 至少3个	1次/季	固定污染源排气中颗粒……		编辑 复制
				非甲烷总烃	自动	是	XXX	1#车间排放口	是					编辑 复制

图 6-101　废气自行监测填报完成界面

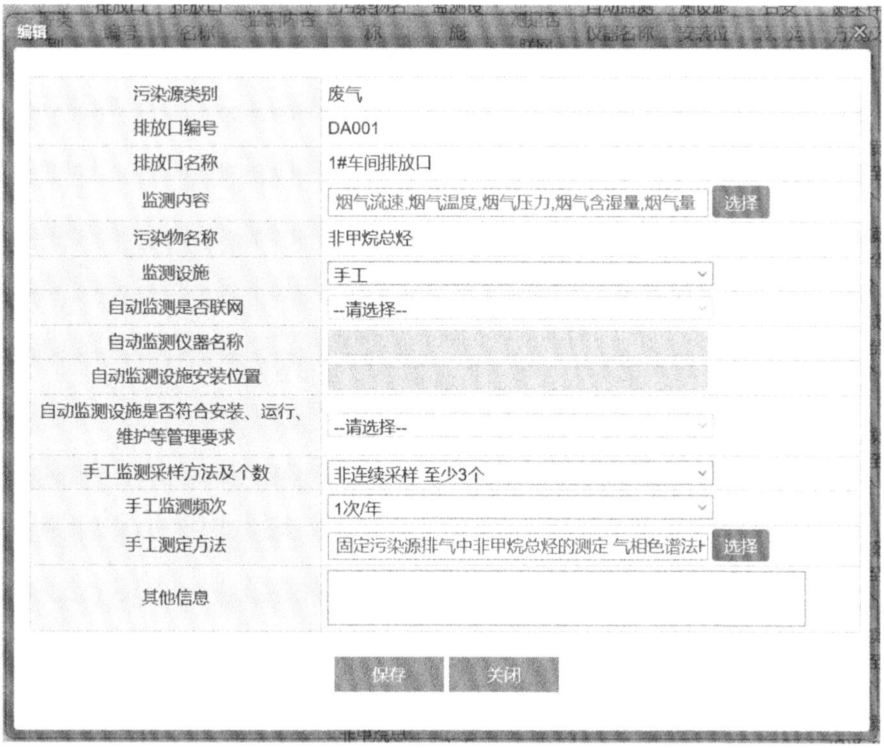
编辑

污染源类别	废气
排放口编号	DA001
排放口名称	1#车间排放口
监测内容	烟气流速,烟气温度,烟气压力,烟气含湿量,烟气量　选择
污染物名称	非甲烷总烃
监测设施	手工
自动监测是否联网	--请选择--
自动监测仪器名称	
自动监测设施安装位置	
自动监测设施是否符合安装、运行、维护等管理要求	--请选择--
手工监测采样方法及个数	非连续采样 至少3个
手工监测频次	1次/年
手工测定方法	固定污染源排气中非甲烷总烃的测定 气相色谱法H　选择
其他信息	

保存　关闭

图 6-102　非甲烷总烃手工测定方法标准选择界面

DA001	1#车间排放口	烟气流速,烟气温度,烟气压力,烟气含湿量,烟气量	臭气浓度	手工		非连续采样至少3个	1次/年	空气质量恶臭的测定……	编辑复制
			颗粒物	手工		非连续采样至少3个	1次/年	固定污染源排气中颗粒……	编辑复制
			非甲烷总烃	手工		非连续采样至少3个	1次/年	固定污染源排气中非甲……	编辑复制

图 6-103　废气手工监测填报完成界面

图 6-104　水污染物监测参数填报界面

③ 手工监测方法应根据相关监测技术规范、标准要求填报。

④ 针对采用"自动监测"的污染物，应选填在线监测故障时的手工监测，监测频次为"每天不少于 4 次，间隔不得超过 6h"，并在其他信息栏中备注"自动监测设施故障期间采用手工监测"。

（3）其他自行监测及记录信息

填报内容包括污染源类别/监测类别、编号/监测点位、监测内容、污染物名称、监测设施、自动监测相关信息、手工监测相关信息等，其他自行监测及记录信息填报界面、臭气浓度监测填报界面、监测点位示意图上传界面如图 6-105～图 6-107 所示。其中，监测内容选填"风向""风速""温度""湿度"等。

其他自行监测及记录信息

可点击"添加"按钮填写无组织及其他情况排放监测信息。 添加

污染源类别/监测类别	编号/监测点位	名称	监测内容	污染物名称	监测设施	自动监测是否联网	自动监测仪器名称	自动监测设施安装位置	自动监测设施是否符合安装、运行、维护等管理要求	手工监测采样方法及个数	手工监测频次	手工测试方法	其他信息	操作
废气	厂界		温度,湿度,风速,风向	臭气浓度	手工					非连续采样 至少3个	1次/年	空气质量 恶臭的测定……		编辑 删除
				挥发性有机物	手工					非连续采样 至少3个	1次/年	环境空气 挥发性有机……	天津市地标，控制指标为"挥发性……	编辑 删除
				颗粒物	手工					非连续采样 至少3个	1次/年	环境空气 总悬浮颗粒……		编辑 删除

监测质量保证与质量控制要求：

/ *

监测数据记录、整理、存档要求：

/ *

图 6-105 其他自行监测及记录信息填报界面

编辑 ×

污染源类别/监测类别	废气
编号/监测点位	厂界
名称	
监测内容	温度,湿度,风速,风向 选择
污染物名称	臭气浓度
监测设施	手工
自动监测是否联网	--请选择--
自动监测仪器名称	
自动监测设施安装位置	
自动监测设施是否符合安装、运行、维护等管理要求	--请选择--
手工监测采样方法及个数	非连续采样 至少3个
手工监测频次	1次/年
手工测定方法	空气质量 恶臭的测定 三点比较式臭袋法 GB T 14(选择
其他信息	

保存 关闭

图 6-106 臭气浓度监测填报界面

图 6-107　监测点位示意图上传界面

6.2.2.15　环境管理台账记录要求填报

填报内容包括类别、记录内容、记录频次、记录形式、其他信息等。具体内容按照《技术规范》的要求填报，填报界面如图 6-108 所示。

图 6-108　环境管理台账记录要求填报界面

6.2.2.16　补充登记信息填报

补充登记信息填报主界面如图 6-109 所示。

6.2.2.17　地方生态环境主管部门依法增加的内容填报

根据需要，填报有核发权的地方生态环境主管部门增加的管理内容和改正措施，填报界面如图 6-110 所示。

6.2.2.18　相关附件填报

（1）填报内容

包括守法承诺书（必填）、排污许可证申领信息公开情况说明表（必填），其余信息

图 6-109　补充登记信息填报主界面

当前位置：**有核发权的地方生态环境主管部门增加的管理内容**

注：*为必填项，没有相应内容的请填写"无"或"/"

噪声排放信息

噪声类别	生产时段		执行排放标准名称	厂界噪声排放限值		备注
	昼间	夜间		昼间,dB(A)	夜间,dB(A)	
稳态噪声	▢ 至 ▢	▢ 至 ▢	选择			
频发噪声	○是 ○否	○是 ○否	选择			
偶发噪声	○是 ○否	○是 ○否	选择			

有核发权的地方生态环境主管部门增加的管理内容：

[*]

改正规定

说明：针对申请的排污许可要求，评估污染排放及环境管理现状，对需要改正的，提出改正措施。　　**添加改正问题**

序号	整改问题	整改措施	整改时限	整改计划	操作

暂存　　**下一步**

图 6-110　有核发权的地方生态环境主管部门增加的管理内容填报界面

根据排污单位实际情况填报，承诺书填报如图 6-111 所示。排污许可证申领信息公开情况说明表为必传文件附件（见图 6-112），同时必须由法人代表签字、单位盖章，建议将环评批复文件、申请年许可排放量计算过程等附件同时上传，方便核发部门核发。

（2）注意事项

① 承诺书中法定代表人或实际负责人应签字。

② 排污许可证申领信息公开情况说明表中，原则上必须选择公开"排污单位基本信息、拟申请的许可事项、产排污环节、污染防治设施"，否则应说明未公开内容的原因。"其他信息"为选择项，若选，则应填写相关的公开信息。

③ 联系人、联系电话应为"排污单位基本信息表"中的技术负责人及联系电话。

④ "公开情况"应明确公开方式（若为网络公开，还应附上网站地址）。

⑤ "反馈意见处理情况"不能为空，即使无反馈意见，也要据实填报说明。

附文
承 诺 书
(样本)

XX 环境保护厅（局）：

　　我单位已了解《排污许可管理办法（试行）》及其他相关文件规定，知晓本单位的责任、权利和义务。我单位不位于法律法规规定禁止建设区域内，不存在依法明令淘汰或者立即淘汰的落后生产工艺装备、落后产品，对所提交排污许可证申请材料的完整性、真实性和合法性承担法律责任。我单位将严格按照排污许可证的规定排放污染物、规范运行管理、运行维护污染防治设施、开展自行监测、进行台账记录并按时提交执行报告、及时公开环境信息。在排污许可证有效期内，国家和地方污染物排放标准、总量控制要求或者地方人民政府依法制定的限期达标规划、重污染天气应急预案发生变化时，我单位将积极采取有效措施满足要求，并及时申请变更排污许可证。一旦发现排放行为与排污许可证规定不符，将立即采取措施改正并报告生态环境主管部门。我单位将自觉接受生态环境主管部门监管和社会公众监督，如有违法违规行为，将积极配合调查，并依法接受处罚。

　　特此承诺。

单位名称：□（盖章）

法定代表人（主要负责人）：　　（签字）　年　月　日

图 6-111　承诺书样本

　　⑥ 简化管理的排污单位可不进行信息公开，但是应填报不进行信息公开的情况说明，并且法定代表人必须签字。

6.2.2.19　提交申请

　　提交申请界面如图 6-113 所示，此处根据企业所属管辖等级选择审批级别后方可提交，如图 6-114 所示。

当前位置：相关附件

注：*为必填项，请上传doc;docx;xls;xlsx;pdf;zip;rar;jpg;png;gif;bmp;dwg;格式的文件,文件最大为1000MB

必传文件	文件类型名称	上传文件名称	操作
*	守法承诺书（需法人签字）		点击上传
	符合建设项目环境影响评价程序的相关文件或证明材料		点击上传
*	排污许可证申领信息公开情况说明表		点击上传
	通过排污权交易获取排污权指标的证明材料		点击上传
	城镇污水集中处理设施应提供纳污范围、管网布置、排放去向等材料		点击上传
	排污口和监测孔规范化设置情况说明材料		点击上传
*	达标证明材料（说明：包括环评、监测数据证明、工程数据证明等。）		点击上传
	生产工艺流程图		点击上传
	生产厂区总平面布置图		点击上传
	监测点位示意图		点击上传
*	锅炉燃料信息文件		点击上传
	申请年排放量限值计算过程		点击上传
	自行监测相关材料		点击上传
	地方规定排污许可证申请表文件		点击上传
	整改报告		点击上传
	其他		点击上传

下一步

图 6-112　相关附件上传界面

当前位置：提交申请

1、守法承诺确认

　　我单位已了解《排污许可管理办法（试行）》及其他相关文件规定，知晓本单位的责任、权利和义务。我单位不位于法律法规规定禁止建设区域内，不存在依法明令淘汰或者立即淘汰的落后生产工艺装备、落后产品，对所提交排污许可证申请材料的完整性、真实性和合法性承担法律责任。我单位将严格按照排污许可证的规定排放污染物、规范运行管理、运行维护污染防治设施、开展自行监测、进行台账记录并按时报送执行报告、及时公开环境信息。在排污许可证有效期内，国家和地方污染物排放标准、总量控制要求或者地方人民政府依法制定的限期达标规划、重污染天气应急预案发生变化时，我单位将积极采取有效措施满足要求，并及时申请变更排污许可证。一旦发现排放行为与排污许可证规定不符，将立即采取措施改正并报告生态环境主管部门。我单位将自觉接受生态环境主管部门监管和社会公众监督，如有违法违规行为，将积极配合调查，并依法接受处罚。

　　特此承诺。

2、提交信息

单位名称：	XX橡胶制品工业有限公司	行业类别：	轮胎制造
组织机构代码：		统一社会信用代码：	91XXXXXXXXXXXXXXX
注册地址：	XX市XX区X路X号	生产经营场所地址：	XX市XX区X路X号
省/直辖市：	天津市	地市：	市辖区
区县：	南开区	提交审批级别：	--请选择-- ▼ *
申请日期：	2022-04-24		
文书：	下载排污许可证申请表　　生成排污许可证申请表		

提交

图 6-113　提交申请界面

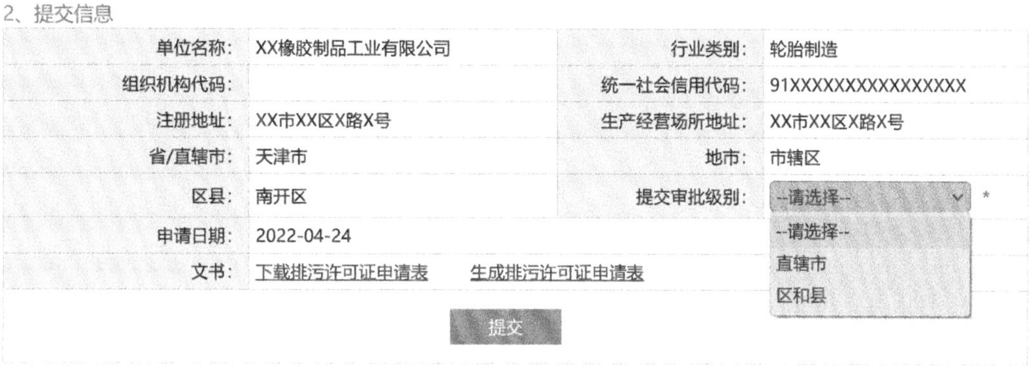

2、提交信息

单位名称:	XX橡胶制品工业有限公司	行业类别:	轮胎制造
组织机构代码:		统一社会信用代码:	91XXXXXXXXXXXXXXXX
注册地址:	XX市XX区X路X号	生产经营场所地址:	XX市XX区X路X号
省/直辖市:	天津市	地市:	市辖区
区县:	南开区	提交审批级别:	--请选择-- ∨ *
申请日期:	2022-04-24		--请选择-- 直辖市 区和县
文书:	下载排污许可证申请表　生成排污许可证申请表		

提交

图 6-114　提交审批级别选择界面

6.3　简化管理排污单位填报案例

6.3.1　企业基本情况

某乳胶制品企业拥有 1 条生产线，主要产品为乳胶手套，企业基本信息如表 6-3 所列。原辅料包括天然胶乳、合成乳胶、补强体系、增塑体系、防老体系、硫化体系、功能性助剂等，同时配套建设余热发电、烟气脱硫脱硝除尘设施，配套水、电、气及环保、安全等设施。

表 6-3　某简化管理企业基本信息

企业名称	××乳胶制品工业有限公司
行业类别	C2915 日用及医用橡胶制品制造、TY01 锅炉
投产日期	2000 年 7 月 1 日
主要产品及产能	2000 万支乳胶手套
主要生产单元及工艺	配料、浸渍、硫化
共用单元	锅炉

6.3.2　填报流程及注意事项

由于该部分内容与重点管理排污单位有较大雷同，故简要选择不同填报内容进行描述。排污单位基本信息填报可参见 6.2.2.1 部分相关内容。

6.3.2.1　主要产品及产能填报

填报内容包括主要生产单元名称、主要工艺名称、生产设施名称、生产设施编号、设施参数、产品名称、计量单位、生产能力、设计年生产时间以及其他信息，填报界面如图 6-115～图 6-119 所示；点击图 6-115 中"添加"按钮，弹出"添加表"，如图 6-116 所示。

图 6-115 排污单位主要产品及产能填报界面

图 6-116 主要产品及产能添加界面

在"添加表"中通过"放大镜"按钮选择主要设施所属行业类别，如图 6-117 所示。通过行业编码搜索 C 291 可找到对应行业小类，根据排污单位实际情况选择"C 291 橡胶制品业"栏目下的小类。

如图 6-118 和图 6-119 所示，点击"添加"按钮，添加具体产品名称、生产能力、产品计量单位、设计年生产时间、其他产品信息、是否涉及商业秘密。

6.3.2.2 主要产品及产能补充填报

主要填报内容包括生产线名称、生产线编号、主要生产单元名称、主要工艺名称、生产设施名称、生产设施编号、设施参数、其他设施信息以及其他工艺信息，填报界面如图 6-120 和图 6-121 所示。

点击"添加"按钮后，如图 6-121 所示，其中行业类别、生产线名称、生产线编号

图 6-117　行业选择界面

图 6-118　生产信息添加界面

图 6-119　生产能力添加界面

当前位置：排污单位登记信息-主要产品及产能补充

注：*为必填项，没有相应内容的请填写"无"或"/"

2-1、主要产品及产能补充

说明

（1）本表格适用于部分行业，您可在行业类别选择框中选到对应行业。若无法选到某个行业，说明此行业不用填写本表格。

（2）若本单位涉及多个行业，请分别对每个行业进行添加设置。

图 6-120　主要产品及产能补充填报界面

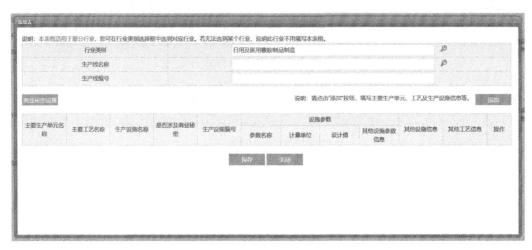

图 6-121　生产线信息填报界面

系统自动带入。生产线名称填报界面如图 6-122 所示。

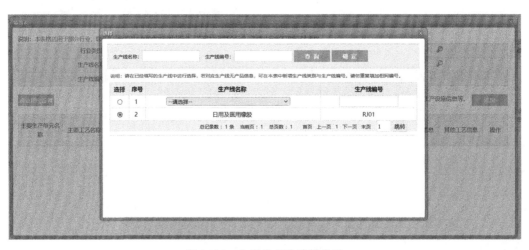

图 6-122　生产线名称填报界面

点击图 6-121 中"添加"按钮后，界面如图 6-123 所示；点击"放大镜"按钮显示"主要生产单元名称"列表，如图 6-124 所示；对应选择后，继续选择"主要工艺名称"，如图 6-125 所示。

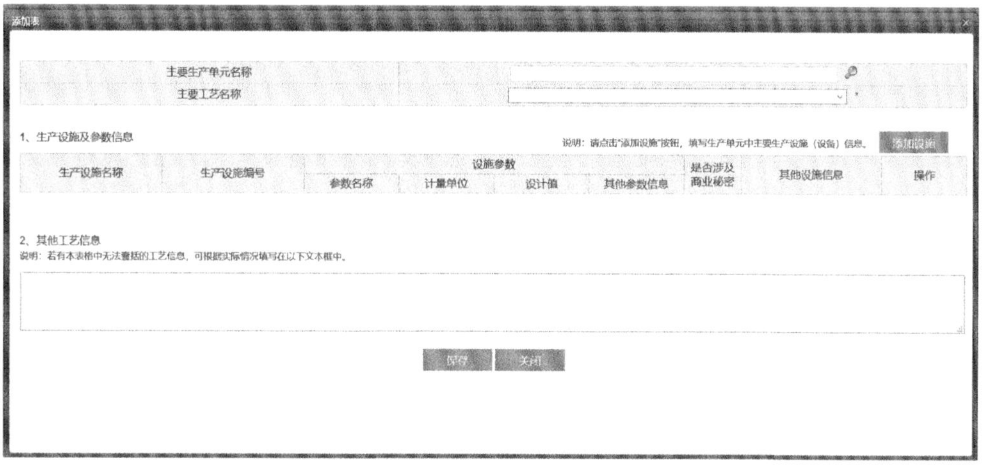

图 6-123 主要生产单元、主要工艺、生产设施及参数信息填报界面

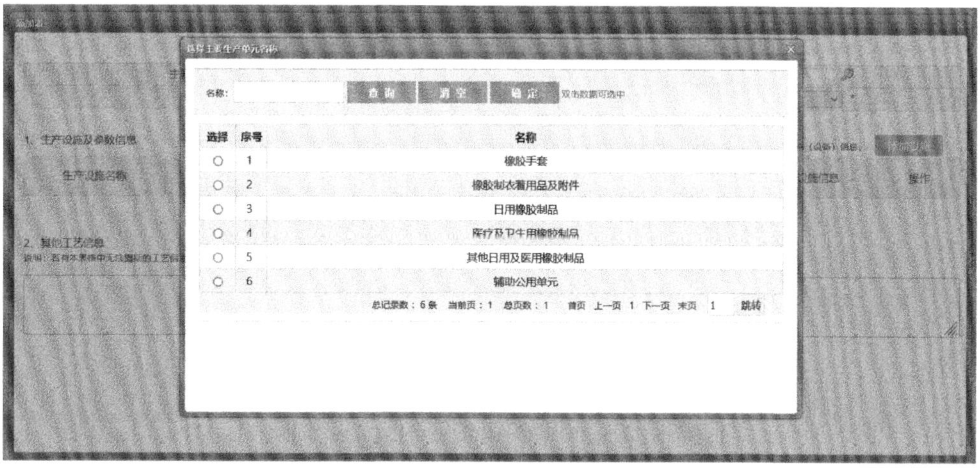

图 6-124 主要生产单元名称选择界面

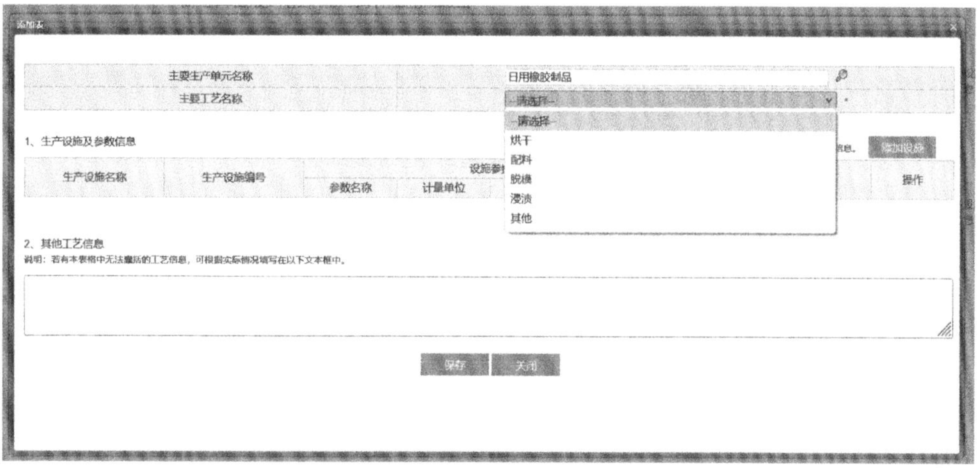

图 6-125 主要工艺名称选择界面

选择"主要工艺名称"后，点击"添加设施"，表中参数自动带入前文。点击图 6-126 中"放大镜"，填写"生产设施名称"，界面如图 6-127 所示。

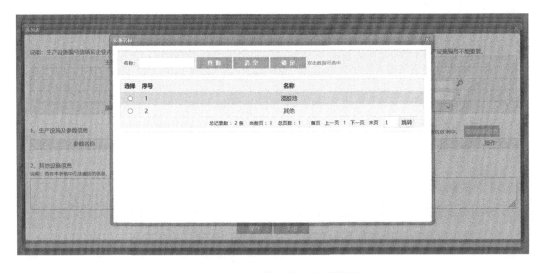

图 6-126　生产设施填报界面

图 6-127　生产设施名称选择界面

最后，对照图 6-128 填报生产设施编号、是否涉及商业机密、参数名称、计量单位、设计值及其他参数信息，如有本表格中无法囊括的信息可在其他设施信息栏目中补充填写。

某条浸渍工艺线路填报完成示例界面如图 6-129 所示。

6.3.2.3　主要原辅材料及燃料填报

可参见 6.2.2.4 相关内容。

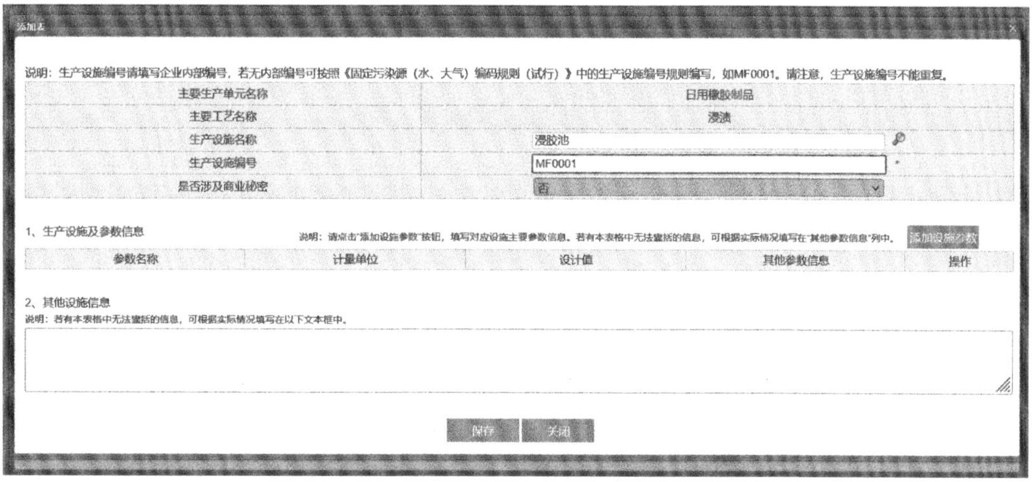

图 6-128　生产设施编号及其他设施信息填报界面

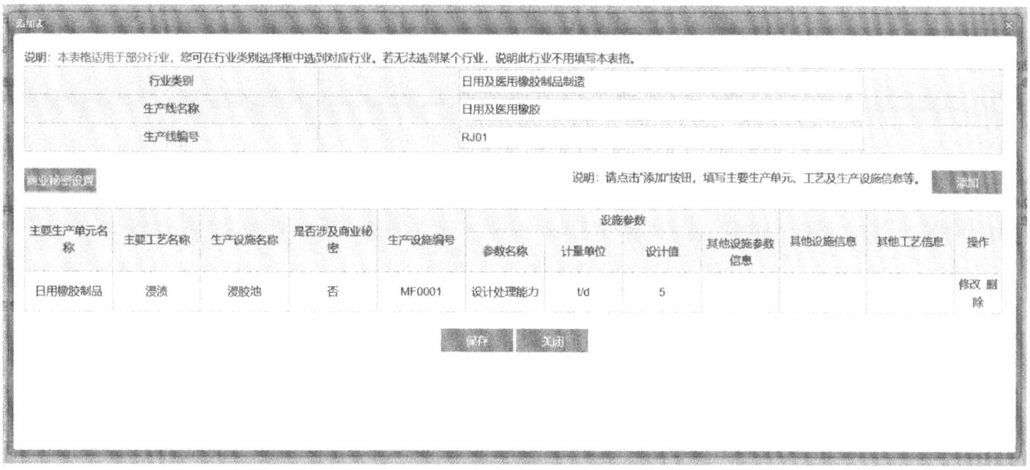

图 6-129　某条浸渍工艺线路填报完成界面

6.3.2.4　生产工艺流程图、生产厂区总平面布置图上传

可参见 6.2.2.5 相关内容。

6.3.2.5　产排污节点、污染物及污染治理设施填报

（1）废气

1）填报内容

包括对应产污环节名称、污染物种类、排放形式、污染治理设施编号、污染治理设施名称、污染治理设施工艺、设计处理效率（％）、是否为可行技术、有组织排放口编号及名称、排放口设置是否符合要求、排放口类型、其他信息等内容。填报界面如图 6-130 和图 6-131 所示。

2）填报方法

方法 1：选择"带入新增生产设施"，将"排污单位登记信息-主要产品及产能"填

图 6-130 新增生产设施带入界面

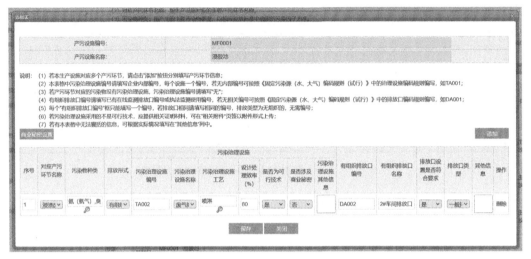

图 6-131 生产设施对应产污信息输入界面

报的生产设施信息全部带入过来，对于部分不产污的设备或无组织排放源进行删除。

方法 2：自行添加产污设备。

选择对应产污环节名称、污染物种类时，根据行业标准、地方标准、通用标准等要求，不能存在漏项或错项，对应产污环节名称、污染物种类选择界面见图 6-132 和图 6-133。

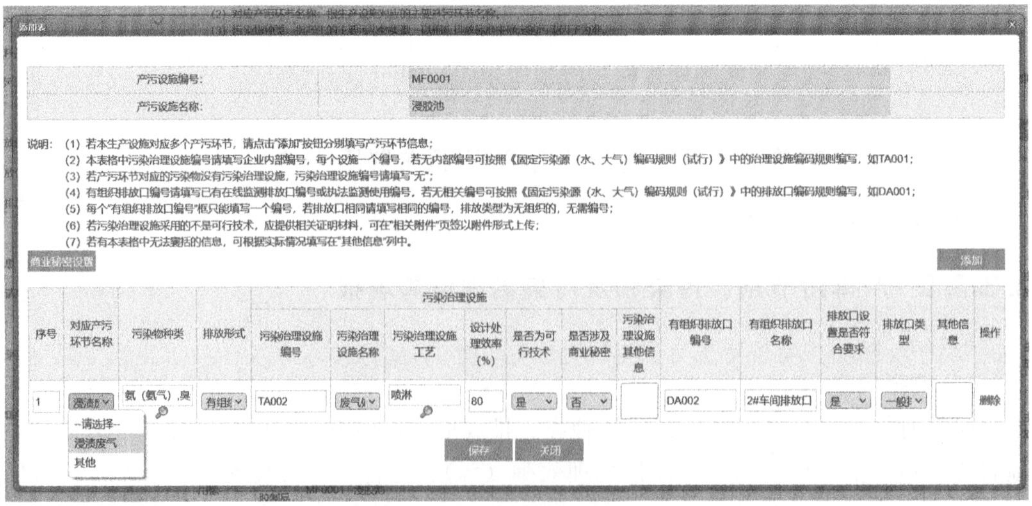

图 6-132 对应产污环节名称选择界面

选择排放形式、填写污染治理设施编号以及污染治理设施名称后，根据企业实际情况进行污染治理设施工艺填报，如图 6-134 所示。如遇选项中未列明的治理工艺时，可

图 6-133 污染物种类选择界面

图 6-134 污染治理设施工艺填报界面

选择"其他",并自行输入治理工艺。

根据规范标准要求选择是否为可行技术,同时选择是否涉及商业秘密,并且填写有组织排口编号及名称,见图 6-135。

根据标准规范 GB/T 16157—1996、HJ/T 397—2007、HJ 836—2017、HJ 75—2017 等要求确认排放口设置是否符合要求,填报界面如图 6-136 所示。

对于简化管理的企业轮胎制造、橡胶板管带制造、橡胶零件制造、运动场地用塑胶制造和其他橡胶制品制造排污单位涉及炼胶、硫化工艺废气的单根排气筒均为一般排放口,填报界面如图 6-137 所示。

3)注意事项

① 按照《技术规范》要求逐一填全排放口污染物种类。

② 排污单位大气污染物种类依据 GB 27632、GB 16297、GB 14554、GB 37822 确

图 6-135　污染可行技术界定填报界面

图 6-136　排放口设置是否符合要求填报界面

图 6-137　排放口类型选择界面

定。轮胎制造（轮胎翻新除外），橡胶板、管、带制造，橡胶零件制造，运动场地用塑胶制造和其他橡胶制品制造排污单位的大气污染物种类依据 GB 27632、GB 37822 确定；日用及医用橡胶制品制造排污单位大气污染物种类依据 GB 27632、GB 37822 确定；轮胎翻新排污单位大气污染物种类依据 GB 16297、GB 37822 确定；橡胶制品工业排污单位的恶臭污染物种类依据 GB 27632、GB 14554 确定。地方污染物排放标准有更严格要求的，从其规定。

③ 涉及喷涂工序的橡胶制品工业排污单位，大气污染物种类包括颗粒物、二氧化硫、氮氧化物、非甲烷总烃、苯、甲苯、二甲苯，依据 GB 16297 确定。

④ 排污单位排放恶臭污染物的，执行 GB 14554；地方污染物排放标准有更严格要求的，从其规定。

⑤ 所有配置污染治理设施污染源，均属于"有组织源"。

⑥ 污染治理设施编号优先使用排污单位内部编号，也可参照《排污单位编码规则》（HJ 608—2017）要求编号。

⑦ 排放口编号优先使用生态环境管理部门已核发的编号，若无，应使用内部编号，也可按照《固定污染源（水、大气）编码规则（试行）》编号。

⑧ 针对多个污染源共用一套污染治理设施的情况，应在"污染治理设施其他信息"中备注清楚。

⑨ 对于未采用《技术规范》所列污染防治可行技术的，排污单位应当在申请时提供相关证明材料（如已有的监测数据，对于国内外首次采用的污染治理技术，还应当提供中试数据等），证明具备同等污染防治能力。

（2）废水

1）填报内容

包括行业类别、废水类别、污染物种类、污染治理设施编号、污染治理设施名称、污染治理设施工艺、设计处理水量、是否为可行技术、排放去向、排放方式、排放规律、排放口编号、排放口名称、排放口设置是否符合要求、排放口类型、其他信息等，填报界面如图 6-138 所示。

| 日用及医用橡胶制品制造 | 厂内综合废水处理设施排水 | 化学需氧量,氨氮(NH3-N),总氮(以N计),总磷(以P计),pH值,悬浮物,五日生化需氧量,总锌,石油类 | TW002 | 厂内综合废水处理设施 | 预处理设施:调节、隔油、沉淀;生化处理设施:厌氧、厌氧-好氧、兼性好氧、氧化沟、生物转盘;深度处理设施:高级氧化、生物滤池、混凝沉淀(或澄清)、过滤活性炭吸附、超滤、反渗透) | 80 | 是 | 否 | 排至厂内综合污水处理站 | 间接排放 | 间断排放,排放期间流量不稳定且无规律,但不属于冲击型排放 | DA002 | 厂区综合废水处理设施排水2 | 是 | 一般排放口-总排口 | | 编辑删除 |

图 6-138　产排污节点、污染物及污染治理设施填报界面

点击页面"添加"按钮，弹出产排污节点、污染物及污染治理设施添加对话框，如图 6-139 所示。废水类别选择界面，如图 6-140 所示。

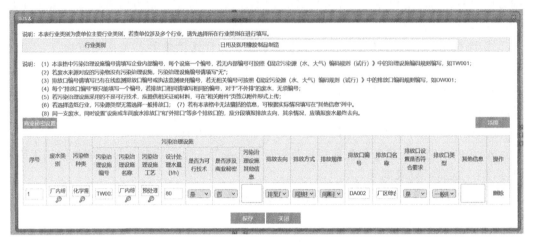

图 6-139　产排污节点、污染物及污染治理设施添加界面

图 6-140　废水类别选择界面

排污单位（轮胎翻新除外）废水污染物种类依据 GB 27632 确定，轮胎翻新排污单位污染物种类依据 GB 8978 确定。地方污染物排放标准有更严格要求的，从其规定。污染物种类选择界面如图 6-141 所示。

根据企业实际情况选择污染治理设施工艺，如图 6-142 所示。如遇选项中未列明的治理工艺时，可选择"其他"，并自行输入治理工艺。废水排放去向、排放方式、排放规律、排放口类型填报界面如图 6-143～图 6-146 所示。排污单位废水排放口分为废水总排放口（厂区综合废水处理设施排放口）、生活污水单独排放口，纳入重点管理的日用及医用橡胶制品排污单位的厂区综合废水处理设施排水口为主要排放口，其他废水排放口均为一般排放口。

2）注意事项

① 设备冷却排污水、机修等辅助生产废水、其他生产废水、生活污水等，应根据实际产污情况填报。

图 6-141　污染物种类选择界面

图 6-142　污染治理设施工艺填报界面

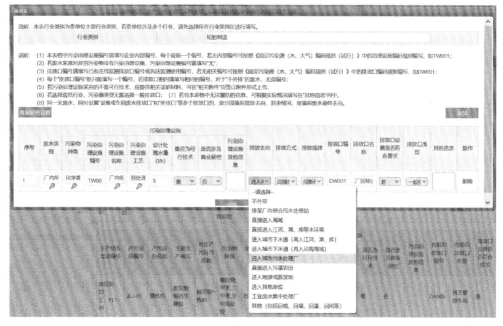

图 6-143　排放去向填报界面

图 6-144　废水排放方式填报界面

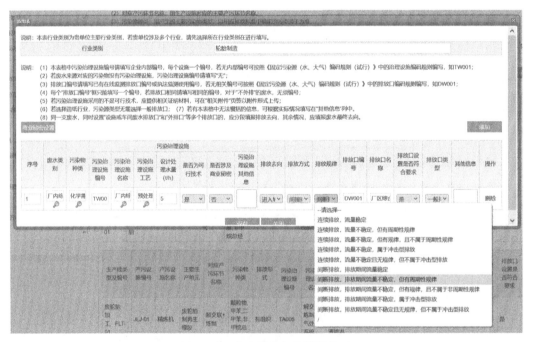

图 6-145　废水排放规律填报界面

② 废水排放去向包括：不外排，排至厂内综合处理站，直接进入海域，直接进入江河、湖、库等水环境，进入城市下水道（再入江河、湖、库），进入城市下水道（再入沿海海域），进入城市污水处理厂，直接进入污灌农田，进入地渗或蒸发地，进入其他单位，工业废水集中处理厂，其他（包括回喷、回填、回灌、回用等）。对于工艺、工序产生的废水，"不外排"指全部在工序内部循环使用，"排至厂内综合污水处理站"指工序废水经处理后排至综合污水处理站；对于综合污水处理站，"不外排"指全厂废水经处理后全部回用不排放。根据企业实际情况填报废水排放去向，并填报相应的排放口编号。

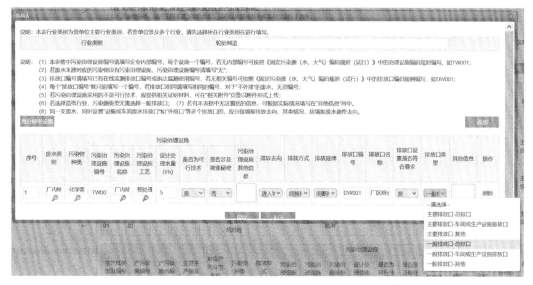

图 6-146　废水排放口类型填报界面

③ 排放规律包括连续排放，流量稳定；连续排放，流量不稳定，但有周期性规律；连续排放，流量不稳定，但有规律，且不属于周期性规律；连续排放，流量不稳定，属于冲击型排放；连续排放，流量不稳定且无规律，但不属于冲击型排放；间断排放，排放期间流量稳定；间断排放，排放期间流量不稳定，但有周期性规律；间断排放，排放期间流量不稳定，但有规律，且不属于非周期性规律；间断排放，排放期间流量不稳定，属于冲击型排放；间断排放，排放期间流量不稳定且无规律，但不属于冲击型排放。

④ 废水污染治理设施编号优先使用排污单位内部编号，若无内部编号，可按照 HJ 608 进行编号后填报，废水污染治理设施编号为 TW＋三位数字。

⑤ 对于未采用《技术规范》所列污染防治可行技术的，排污单位应当在申请时提供相关证明材料（如已有的监测数据，对于国内外首次采用的污染治理技术，还应当提供中试数据等说明），证明具备同等污染防治能力。

⑥ 废水排放口编号优先使用生态环境管理部门已核发的编号，若无，可填报内部编号，也可按照《固定污染源（水、大气）编码规则（试行）》编号，废水排放口编号为 DW＋三位数字。

6.3.2.6　大气污染物排放口填报

1）填报内容

包括排放口地理坐标、排气筒高度、排气筒出口内径、排气温度等信息，排放口编号、排放口名称、污染物种类系统自动带入，填报界面如图 6-147 所示。

图 6-147　大气污染物排放口信息填报界面

如图 6-148 所示，系统自动带入排放口编号、排放口名称、污染物种类，企业根据自身情况可以选择手填写经纬度坐标，或者点击"选择"按钮在地图中拾取经纬度坐标，然后依次填写排气筒高度、排气筒出口内径、排气温度等参数。

图 6-148　排放口信息添加界面

2）注意事项

① 排气筒高度为排气筒顶端距离地面的高度。

② 排气筒出口内径为监测点位处的内径。

③ 排气筒高度应满足 GB 27632、GB 16297、GB 14554 等标准的要求。

④ 排放口地理坐标必须在系统地图中拾取。对于排放口的经纬度在拾取过程中地图分辨率无法满足要求的，仅在可显示的分辨率下拾取大概位置即可，无法在地图上显示的新建项目可通过周边参照物拾取。

3）废气污染物排放执行标准信息表

填报内容为国家或地方污染物排放标准、环境影响评价批复要求（若有）、承诺更加严格排放限值（若有）、其他信息等，排放口编号、排放口名称、污染物种类信息系统自动带入。填报界面如图 6-149 所示。

| DA002 | 2#车间排放口 | 氨（氨气） | 橡胶制品工业污染物排放标准GB 27632—2011 | 30mg/Nm3 | / | | / mg/Nm3 | / mg/Nm3 | 基准排气量100000立方米/吨胶 | 编辑 复制 |
| DA002 | 2#车间排放口 | 臭气浓度 | 恶臭污染物排放标准GB 14554—93 | 6000 | | | | | | 编辑 复制 |

图 6-149　废气污染物排放执行标准信息填报界面

日用及医用橡胶制品行业对应选择《橡胶制品工业污染物排放标准》（GB 27632—2011），如地方有要求的，从其规定。例如，天津市某乳胶企业应按照地方标准《工业企业挥发性有机物排放控制标准》（DB12/ 524—2020）要求，执行"总反应活性挥发性有机物"指标。其他标准增加界面如图 6-150 所示。

图 6-150　其他标准增加界面

6.3.2.7　有组织排放信息填报

（1）主要排放口、一般排放口

1）填报内容

包括申请年许可排放量限值、申请特殊排放浓度限值、申请特殊时段许可排放量限值，排放口编号、排放口名称、污染物种类、申请许可排放浓度限值、申请许可排放速率限值等信息系统自动带入。

轮胎制造，橡胶板、管、带制造，橡胶零件制造，运动场地用塑胶制造和其他橡胶制品制造排污单位主要排放口暂不许可排放量，但是如果企业涉及锅炉主要排放口的则需要对应添加。

2）注意事项

① 橡胶制品工业许可排放量包括年许可排放量和特殊时段许可排放量。轮胎制造，橡胶板、管、带制造，橡胶零件制造，运动场地用塑胶制造和其他橡胶制品制造排污单位主要排放口暂不许可排放量。日用及医用橡胶制品制造排污单位涉及硫化工艺的废气处理设施排放口应申请颗粒物年许可排放量。排污单位的废气年许可排放量为各废气主要排放口年许可排放量之和。需要特别说明的是，若平台表 1（排污单位基本情况表）中新增了其他污染物管控指标，此处也自动生成，根据相关管理要求申报年许可排放量限值。

② 按照《技术规范》推荐方法核算许可排放量并填报。

③ 如排污单位不存在特殊时段管控要求，特殊排放浓度限值和特殊时段许可排放量限值填"/"。

④ 核算主要排放口许可排放量限值时，应根据核算公式按排放口逐个进行核算，然后求和得出；对于排污单位有多条生产线的情况，先按照单条生产线核算许可排放

量，加和后得到排污单位许可排放量。

（2）全厂有组织排放总计

简化管理排污单位暂不涉及相关内容填报。

（3）申请年许可排放量限值计算过程

简化管理排污单位暂不涉及相关内容填报。

（4）申请特殊时段许可排放量限值计算过程

简化管理排污单位暂不涉及相关内容填报。

6.3.2.8 无组织排放信息填报

填报内容包括无组织排放编号、产污环节、污染物种类、主要污染防治措施、国家或地方污染物排放标准、年许可排放量限值等、申请特殊时段许可排放量限值、其他信息等，填报界面如图 6-151 所示。无组织排放信息添加界面与全场无组织排放总计填报界面如图 6-152 和图 6-153 所示。

日用及医用橡胶制品制造	MF0001	其他	臭气浓度	其他	恶臭污染物排放标准GB 14554—93	20	/	/	/	/	/	/	编辑 删除

图 6-151　大气污染物无组织排放信息填报界面

图 6-152　无组织排放信息添加界面

全厂无组织排放总计

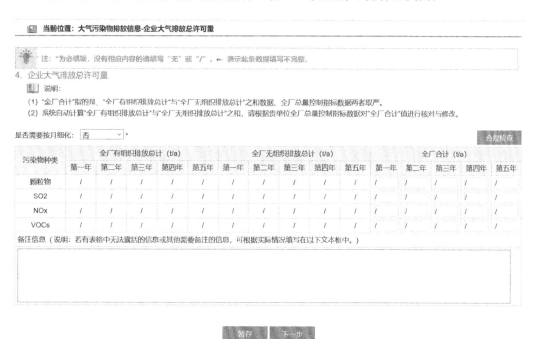

图 6-153　全厂无组织排放总计填报界面

6.3.2.9　企业大气排放总许可量填报

企业大气排放总许可量填报界面如图 6-154 所示。排污单位应将许可排放量（包括月许可排放量）的详细核算过程作为附件上传，以便后期环境管理执法。

图 6-154　企业大气排放总许可量填报界面

6.3.2.10　水污染物排放口填报

（1）废水直接排放口基本情况表

1）填报内容

包括间歇式排放时段、排放口地理位置、受纳自然水体信息、汇入受纳自然水体处地理坐标、其他信息等，排放口编号、排放口名称、排放去向、排放规律系统自动带入，填报界面如图 6-155 和图 6-156 所示。

当前位置：水污染物排放信息-排放口

注：*为必填项，没有相应内容的请填写"无"或"/"。 ▪▪▪ 表示此条数据填写不完整。

1、排放口

（1）废水直接排放口基本情况表

说明

（1）排放口地理坐标：对于直接排放至地表水体的排放口，指废水排出厂界处经纬度坐标；
纳入管控的车间或车间处理设施排放口，指废水排出车间或车间处理设施边界处经纬度坐标；
可通过点击"选择"按钮在GIS地图中点选后自动生成。
（2）受纳自然水体名称：指受纳水体的名称如南沙河、太子河、温榆河等。
（3）受纳自然水体功能目标：指对于直接排放至地表水体的排放口，其所处受纳水体功能类别，如Ⅲ类、Ⅳ类、Ⅴ类等。
（4）汇入受纳自然水体处地理坐标：对于直接排放至地表水体的排放口，指废水汇入地表水体处经纬度坐标；
可通过点击"选择"按钮在GIS地图中点选后自动生成。
（5）废水向海洋排放的，应当填写岸边排放或深海排放。深海排放的，还应说明排污口的深度、与岸线直线距离。在"其他信息"列中填写。
（6）若有本表格中无法囊括的信息，可根据实际情况填写在"其他信息"列中。

排放口编号	排放口名称	排放口地理位置		排水去向	排放规律	间歇式排放时段	受纳自然水体信息		汇入受纳自然水体处地理坐标		其他信息	操作
		经度	纬度				名称	受纳水体功能目标	经度	纬度		
DW002	厂内综合废水处理设施排水--直接排放	117度14分18.78秒	38度59分50.71秒	直接进入江河、湖、库等水环境	间断排放，排放期间流量不稳定且无规律，但不属于冲击型排放	/	xx河	V类	117度19分38.03秒	38度59分56.04秒	此排放口为填报举例，为了样表的完整充分性填写，实际填报中企业只能设置一个厂区废水总排放口	编辑

图 6-155　废水直接排放口基本情况填报界面

图 6-156　废水直接排放口信息添加界面

2）注意事项

①受纳水体功能目标应根据各地的水功能区划进行确定。

②地理位置、地理坐标的选择可使用地图标记等方式。

（2）入河排污口信息

入河排污口信息填报界面如图 6-157 所示。

(2) 入河排污口信息

排放口编号	排放口名称	入河排污口			其他信息	操作
		名称	编号	批复文号		
DW002	厂内综合废水处理设施排水-直接排放	xx河	xxxx	xx【2010】xx号	此排放口为填报举例，为了样表的完整充分性填写，实际填报中企业只能设置一个厂区废水总排放口	编辑

图 6-157　入河排污口信息填报界面

（3）雨水排放口基本情况表

雨水排放口基本情况填报界面如图 6-158 所示。

(3) 雨水排放口基本情况表
　说明：畜禽养殖行业排污单位无需填报此信息

添加

排放口编号	排放口名称	排放口地理位置		排水去向	排放规律	间歇式排放时段	受纳自然水体信息		汇入受纳自然水体处地理坐标		其他信息	操作
		经度	纬度				名称	受纳水体功能目标	经度	纬度		

图 6-158　雨水排放口基本情况填报界面

（4）废水间接排放口基本情况表

1）填报内容

包括排放口地理坐标、间歇排放时段、受纳污水处理厂信息，排放口编号、排放口名称、排放去向、排放规律等信息系统自动带入，填报界面如图 6-159 和图 6-160 所示。

(4) 废水间接排放口基本情况表
　说明：
　(1) 排放口地理坐标：对于排至厂外城镇或工业污水集中处理设施的排放口，指废水排出厂界处经纬度坐标；
　　　对纳入管控的车间或者生产设施排放口，指废水排出车间或者生产设施边界处经纬度坐标。可通过点击"选择"按钮在GIS地图中点选后自动生成。
　(2) 受纳污水处理厂名称：指厂外城镇或工业污水集中处理设施名称，如酒仙桥生活污水处理厂、宏兴化工园区污水处理厂等。
　(3) 排水协议规定的浓度限值：指排污单位与受纳污水处理厂等协商的污染物排放浓度限值要求。属于选填项，没有可以填写。
　(4) 点击受纳污水处理厂名称后的增加按钮，可设置污水处理厂排放的污染物种类及其浓度限值。

排放口编号	排放口名称	排放口地理坐标		排放去向	排放规律	间歇排放时段	受纳污水处理厂信息				操作
		经度	纬度				名称	污染物种类	排水协议规定的浓度限值(mg/L)(如有)	国家或地方污染物排放标准浓度限值	
DW001	厂区综合废水排放口	117度 14分 18.56秒	38度 59分 50.35秒	进入城市污水处理厂	间断排放，排放期间流量不稳定且无规律，但不属于冲击型排放	工作时段	xx污水处理厂	悬浮物	/ mg/L	5 mg/L	编辑
								化学需氧量	/ mg/L	30 mg/L	
								五日生化需氧量	/ mg/L	6 mg/L	
								氨氮 (NH3-N)	/ mg/L	1.5-3.0 mg/L	
								石油类	/ mg/L	0.5 mg/L	
								pH值	/	6-9	

图 6-159　废水间接排放口基本情况填报界面

图 6-160　废水间接排放口信息添加界面

2）注意事项

①选填"污染物种类"时，应选填排入受纳污水处理厂的所有污染因子。

②选填"国家或地方污染物排放标准浓度限值"时，应填报污水处理厂执行的排放标准中的排放浓度限值。

（5）废水污染物排放执行标准表

1）填报内容

国家或地方污染物排放标准、排水协议规定的浓度限值（如有）、环境影响评价审批意见要求、承诺更加严格排放限值、其他信息等，排放口编号、排放口名称、污染物种类系统自动带入，填报界面如图 6-161 所示。此处仅以污染物"总锌"为例，其他污染物种类参考此步骤填报，填报界面如图 6-162 所示。废水排放标准浓度填报界面如图6-163 所示。

DA002	厂区综合废水处理设施排水2	总锌	橡胶制品工业污染物排放标准	2 mg/L	/ mg/L	/ mg/L	/ mg/L	间接排放限值3.5，基准排水量100（m3/t胶）	编辑复制

图 6-161　废水污染物排放执行标准填报界面

图 6-162　废水排放标准添加界面

图 6-163　废水排放标准浓度填报界面

6.3.2.11　水污染物申请排放信息填报

根据《技术规范》要求，日用及医用橡胶制品排污单位废水总排放口应申请化学需氧量、氨氮的年许可排放量。对位于国家正式发布文件中规定的总磷、总氮总量控制区内的排污单位还应分别申请总磷、总氮年许可排放量。本例为简化管理类别，无需填报许可排放量。

(1) 主要排放口、一般排放口

主要排放口和一般排放口填报界面如图 6-164 和图 6-165 所示。

当前位置：水污染物排放信息-申请排放信息

注：*为必填项，没有相应内容的请填写“无”或“/”。 表示此条数据填写不完整。

2、申请排放信息

(1) 主要排放口

说明：

(1) 排入城镇集中污水处理设施的生活污水无需申请许可排放量。

(2) 浓度限值未显示单位的，默认单位为"mg/L"。

排放口编号	排放口名称	污染物种类	申请排放浓度限值	申请年排放量限值（t/a）					申请特殊时段排放量限值	操作
				第一年	第二年	第三年	第四年	第五年		
主要排放口合计			CODcr						/	计算 请点击计算按钮，完成加和计算
			氨氮						/	

备注信息（说明：若有表格中无法囊括的信息或其他需要备注的信息，可根据实际情况填写在以下文本框中。）

图 6-164　水污染物申请排放信息（主要排放口）填报界面

(2) 一般排放口

说明：浓度限值未显示单位的，默认单位为"mg/L"。

排放口编号	排放口名称	污染物种类	申请排放浓度限值	申请年排放量限值（t/a）					申请特殊时段排放量限值	操作
				第一年	第二年	第三年	第四年	第五年		
DW001	厂区综合废水排放口	化学需氧量	500mg/L	/	/	/	/	/	/	编辑
DW001	厂区综合废水排放口	石油类	15mg/L	/	/	/	/	/	/	编辑
DW001	厂区综合废水排放口	pH值	6-9	/	/	/	/	/	/	编辑
DW001	厂区综合废水排放口	悬浮物	400mg/L	/	/	/	/	/	/	编辑
DW001	厂区综合废水排放口	五日生化需氧量	300mg/L	/	/	/	/	/	/	编辑
DW001	厂区综合废水排放口	氨氮（NH3-N）	45mg/L	/	/	/	/	/	/	编辑

图 6-165　水污染物申请排放信息（一般排放口）填报界面

(2) 全厂废水排放口总计

可参见 6.2.2.12 部分相关内容。

(3) 申请年排放量限值计算过程

简化管理排污单位暂不涉及相关内容填报。

(4) 申请特殊时段许可排放量限值计算过程

简化管理排污单位暂不涉及相关内容填报。

6.3.2.12　固体废物管理信息填报

可参见 6.2.2.13 部分相关内容。

6.3.2.13　自行监测要求填报

（1）填报内容

包括监测内容、污染物名称、监测设施、自动监测信息、手工监测信息等，如图 6-166 所示。

图 6-166　自行监测要求填报界面

根据前表自动带入内容，点击"编辑"，弹出监测要求编辑界面，如图 6-167 所示。监测内容是指实际测试中的相关参数，包括烟气流速、烟气温度、烟气压力、烟气含湿量、烟气量等，如图 6-168 所示，手工监测频次、污染物种类、手工测定方法标准填报界面如图 6-169～图 6-174 所示。

（2）注意事项

① 手工监测频次应不低于行业监测技术指南要求。

② 针对采用"自动监测"的污染物，还应选填在线监测故障时的手工监测，监测

图 6-167　自行监测要求编辑界面

图 6-168　手工监测采样方法及个数填报界面

图 6-169　手工监测频次填报界面

图 6-170　手工监测污染种类、测定方法填报界面

当前位置：环境管理要求-自行监测要求

> 💡 ◄ 表示此条数据填写不完整。

自行监测要求

📋 说明

(1) 监测内容：指气量、水量、温度、含氧量等非污染物的监测项目。

(2) 手工监测采样方法及个数：指污染物采样方法，对于废水污染物："混合采样（3个、4个或5个混合）""瞬时采样（3个、4个或5个瞬时样）"；对于废气污染物："连续采样""非连续采样（3个或多个）"。

(3) 手工监测频次：指一段时期内的监测次数要求，如1次/周、1次/月等，对于规范要求填报自动监测设施的，在手工监测内容中填报自动在线监测出现故障时的手工频次。

(4) 手工测定方法：指污染物浓度测定方法，如"测定化学需氧量的重铬酸钾法"、"测定氨氮的水杨酸分光光度法"等。

(5) 根据行业特点，如果需要对雨排水进行监测的，应当在其他自行监测及记录信息表内手动填报。

(6) 若有本表格中无法囊括的信息，可根据实际情况填写在"其他信息"列中。

污染源类别	排放口编号	排放口名称	监测内容	污染物名称	监测设施	自动监测是否联网	自动监测仪器名称	自动监测设施安装位置	自动监测设施是否符合安装、运行、维护等管理要求	手工监测采样方法及个数	手工监测频次	手工测定方法	其他信息	操作
废气	DA001	1#车间排放口	烟气流速,烟气温度,烟气压力,烟气含湿量,烟气量	臭气浓度	手工					非连续采样至少3个	1次/年	空气质量恶臭的测定……		编辑 复制
				颗粒物	手工					非连续采样至少3个	1次/年	固定污染源排气中颗粒……		编辑 复制
				非甲烷总烃	手工					非连续采样至少3个	1次/年	固定污染源排气中非甲……		编辑 复制
	DA003	2#车间排放口1	烟气流速,烟气温度,烟气压力,烟气含湿量,烟气量	颗粒物	手工					非连续采样至少3个	1次/年	固定污染源排气中颗粒……		编辑 复制
	DA004	2#车间排放口2	烟气流速,烟气温度,烟气压力,烟气含湿量,烟气量	臭气浓度	手工					非连续采样至少3个	1次/年	空气质量恶臭的测定……		编辑 复制
				颗粒物	手工					非连续采样至少3个	1次/年	固定污染源排气中颗粒……		编辑 复制
				非甲烷总烃	手工					非连续采样至少3个	1次/年	固定污染源排气中非甲……		编辑 复制

图 6-171　废气手工监测填写完成情况展示界面

频次为"每天不少于 4 次，间隔不得超过 6h"，并在其他信息中备注"自动监测设施故障期间采用手工监测"。

（3）其他自行监测及记录信息

填报内容包括污染源类别/监测类别、编号/监测点位、监测内容、污染物名称、监测设施、自动监测相关信息、手工监测相关信息等，见图 6-175～图 6-177。

6.3.2.14　环境管理台账记录要求填报

填报内容包括类别、记录内容、记录频次、记录形式、其他信息等，填报界面如图 6-178 所示。

图 6-172 废气手工测定方法填报界面

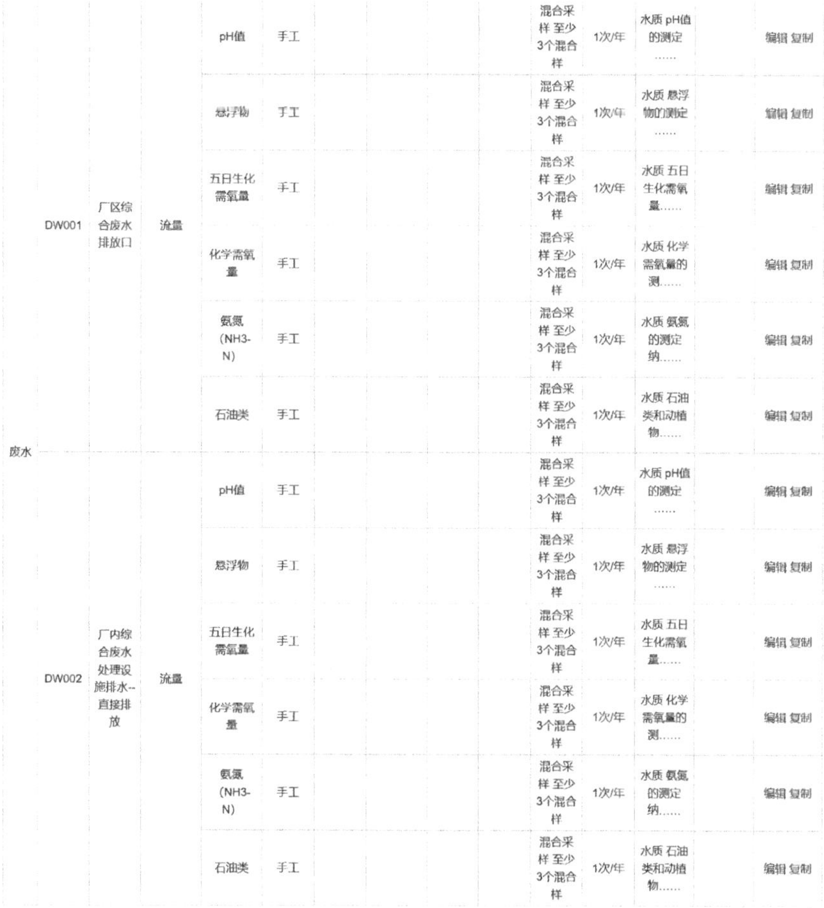

			pH值	手工			混合采样 至少3个混合样	1次/年	水质 pH值的测定……	编辑 复制
			悬浮物	手工			混合采样 至少3个混合样	1次/年	水质 悬浮物的测定	编辑 复制
	厂区综合废水排放口	流量	五日生化需氧量	手工			混合采样 至少3个混合样	1次/年	水质 五日生化需氧量……	编辑 复制
DW001			化学需氧量	手工			混合采样 至少3个混合样	1次/年	水质 化学需氧量的测……	编辑 复制
			氨氮(NH3-N)	手工			混合采样 至少3个混合样	1次/年	水质 氨氮的测定纳……	编辑 复制
			石油类	手工			混合采样 至少3个混合样	1次/年	水质 石油类和动植物……	编辑 复制
废水			pH值	手工			混合采样 至少3个混合样	1次/年	水质 pH值的测定……	编辑 复制
			悬浮物	手工			混合采样 至少3个混合样	1次/年	水质 悬浮物的测定	编辑 复制
DW002	厂内综合废水处理设施排水--直接排放	流量	五日生化需氧量	手工			混合采样 至少3个混合样	1次/年	水质 五日生化需氧量……	编辑 复制
			化学需氧量	手工			混合采样 至少3个混合样	1次/年	水质 化学需氧量的测……	编辑 复制
			氨氮(NH3-N)	手工			混合采样 至少3个混合样	1次/年	水质 氨氮的测定纳……	编辑 复制
			石油类	手工			混合采样 至少3个混合样	1次/年	水质 石油类和动植物……	编辑 复制

图 6-173 废水手工监测填报完成界面

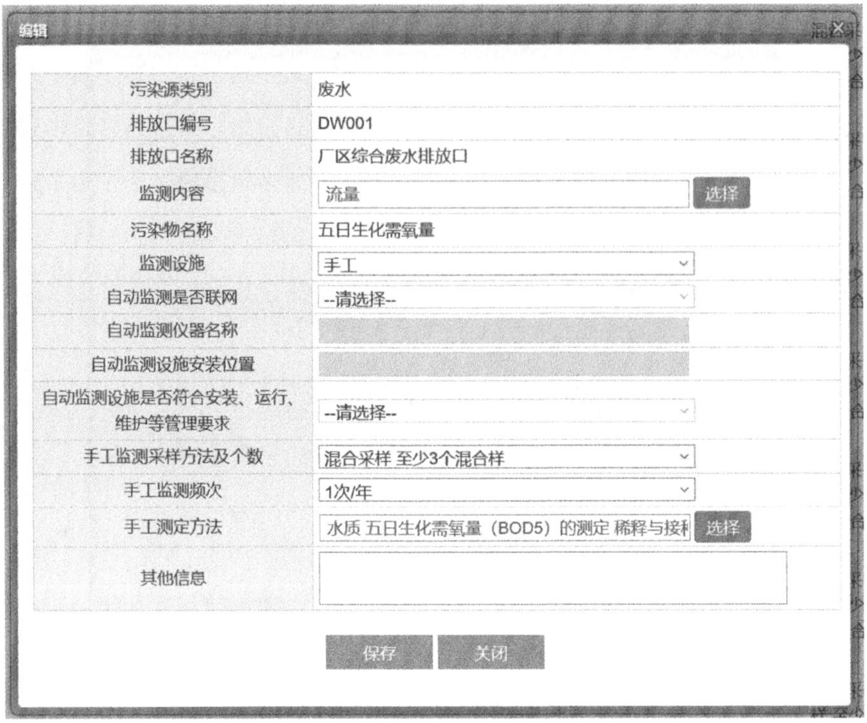

编辑

污染源类别	废水
排放口编号	DW001
排放口名称	厂区综合废水排放口
监测内容	流量 选择
污染物名称	五日生化需氧量
监测设施	手工
自动监测是否联网	--请选择--
自动监测仪器名称	
自动监测设施安装位置	
自动监测设施是否符合安装、运行、维护等管理要求	--请选择--
手工监测采样方法及个数	混合采样 至少3个混合样
手工监测频次	1次/年
手工测定方法	水质 五日生化需氧量（BOD5）的测定 稀释与接种 选择
其他信息	

保存 关闭

图 6-174 废水手工监测参数填报界面

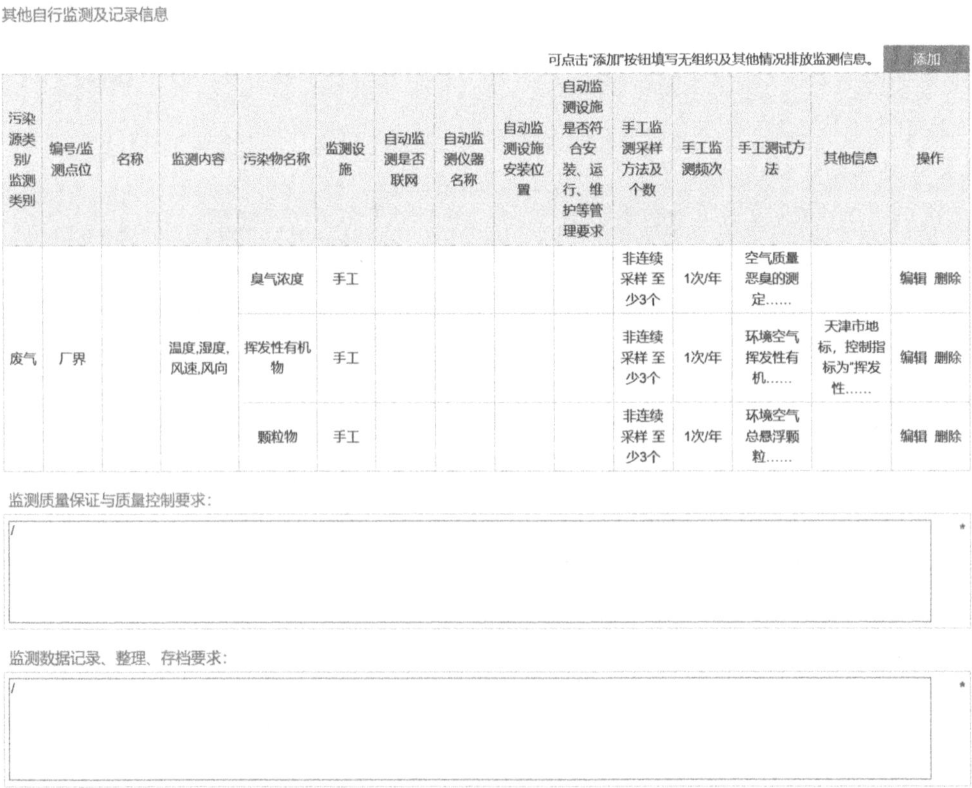

其他自行监测及记录信息

可点击"添加"按钮填写无组织及其他情况排放监测信息。 添加

污染源类别/监测类别	编号/监测点位	名称	监测内容	污染物名称	监测设施	自动监测是否联网	自动监测仪器名称	自动监测设施安装位置	自动监测设施是否符合安装、运行、维护等管理要求	手工监测采样方法及个数	手工监测频次	手工测试方法	其他信息	操作
废气	厂界		温度,湿度,风速,风向	臭气浓度	手工					非连续采样 至少3个	1次/年	空气质量恶臭的测定……		编辑 删除
				挥发性有机物	手工					非连续采样 至少3个	1次/年	环境空气挥发性有机……	天津市地标，控制指标为"挥发性……	编辑 删除
				颗粒物	手工					非连续采样 至少3个	1次/年	环境空气总悬浮颗粒……		编辑 删除

监测质量保证与质量控制要求：

/

监测数据记录、整理、存档要求：

/

图 6-175 其他自行监测及记录信息填报完成界面

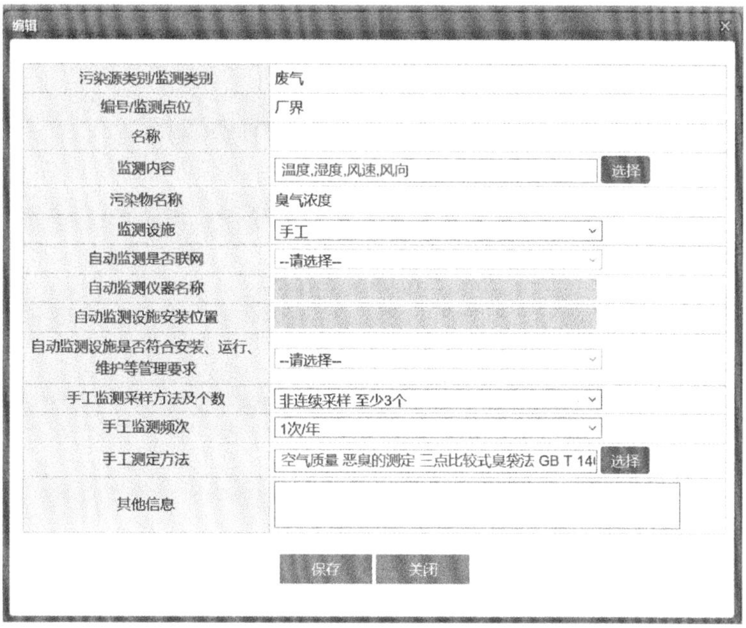

图 6-176　其他自行监测及记录信息添加界面

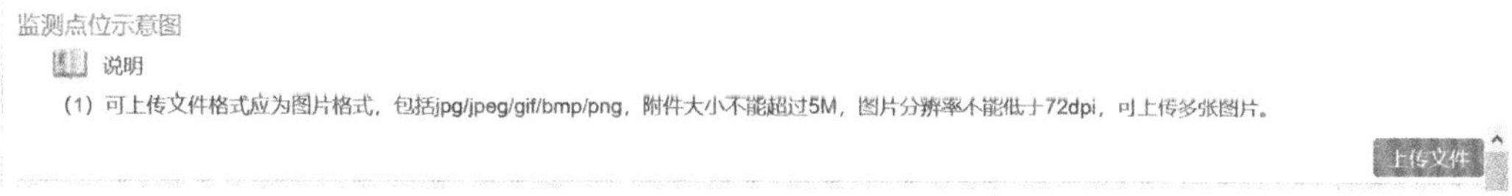

监测点位示意图

说明

（1）可上传文件格式应为图片格式，包括jpg/jpeg/gif/bmp/png，附件大小不能超过5M，图片分辨率不能低于72dpi，可上传多张图片。

上传文件

图 6-177　监测点位示意图上传界面

图 6-178　环境管理台账记录要求填报界面

6.3.2.15　补充登记信息填报

可参见 6.2.2.16 部分相关内容。

6.3.2.16　地方生态环境主管部门依法增加的内容填报

可参见 6.2.2.17 部分相关内容。

6.3.2.17　相关附件填报

可参见 6.2.2.18 部分相关内容。

6.2.2.18　提交申请

可参见 6.2.2.19 部分相关内容。

第7章

排污许可证审核要点

7.1 申报材料完整性审核

7.1.1 排污单位申请材料

① 排污许可证申请表;

② 自行监测方案;

③ 由排污单位法定代表人或者主要负责人签字或者盖章的承诺书;

④ 排污单位有关排污口规范化的情况说明;

⑤ 建设项目环境影响评价文件审批文号,或者按照有关国家规定经地方人民政府依法处理、整顿规范并符合要求的相关证明材料;

⑥ 排污许可证申领信息公开情况说明表(需要注意,仅实施排污许可重点管理的排污单位需要提交);

⑦《排污许可管理办法(试行)》实施后(2018 年 1 月 10 日及之后)的新建、改建、扩建项目排污单位,存在通过污染物排放等量或者减量替代削减获得重点污染物排放总量控制指标情况,且出让重点污染物排放总量控制指标的排污单位已经取得排污许可证的,应当提供出让重点污染物排放总量控制指标的排污单位的排污许可证完成变更的相关材料;

⑧ 附图、附件等材料,附图应包括生产工艺流程图和平面布置图,附件至少应包括原辅材料(包括平台原辅材料信息表必填项所有内容)的检测报告;

⑨ 排污许可证正本(仅办理排污许可证变更或延续的单位需要提交)。

此外,主要生产设施、主要产品产能等登记事项中涉及商业秘密的,排污单位应当标注。

7.1.2 明确不予核发排污许可证的情形

根据 2018 年环境保护部《排污许可管理办法（试行）》第二十八条规定对存在下列情形之一的，核发环保部门不予核发排污许可证：

① 位于法律法规规定禁止建设区域内的，如饮用水水源保护区、自然保护区、风景名胜区等；

② 属于国务院经济综合宏观调控部门会同国务院有关部门发布的产业政策目录中明令淘汰或者立即淘汰的落后生产工艺装备、落后产品的；

③ 法律法规规定不予许可的其他情形。

7.2 申报材料规范性审核

7.2.1 申请前信息公开

① 信息公开时间应不少于 5 个工作日，公开的起止时间应和排污许可证申领信息公开情况说明表的公开时间一致。

② 公开方式应明确，若为网络公示，还应明确相应的网址，例如全国排污许可证管理信息平台等便于公众知晓的方式。

③ 信息公开内容应符合《排污许可管理办法（试行）》要求。若选填了"其他信息"，应明确涵盖的内容。

④ 申领信息公开期间收到的意见应逐条答复。若未收到意见，也应填报情况说明，不可为空，应填写"无反馈意见"。

⑤ 署名应为法定代表人，且应与排污许可证申请表、承诺书等保持一致。有法定代表人的一定要填写法定代表人，对于无法定代表人的企事业单位，如个体工商户、私营企业者等，这些单位可以由实际负责人签字。此外，对于集团公司下属不具备法定代表人资格的独立分公司，也可由实际负责人签字。

⑥ 排污许可证开具日期应在信息公开截止日期之后。

7.2.2 守法承诺书

① 必须按照从平台下载的最新样本填写，不得删减。

② 符合《排污许可管理办法（试行）》第二十条规定：排污单位在填报排污许可证申请时，应当承诺排污许可证申请材料是完整、真实和合法的；承诺按照排污许可证的规定排放污染物，落实排污许可证规定的环境管理要求，并由法定代表人或者主要负责人签字或者盖章。

③ 法定代表人签字与排污许可证申领信息公开情况说明表（试行）上的签名应保持一致。

7.2.3　排污许可证申请表

　　排污许可证申请表主要审核内容包括封面，排污单位基本信息，主要生产设施、主要产品及产能信息，主要原辅材料及燃料信息，废气、废水等产排污环节和污染防治设施信息，申请的排放口位置和数量、排放方式、排放去向信息，排放污染物种类和执行的排放标准信息，按照排放口和生产设施申请的污染物许可排放浓度和排放量信息，申请排放量限值计算过程，自行监测及记录信息，环境管理台账记录信息，以及生产工艺流程图和厂区总平面布置图等。

　　（1）封面

　　① 单位名称、注册地址需与排污单位营业执照或法人证书的相关信息一致，生产经营场所地址应填写排污单位实际地址。

　　② 行业类别选择"轮胎制造（2911），橡胶板、管、带制造（2912），橡胶零件制造（2913），日用及医用橡胶制品制造（2915），运动场地用塑胶制造（2916），其他橡胶制品制造（2919）"。涉及多个行业的排污单位，填报主行业类别后，还应填报其他附属行业类别。例如既有轮胎制造，又有废轮胎加工再生橡胶原料，还涉及锅炉的，应该填报三个行业类别，主行业类别为轮胎制造，其他行业类别为非金属废料和碎屑加工处理、锅炉/热力生产和供应。

　　③ 没有组织机构代码的，可不填写。

　　④ 法定代表人与承诺书和排污许可证申领信息公开情况说明表上的签名应保持一致。

　　⑤ 提交的纸质材料与信息平台的信息应保持一致，电子版与纸质版申请表的条形码应保持一致。

　　（2）排污单位基本信息表

　　① 是否需改正：首次申请排污许可证时，存在未批先建或不具备达标排放能力的或存在其他依规需要改正行为的排污单位，应选择"是"，其他选"否"。

　　② 排污许可证管理类别选择时应根据排污单位实际生产排污情况，依据现行有效的《固定污染源排污许可分类管理名录》确定。

　　③ 生产经营场所地址应明确到"省、市、（区）县、镇"，该地址直接决定企业是否属于大气重点控制区、总氮和总磷控制区、重金属污染物特别排放限值实施区域。结合生态环境部相关公告，核实有关控制区的填报是否正确。

　　④ 分期投运的，投产日期以先期投运时间为准。

　　⑤ 填写大气重点控制区域的，应结合生态环境部相关公告文件，核实是否执行特别排放限值，目前相关公告文件主要包括《关于执行大气污染物特别排放限值的公告》（环境保护部公告 2013 年第 14 号）、《关于执行大气污染物特别排放限值有关问题的复函》（环办大气函〔2016〕1087 号）、《关于京津冀大气污染传输通道城市执行大气污染物特别排放限值的公告》（环境保护部公告 2018 年第 9 号）。

　　⑥ 填写总磷、总氮控制区的，应结合《"十三五"生态环境保护规划》（国发〔2016〕65 号）以及生态环境部相关文件中确定的需要对总磷、总氮进行总量控制的区域，核实是否填报正确。

　　⑦ 所在地是否属于重金属污染物特别排放限值实施区域应按照特排区域清单确定。

⑧ 应如实填写是否位于工业园区、工业集聚区。

⑨ 核实企业是否如实填写全部项目的环评审批文号或备案编号，包括分期建设项目、改扩建项目等。注意环评文号年份是否为 2015 年及之后，如是，则在后续确定许可排放限值时需考虑环评文件及批复。对于法律法规要求建设项目开展环境影响评价（1998 年 11 月 29 日《建设项目环境保护管理条例》国务院令第 253 号）之前已经建成且之后未实施改、扩建的排污单位，可不要求。

⑩ 核实企业是否有地方政府对违规项目的认定或备案文件，相关文件名和文号是否正确。若无，则核实排污单位具体情况，填写申请书中"改正规定"。

⑪ 核实企业是否有总量分配计划文件。对于有主要污染物总量控制指标计划的排污单位，须列出相关文件文号（或者其他能够证明排污单位污染物排放总量控制指标的文件和法律文书），并列出上一年主要污染物总量指标。有多个总量文件，需要一一填报。

总量控制指标包括地方政府或生态环境主管部门发文确定的排污单位总量控制指标、环境影响评价文件批复中确定的总量控制指标、现有排污许可证中载明的总量控制指标、通过排污权有偿使用和交易确定的总量控制指标等地方政府或生态环境主管部门与排污许可证申领排污单位以一定形式确认的总量控制指标。污染物总量控制要求应具体到污染物种类及其指标，并注意相应单位，同时应与后续许可量计算过程及许可量申请数据进行对比，按《技术规范》确定许可量。

⑫ 废气、废水污染物控制指标：关于主要污染控制因子，指应控制许可排放量限值的污染物种类。系统默认大气污染控制因子为颗粒物、二氧化硫、氮氧化物和挥发性有机物，不用再做选择。系统默认水污染控制因子为化学需氧量和氨氮，不用再做选择。对于位于总磷或总氮控制区的重点管理排污单位，应选择总磷或总氮作为污染控制因子。

易错问题汇总

① 注册时行业类别未选择主要行业类别，如果一个排污单位涉及多个行业可以在其他行业类别中选择；

② 对于分期投运的，投产时间写的是近期时间；

③ 生产经营场所中心经纬度不是排污单位的中心点，与实际位置存在偏差；

④ 关于是否属于重点区域，很多排污单位未经核实随意填报，导致填错；

⑤ 未列出全厂所有环评和验收文件文号；

⑥ 法定代表人与承诺书签字不是同一个人；

⑦ 污染物总量控制指标除了系统默认的，未选择其他需要控制的总量指标。

（3）主要产品及产能信息表

① 生产线类型、主要生产单元、生产工艺及生产设施按《技术规范》填报。其中生产线可以参照《技术规范》中表 1（重点管理）或表 6（简化管理）的第一列填写，排污单位应根据自身情况全面申报。有多个相同或相似生产线的，应分别编号，如轮胎制造 1、轮胎制造 2 等。多个相同型号的生产设施应分行填报，并分别编号，不应采取备注数量的方式。生产多种产品的同一生产设施只填报一次，在"其他信息"中注明产品情况。

② 生产能力指的是主要产品产能，不包括国家或地方政府予以淘汰或取缔的产能。生产能力和产量计量单位为条/年（轮胎制造）、吨/年、米/年（橡胶板、管、带制造）、个/年（橡胶零件制造、其他橡胶制品制造）、只/年、副/年等（日用及医用橡胶制品制造）、吨/年（运动场地用塑胶制造）。

注意事项：

① 主要生产单元、生产工艺及生产设施按《技术规范》填报，不应混填。

② 相同生产设施应分别一一填报，不应采取备注数量的方式。

③ 该表填报的产能是实际核定产能，生产能力为主要产品设计产能；若无设计产能数据时，以近三年实际产量均值计算。

④ 针对有多条生产线的，应在主要生产单元处编号识别。生产设施逐一填报，生产设施编号与生产设施唯一对应，不能重复。

⑤ 存在主行业以外的其他行业时，应核实其他行业填报内容是否齐全，是否符合该行业技术规范文本的要求。

易错问题汇总

① 未如实或正确填报产品名称；

② 生产能力填报不规范，填报了实际产量，应填报设计产能；

③ 主要生产工艺及产排污设施填报不全；

④ 生产设施编号填报不规范或重复；

⑤ 设施参数填报不规范、信息不全；

⑥ 生产能力、设施参数设计值的计量单位及数值不对应，因计量单位疏忽引起数量级错误；

⑦ 需要填报其他设施信息的，未填报。

（4）主要原辅材料及燃料信息表

① 原辅料填报不仅包括生产橡胶制品所用的原辅料，还应包括废气治理及废水处理添加剂等辅料。年最大使用量为全厂同类型原辅料的总计，可以根据设计文件或环评文件来确定。

② 存在锅炉设备且执行《锅炉大气污染物排放标准》（GB 13271）的排污单位，填报时按照 HJ 953 锅炉核发技术规范进行填报。

③ 燃煤应填报灰分、硫分、挥发分、热值等内容。燃油应填报硫分、热值等内容，灰分和挥发分处填"/"。

④ 特别注意热值单位为 MJ/kg 或 MJ/m³。

易错问题汇总

① 与产排污相关的原辅材料种类填报不全；

② 原料、辅料、燃料的年最大使用量因计量单位疏忽（t 或万吨），引起数量级错误；

③ 生产工艺中使用的燃料漏报。

（5）废气产排污节点、污染物及污染治理设施信息表

① 有组织排放的产排污环节必须填写，并应按《技术规范》填写完整。若《技术规范》中列为无组织排放，但排污单位实际已将无组织排放变成有组织收集并处理的，应按照有组织排放进行填报，相应的无组织排放环节无需再填报，如厂内污水综合处理站恶臭污染物经收集处理后进行有组织排放。

② 污染物种类应按《技术规范》填写准确，不得丢项。根据国家标准、行业标准、地方标准确定污染物种类，涉及颗粒物排放的废气，污染物种类只能写"颗粒物"，不可写"粉尘、烟尘、总悬浮颗粒物"，尤其注意恶臭特征污染物等污染物指标是否漏项。

③ 核实污染治理设施编号是否规范（应填报地方生态环境主管部门现有编号或排污单位内部编号；若无，则根据 HJ 608 进行编号后填报，应按照顺序进行编码，便于直接反映出排放口总数），污染治理设施与污染物种类是否对应。

④ 核实排放口设置是否符合国家和地方的排放标准、排污口规范等文件的要求。有组织排放应填报污染治理设施相关信息，包括编号、名称和工艺，并与《技术规范》中的附录 A 表 A.2 进行对比，判断是否为可行技术。对于未采用《技术规范》中推荐的可行技术的，应填写"否"。新建、改建、扩建建设项目排污单位采用环境影响评价审批意见要求的污染治理技术的，应在"污染治理设施其他信息"中注明为"环评审批要求技术"。既未采用可行技术，新改扩建项目也未采用环评审批要求技术的，应提供相关证明材料（如半年以内的污染物排放监测数据、所采用技术的可行性论证材料；对于国内外首次采用的污染治理技术，还应当提供中试数据等说明材料），证明可达到与污染防治可行技术相当的处理能力。确无污染治理设施的，相关信息划"/"。采用的污染治理设施或措施不能达到许可排放浓度要求的排污单位，应在"其他信息"中备注"待改"，并填写"改正规定"。轮胎制造、橡胶板管带制造、橡胶零件制造、运动场地用塑胶制造和其他橡胶制品制造排污单位涉及炼胶、硫化工艺废气的单根排气筒，非甲烷总烃排放速率≥3kg/h，重点地区非甲烷总烃排放速率≥2kg/h 的废气排放口为主要排放口；日用及医用橡胶制品制造排污单位的浸渍、硫化工艺废气排放口为主要排放口；其他废气排放口均为一般排放口。

⑤ 填报无组织排放的，污染治理设施编号、名称、工艺和是否为可行技术均填"/"，在"污染治理设施其他信息"一列填写排污单位采取的无组织污染防治措施。《技术规范》中列为有组织排放，而排污单位仍为无组织排放的，申报时按无组织排放填写，在"其他信息"中注明"待改"，并填写"改正规定"。除在一定期限内将无组织排放改为有组织排放外，涉及补充或变更环评的也应体现在改正规定中。

⑥ 排放口设置是否符合要求，对不符合《排污口规范化整治技术要求（试行）》的排放口是否承诺整改。

易错问题汇总

① 大气污染物种类选填不全；
② 大气污染物种类与污染治理设施未严格对应；
③ 有组织排放和无组织排放分辨不清，主要排放口和一般排放口分辨不清；
④ 未采用可行技术，却选择"是"；
⑤ 排污口设置不符合技术规范，却选择"是"。

（6）废水类别、污染物及污染治理设施信息表

① 放橡胶制品行业的废水类别涉及循环冷却水、日用及医用橡胶制品生产废水、设备洗涤水及生活污水，应根据实际产排污情况选填；无生活污水单独排放情形的，不用单独一行填报。

② 根据排污单位实际生产情况，重点审查废水类别及对应污染物种类是否填报完整，各类废水应分行单独填报，注意是否漏填。

③ 核实污染治理设施编号是否规范（应填报地方生态环境主管部门现有编号或排污单位内部编号；若无，则根据 HJ 608 进行编号后填报，应按照顺序进行编码，便于直接反映出排放口总数），污染治理设施与污染物种类是否对应。

④ 核实排放口设置是否符合国家和地方的排放标准、排污口规范等文件的要求。纳入重点管理的日用及医用橡胶制品排污单位的厂区综合废水处理设施排水口为主要排放口，其他废水排放口均为一般排放口。

⑤ 注意合理区分排放去向和排放方式。间接排放时，排放口按排出排污单位厂界的排放口进行填报，而不是下游污水集中处理设施的排放口。如污水排放去向与环评批复不一致，应在"其他信息"中注明，并根据具体情况，填写申请书中"改正规定"，如改为按环评批复执行或者变更环评。

⑥ 应填报污染治理设施相关信息，包括编号、名称和工艺，并与《技术规范》中的附录 A 表 A.4 进行对比，判断是否为可行技术。对于未采用《技术规范》中推荐的可行技术的，应填写"否"。新建、改建、扩建建设项目排污单位采用环境影响评价审批意见要求的污染治理技术的，应在"污染治理设施其他信息"中注明为"环评审批要求技术"。既未采用可行技术，新改扩建项目也未采用环评审批要求技术的，应提供相关证明材料（如半年以内的污染物排放监测数据、所采用技术的可行性论证材料；对于国内外首次采用的污染治理技术，还应当提供中试数据等说明材料），证明可达到与污染防治可行技术相当的处理能力。确无污染治理设施的，相关信息划"/"。采用的污染治理设施或措施不能达到许可排放浓度要求的排污单位，应在"其他信息"中备注"待改"，并填写"改正规定"。

易错问题汇总

① 废水类别填报不全；

② 水污染物种类选填不全；

③ 未采用可行技术，却选择"是"；

④ 主要排放口和一般排放口填报错误；

⑤ 排污口设置不符合技术规范，却选择"是"。

（7）大气排放口基本情况表

注意排放口编号、名称以及排放污染物信息与废气产排污节点、污染物及污染治理设施信息表保持一致，审核排气筒的高度是否满足相应排放标准要求，如排气筒高度低于相应标准要求、需要改正的，应填报"改正规定"。

（8）废气污染物排放执行标准表

① 执行国家污染物排放标准的，标准名称及污染物种类等应符合《技术规范》中

表 2（重点管理）或表 7（简化管理）中标准要求，注意浓度限值是否填报正确。注意执行排放标准中有排放速率要求的，不要漏填。地方有更严格排放标准的，应填报地方标准。

② 若执行的排放标准规定不同时间段执行不同排放控制要求，且其中两个及以上的时间段与排污单位本次持证的有效期（三年）有关，填报时排放浓度限值或速率限值应填全，具体情况可以在"其他信息"中说明。

③ 对 2015 年 1 月 1 日（含）后取得环评批复的排污单位，若有环评批复要求和承诺更加严格排放限值的，应以数值＋单位的形式填报，不应填报文字。

易错问题汇总

① 污染物执行的排放标准名称填报错误，例如：应执行地方标准或行业标准的，却填报了国家综合排放标准；

② 污染物执行的排放标准浓度限值或排放速率填报错误；

③ 环评及批复（2015 年及以后）对排放浓度有要求的，未进行对应填报。

（9）大气污染物有组织排放表

① 依据 GB 27632、GB 16297、GB 37822 和 GB 14554 确定橡胶制品工业排污单位有组织和无组织废气许可排放浓度限值。

轮胎制品制造（轮胎翻新除外），橡胶板、管、带制造，橡胶零件制造，日用及医用橡胶制品制造，运动场地用塑胶制造和其他橡胶制品制造排污单位，大气污染物许可排放浓度依据 GB 27632、GB 37822 确定。轮胎翻新排污单位大气污染物许可排放浓度依据 GB 16297、GB 14554、GB 37822 确定。地方污染物排放标准有更严格要求的，从其规定。

② 有组织废气排放口的编号、名称和污染物种类应与废气产排污节点、污染物及污染治理设施信息表、废气污染物排放执行标准表保持一致。主要排放口和一般排放口的区分应与废气产排污节点、污染物及污染治理设施信息表中"排放口类型"保持一致。主要排放口和一般排放口的许可排放浓度限值或排放速率应按《技术规范》确定，主要排放口的许可排放量应按《技术规范》规定的核算方法计算。

③ 审查大气污染物许可排放浓度限值是否准确。a. 对于轮胎翻新的排污单位应依据 GB 16297 中的大气污染物排放限值确定许可排放浓度，排污单位属于大气重点控制区的，需执行特别排放限值。地方有更严格排放标准要求的，按照地方排放标准从严确定。b. 橡胶制品工业排污单位的生产设施同时生产两种或两种以上类别的产品，可适用不同排放控制要求或不同行业污染物排放标准时，且生产设施产生的废气处理后混合排放的情况下，应执行排放标准中规定的最严格的浓度限值。

④ 应有详细的大气污染物许可排放量限值计算过程的说明，并审查其合理性。a. 重点管理排污单位的主要排放口应申请许可排放量，重点管理排污单位的一般排放口和简化管理排污单位无需申请许可排放量；b. 需申请许可排放量的，应合理确定许可排放量的污染物种类；c. 许可排放量计算过程应符合《技术规范》要求，参数选取依据充分，取严过程清晰合理；d. 若排放标准规定不同时间段执行不同排放控制要求，且其中两个及以上的时间段与排污单位本次持证的有效期（三年）有关，许可排放量限

值应分年度计算。

易错问题汇总

① 许可排放浓度限值：填报数值错误，与应执行的排放标准限值不一致；

② 许可排放量限值：直接填写总量控制指标或者环评及批复（2015 年及以后）中的总量，或按技术规范推荐的方法计算出的总量，而未按照规范要求进行取严；

③ 申请年许可排放量限值计算过程：未说清相关参数选取依据，无对比取严得到许可排放量的过程。

（10）大气污染物无组织排放表

大气污染物无组织排放情况应按《技术规范》要求，填报无组织排放的编号、产污环节和污染物种类、主要污染防治措施、执行排放标准等信息。无组织排放编号指产生无组织排放的生产设施编号，应与主要产品及产能信息补充表和废气产排污节点、污染物及污染治理设施信息表（如填写无组织排放）保持一致。在"其他信息"一列，可填写排放标准浓度限值对应的监测点位，如"厂界"。无组织排放无需申请许可排放量，划"/"。该表仅填报厂界无组织，重点审查排污单位的厂界无组织的污染因子是否遗漏，是否正确选取国家标准或地方标准，是否按照国家标准或地方标准从严确定浓度限值、污染物种类。

易错问题汇总

① 无组织控制措施填报不全；

② 国家或地方标准及限值填报错误；

③ "其他信息"中未列出环评及批复（2015 年及以后）中规定的浓度限值及单位；

④ 执行特别排放限值和严于国家标准的地方排放标准的选填不正确；

⑤ 排污单位选填的内容和实际建设不一致。

（11）企业大气排放总许可量

废气总许可排放量按各主要排放口许可排放量之和填写。核实大气污染物有组织排放表和大气污染物无组织排放表中"全厂合计"是否为主要排放口年许可排放量之和、大气污染物排放总许可量数据是否为取严数据。

（12）废水直接排放口基本情况表

① 审核排放口地理坐标是否填写正确，总排口坐标指废水排出厂界处坐标，车间或生产设施排放口坐标指废水排出车间或车间处理设施边界处坐标。

② 审核受纳水体的名称、水体功能目标填报是否正确。

③ 审核汇入受纳自然水体处地理坐标填写是否正确。

④ 对于入河排污口信息表，应填写各排放口对应的入河排污口名称、编号以及环评批复文号等相关信息。

⑤ 雨水排放口基本情况表

a. 核查雨水排放口编号是否规范，应填报排污单位内部编号，如无内部编号，则采用"YS＋三位流水号数字"（如 YS001）进行编号并填报。

b. 审核排放口地理坐标是否填写正确，排放口坐标指雨水排出厂界处坐标。

c. 审核受纳水体的名称、水体功能目标填报是否正确。

d. 审核汇入受纳自然水体处地理坐标填写是否正确。

（13）废水间接排放口基本情况表

如排污单位污水为间接排放，则填写此表。排放口编号、排放口名称、排放去向、排放规律等信息应与废水类别、污染物及污染治理设施信息表保持一致。

① 审核排放口是否齐全、是否有漏报、是否包含所涉及的车间或生产设施排放口（相关内容在废水类别、污染物及污染治理设施信息表中填报）。

② 审核排放口地理坐标是否填写正确，总排放口坐标指废水排出厂界处坐标，车间或生产设施排放口坐标指废水排出车间或车间处理设施边界处坐标。

③ 审核受纳污水处理厂信息，包括名称、污染物种类和执行排放标准中的浓度限值，污染物种类与废水类别、污染物及污染治理设施信息表中填报的污染物种类是否一致；排放浓度限值填写是否正确，应为污水处理厂废水排放执行的排放标准浓度限值。

（14）废水污染物排放执行标准表

① 执行国家水污染物排放标准的，标准名称及污染物种类等应符合《技术规范》中表3（重点管理）或表8（简化管理）中标准要求。地方有更严格排放标准的，应填报地方标准。

② 若排放标准规定不同时间段执行不同排放控制要求，且其中两个及以上的时间段与排污单位本次持证的有效期（三年）有关，填报时排放浓度限值应填全，具体情况可以在"其他信息"中说明。

③ 执行国家水污染物排放标准的排污单位，无论直接排放还是间接排放，都需要依据 GB 27632、GB 8978 确定橡胶制品工业排污单位水污染物许可排放浓度。

④ 雨水排放口的污染物种类填写化学需氧量和悬浮物，但无需填报执行标准名称和浓度限值信息，对应栏填报"/"。地方有更严格控制要求的，按地方要求执行。

（15）废水污染物排放信息表

① 排放口名称、编号和污染物种类应与废水类别、污染物及污染治理设施信息表、废水污染物排放执行标准表保持一致。主要排放口和一般排放口的区分应与废水类别、污染物及污染治理设施信息表中"排放口类型"保持一致。

② 审查水污染物排放浓度限值是否准确。轮胎制品制造（轮胎翻新除外），橡胶板、管、带制造，橡胶零件制造，运动场地用塑胶制造和其他橡胶制品制造废水总排放口执行 GB 27632，排污单位的废水许可排放浓度污染物包括 pH 值、悬浮物、化学需氧量、五日生化需氧量、氨氮、总氮、总磷和石油类。日用及医用橡胶制品制造排污单位的废水执行 GB 27632，许可排放浓度污染物包括 pH 值、悬浮物、化学需氧量、五日生化需氧量、氨氮、总氮、总磷、石油类和总锌。轮胎翻新制造废水总排放口执行 GB 8978，许可排放浓度污染物包括 pH 值、悬浮物、五日生化需氧量、化学需氧量、动植物油、氨氮、石油类。地方污染物排放标准有更严格要求的，从其规定。

③ 应有详细的水污染物许可排放量限值计算过程的说明，并审查其合理性。a. 重点管理排污单位的主要排放口应申请许可排放量，重点管理排污单位的一般排放口和简化管理排污单位无需申请许可排放量。b. 需申请许可排放量的，应合理确定许可排放

量的污染物种类。化学需氧量和氨氮为必须申请的污染物；位于总氮或总磷控制区的，污染物种类应包括总氮或总磷；根据地方要求，明确受纳水体环境质量年均值超标且列入 GB 27632 的污染物种类是否应许可排放量。c. 许可排放量计算过程应符合《技术规范》要求，参数选取依据充分，取严过程清晰合理。d. 若排放标准规定不同时间段执行不同排放控制要求，且其中两个及以上的时间段与排污单位本次持证的有效期（三年）有关，许可排放量限值应分年度计算。

④ 单独排向城镇污水集中处理设施的生活污水排放口不许可排放浓度限值，也不许可排放量限值。

⑤ 雨水排放口不许可排放浓度限值，也不许可排放量限值。地方有更严格管理要求的，按地方要求执行。

（16）噪声与固体废物排放信息表

① 噪声排放信息表可不填写。地方有相关环境管理要求的，按地方要求执行。

② 固体废物排放信息

a. 可填报各类固体废物（生活垃圾除外）的相关信息。固体废物类别分为一般固废物和危险固废物。固体废物处理方式分为贮存、处置和综合利用、转移等。固体废物产生量与各种固体废物处理量（贮存量、处置量、综合利用量、转移量之和）的差值即为排放量，应填报"0"。综合利用或处置时，在"其他信息"中说明具体综合利用或处置方式，并填写自行处置信息表，如回用于生产或委托有危废处理资质单位焚烧等。

b. 一般固体废物委托利用、委托处置的，应填写委托单位的名称；危险固体废物委托处置的，应填写委托单位名称及委托单位的危险废物经营许可证编号。

c. 审核固体废物种类填报是否完整，固体废物类别填报是否正确。

（17）自行监测及记录信息表

① 污染源类别应填写废水或废气。

② 排放口编号、排放口名称和监测的污染物种类应与大气污染物有组织排放表和大气污染物无组织排放表（废气）、废水污染物排放信息表（废水）保持一致，废气无组织排放的排放口编号填写"厂界"。

③ 废水监测内容应填写流量；废气有组织排放监测应填写相关烟气参数，包括烟气量、烟气流速、烟气温度、烟气压力、烟气含湿量等，具体要求参见排放标准；废气无组织排放监测应填写相关气象因子，包括风向、风速、温度、湿度、稳定度等。

④ 废气、废水监测频次不得低于《技术规范》的要求。开展自动监测的，应填报自动监测设备出现故障时的手工监测相关信息，并在"其他信息"中填写"自动监测设备出现故障期间开展手工监测"。手工监测方法应优先选用执行排放标准中规定的方法。

⑤ 监测质量保证与质量控制要求应符合 HJ 819、HJ/T 373 中相关规定，建立监测质量体系，包括监测机构、人员、仪器设备、监测活动质量控制与质量保证等，以及使用标准物质、空白试验、平行样测定、加标回收率测定等质控方法。委托第三方检（监）测机构开展自行监测的，不用建立监测质量体系，但应对其资质进行确认。

⑥ 监测数据记录、整理和存档要求应符合《技术规范》和 HJ 819 的相关规定。

⑦ 主要排放口对应的污染物（按《技术规范》要求）选择自动监测，地方要求其

他排放口安装在线监测的也应选择自动监测，其余为手工监测。采用自动监测的，应在手工监测处补充填写手工监测的采样频次和方法，并备注"自动监测设施故障期间采用手工监测"。

⑧ 重点审查是否漏填报厂界无组织监测，针对新增排放源，还应审查环评及批复是否对环境质量监测有要求。

（18）环境管理台账信息表

① 应按照《技术规范》要求填报环境管理台账记录内容，不得有漏项，如缺少生产设施运行管理信息、无组织废气污染防治措施管理维护信息等。

② 检查记录频次是否符合规范要求，与记录内容是否对应。记录形式应按照电子台账或纸质台账记录，台账记录至少保存3年。2021年1月发布的《排污许可管理条例》（国令　第736号）加强了对环境管理台账保存期限的要求，其中第二十一条规定环境管理台账记录保存期限不得少于5年。

③ 注意区分重点管理排污单位与简化管理排污单位的差异。

a. 设施类别按照《技术规范》填报。生产设施应填报基本信息和运行管理信息。污染治理设施信息应填报基本信息、运行管理信息、监测记录信息和其他环境管理信息。

b. 因《技术规范》中对各类环保设施的运行台账记录频次不同，填报时应根据记录频次要求分类填报，填报的记录内容和频次不得低于《技术规范》要求。

c. 记录形式应选择"电子台账或纸质台账"，同时备注台账保存期限。

（19）有核发权的地方生态环境主管部门增加的管理内容

该部分可根据地方规定添加相应内容。

（20）改正规定

改正问题、措施和时限要求要明确，并与前面填写的内容保持一致。如现状为无组织排放的改为有组织排放、尚未进行自动监测的改为自动监测、现有污染治理设施不能达标的提升改造为可达标设施等。

未依法取得建设项目环境影响评价文件审批意见、未取得地方人民政府按照国家有关规定依法处理和整顿规范所出具的相关证明材料、采用的污染防治设施或措施不能达到许可排放浓度要求以及存在其他依法依规需要改正行为的，应填写本表，由排污单位提出需要改正的内容及改正时限，地方生态环境主管部门审核并最终决定改正措施及时限，不予发证，并下达限期整改通知书。

（21）附图——工艺流程图与总平面布置图

1）附图

① 要求上传排污单位生产工艺流程图、生产厂区总平面布置图〔包括雨水和废（污）水管网平面布置图〕、监测点位示意图。

② 审查上传的图件是否清晰可见、图例明确，且不存在上下左右颠倒的情况。

③ 应审核生产工艺流程图是否包括主要生产设施（设备）、主要原燃料的流向、主要生产工艺流程和产排污节点等内容。

④ 应审核生产厂区总平面布置图是否包括主体设施、公辅设施、废气处理设施、废（污）水处理设施、危险废物暂存间等环保设施；是否注明废气主要排放口、一般排放口和无组织排放的生产单元；是否注明雨水和污水管网走向、排放口位置及排放去向等。

2）附件

应提供承诺书、排污许可证申领信息公开情况说明表及其他必要的说明材料，如未采用可行技术但具备达标排放能力的说明材料等；许可排放量计算过程应详细、准确，计算方法及参数选取应符合规范要求；应体现与总量控制要求取严的过程，2015 年 1 月 1 日及之后通过环评批复的，还要与批复要求进一步取严。检查要点包括：a. 附图要清晰可见、图例明确，且不存在上下左右颠倒的情况；b. 工艺流程图应包括主要生产设施（设备）、主要原燃料的流向、生产工艺流程等内容；c. 平面布置图应包括主要工序、厂房、设备位置关系，尤其应注明厂区废水收集和运输走向等内容。

易错问题汇总

① 上传图件存在清晰度不足，图例不明确，上传顺序错误的情况；

② 生产工艺流程图未对涉及的生产、产排污内容全覆盖；

③ 厂区平面布置图信息点不全面。

（22）许可排放量计算过程

许可排放量计算过程应清晰完整，且列出计算方法及取严过程。按照技术规范计算时，应详细列出计算公式、各参数选取原则、选取值及计算结果，明确给出总量指标来源及具体数值、环评文件及批复要求，最终按取严原则确定申请的许可排放量。

7.2.4　生态环境部门审核意见及排污许可证副本

① 执行报告信息表核发要点：应按技术规范填写执行报告内容、频次等要求，原则上橡胶制品行业仅要求上报年度、季度执行报告。其中季度或月度执行报告应至少包括全年报告中的实际排放量报表、达标判定分析说明、超标排放或污染治理设施情况汇总表。

② 信息公开表核发要点：应按照《企业事业单位环境信息公开管理办法》《排污许可管理办法（试行）》等现行文件的管理要求，填报信息公开方式、时间、内容等信息。

③ 其他控制及管理要求：生态环境部门可将对排污单位现行废气、废水管理要求，以及法律法规、技术规范中明确的污染防治设施运行维护管理要求写入"其他环境管理要求"中。

④ 改正规定：对于污染治理设施不满足橡胶制品工业排污许可申请与核发规范要求的，可将整改要求写入"改正措施"中，并限定整改时限。

7.2.5　其他相关环境管理要求审核

对于排污许可证副本，除注意申请书中相应内容外，还应注意按《技术规范》填写执行（守法）报告、信息公开、其他控制及管理要求等。具体包括：a. 执行报告内容和频次应符合《技术规范》的要求；b. 应按照《企业事业单位环境信息公开办法》《排污许可管理办法（试行）》等管理要求，填报信息公开方式、时间、内容等信息；c. 生态环境管理部门可将国家和地方对排污单位的废水、废气和固体废物环境管理要求，以及法律法规、《技术规范》中明确的污染防治措施运行维护管理要求等写入"其他控制及管理要求"中。

第8章

持证排污与证后监管

国务院办公厅发布的《控制污染物排放许可制实施方案》以及党的十九届四中全会审议通过的《中共中央关于坚持和完善中国特色社会主义制度　推进国家治理体系和治理能力现代化若干重大问题的决定》都明确了要把排污许可制定位为固定污染源环境管理核心制度，凸显了排污许可制度的重要性。随着排污许可制度的全面实施，是否取得排污许可证、是否按证排污已经成为影响企业社会形象的主要衡量标准之一，企业在排污许可制度中承担主体责任。执法部门以排污许可证中的内容为线索，检查企业是否合规，一旦发现不如实填报、未按证执行等问题，企业法人将承担主要责任。

企业取得排污许可证后，如何做好管理是制度能够顺利执行的重要环节。国务院发布的《国务院关于加强和规范事中事后监管的指导意见》（国发〔2019〕18号），环境保护部发布的《关于强化建设项目环境影响评价事中事后监管的实施意见》（环环评〔2018〕11号），生态环境部发布的《环评与排污许可监管行动计划（2021—2023年）》（环办环评函〔2020〕463号）、关于印发《关于加强排污许可执法监管的指导意见》的通知（环执法〔2022〕23号）、关于印发《"十四五"环境影响评价与排污许可工作实施方案》的通知（环环评〔2022〕26号）等相关文件要求中指出，全面推进排污许可制度改革，加快构建以排污许可制为核心的固定污染源执法监管体系，持续改善生态环境质量。坚持精准治污、科学治污、依法治污，以固定污染源排污许可制为核心，创新执法理念、加大执法力度、优化执法方式、提高执法效能，构建企业持证排污、政府依法监管、社会共同监督的生态环境执法监管新格局，为深入打好污染防治攻坚战提供坚强保障。企业要发挥好各个部门的协作，在共同保障生产、排污过程中，满足环保各项法律法规、执法检查的要求；环保技术人员按证记录环保设施运行管理台账；监测人员按证监测，最终以日常记录下来的内容为基础，按证提交执行报告。生态环境管理部门依据排污单位的台账信息和执行报告进行监管，核查企业是否合规。

本章分别从排污单位和管理部门两个角度，按照相关规定要求与指示精神，梳理了排污单位持证排污与自证守法要点以及管理部门监管与核查要点，以期为全国橡胶制品企业、各级生态环境管理部门及从事环境检测、环境保护咨询服务的机构提供参考。

8.1　企业持证排污与自证守法要点

随着排污许可证申领工作的深入，大部分企业已领取排污许可证，但取得排污许可证只是第一步。企业还需要根据排污许可证副本中的相关证后环境管理要求做好持证排污与自证守法工作，主要包括开展自行监测、做好台账管理、编制执行报告、做好信息公开并及时办理延续。

8.1.1　自行监测

自行监测是指排污单位为掌握本单位的污染物排放状况及其对周边环境质量的影响等情况，按照相关法律法规和技术规范，组织开展的环境监测活动。排污单位可根据自身条件和能力，利用自有人员、场所和设备自行监测；也可委托其他有资质的检（监）测机构代其开展自行监测。

《排污许可证管理办法（试行）》（2019 年修正）第三十四条要求：排污单位应当按照排污许可证规定，安装或者使用符合国家有关环境监测、计量认证规定的监测设备，按照规定维护监测设施，开展自行监测，保存原始监测记录。《排污单位自行监测技术指南 总则》提出了建立并实施质量保证与质量控制措施方案，明确了排污单位对提交的监测数据的真实性、完整性负责，排污单位应依法依规发布自行监测数据，接受生态环境主管部门的监督。《排污单位自行监测技术指南 橡胶和塑料制品》规定了橡胶制品业的监测因子和频次，应按照标准严格执行。

自行监测是一项系统性和技术性很强的工作，需要保障监测方案制定的合规合理性、监测设备的可靠性以及自行监测开展的有效性。为此，本节分别对废气和废水监测的监测点位选择、采样平台与采样孔设置、监测数据与监测频次、数据记录和监测等进行详尽介绍。

8.1.1.1　基本要求

（1）制定监测方案

排污单位应梳理所有污染源，根据技术规范及其他相关要求，确定主要污染源及主要监测指标，制定监测方案。监测方案内容包括排污单位基本情况、监测点位及示意图、监测指标、执行排放标准及其限值、监测频次、采样和样品保存方法、监测分析方法和仪器、监测质量保证与质量控制、自行监测信息公开等，自行监测方案模板详见书后附录。

（2）监测设备设置与维护

排污单位应按照规定设置满足开展监测所需要的监测设施。废水排放口，废气（采样）监测平台、监测断面和监测孔的设置应符合监测规范要求。监测平台应便于开展监测活动，且能保证监测人员的安全。

（3）开展自行监测

自行监测污染源和污染物应包括排放标准、环境影响评价文件及其审批意见和其他环境管理要求中涉及的各项废气、废水污染源和污染物。排污单位应当开展自行监测的污染源包括有组织废气、无组织废气、生产废水、生活污水、雨水等的全部污染源。排污单位可自行监测或委托其他具备相应资质的监测机构开展监测工作，并安排专人专职对监测数据进行记录、整理、统计和分析。

8.1.1.2　废气监测要求

（1）有组织废气

1）监测点位

各类废气污染源通过烟囱或排气筒等方式排放至外环境的废气，应在烟囱或排气筒上设置废气排放口监测点位。点位设置应满足《固定污染源排气中颗粒物测定和气态污染物采样方法》（GB/T 16157）、《固定污染源烟气（SO_2、NO_x、颗粒物）排放连续监测技术规范》（HJ 75）、《固定污染源烟气（SO_2、NO_x、颗粒物）排放连续监测系统技术要求及检测方法》（HJ 76）、《固定源废气监测技术规范》（HJ/T 397）、《恶臭污染环境监测技术规范》（HJ 905）等技术规范的要求。废气监测平台、监测断面和监测孔的设置应符合《固定污染源烟气（SO_2、NO_x、颗粒物）排放连续监测技术规范》（HJ 75）、《固定源废气监测技术规范》（HJ/T 397）等的要求。

2）自动监测

① 自动监测要求。根据《排污单位自行监测技术指南 橡胶和塑料制品》（HJ 1207）要求，重点管理排污单位的主要排放口应对颗粒物与非甲烷总烃实施自动监测。非甲烷总烃的自动监测需要在固定污染源废气非甲烷总烃连续监测技术规范发布后实施，发布前按季度监测。

② 采样平台与采样孔

a. 采样或监测平台长度应大于等于 2m，宽度应大于等于 2m 或不小于采样枪长度外延 1m，周围设置 1.2m 以上的安全防护栏，有牢固并符合要求的安全措施，便于日常维护和对比监测。

b. 采样或监测平台应易于人员和监测仪器到达，当采样平台设置在离地面高度大于等于 2m 位置时应有通往平台的斜梯，宽度大于等于 0.9m；当平台设置离地面高度大于等于 20m 的位置时应有通往平台的升降梯。

c. 当烟气在线监测系统（Continuous Emission Monitoring System，CEMS）安装在矩形烟道时，若烟道截面高度大于 4m，则不宜在烟道顶层开设参比方法采样孔；若烟道截面宽度大于 4m，则应在烟道两侧开设参比方法采样孔，并设置多层采样平台。

d. 企业应在 CEMS 监测断面下游预留参比方法采样孔。污染源参比方法采样孔内径应大于等于 80mm，新建或改建污染源参比方法采样孔内径应大于等于 90mm。在互不影响测定前提下，参比方法采样孔应尽可能靠近 CEMS 监测断面。当烟道为正压烟道或排放有毒气体时，应采用带闸板阀的密封采样孔。

③ 监测方法。废气自动监测需要参照《固定污染源烟气（SO_2、NO_x、颗粒物）

排放连续监测技术规范》（HJ 75）、《固定污染源烟气（SO$_2$、NO$_x$、颗粒物）排放连续监测系统技术要求及检测方法》（HJ 76）、《固定污染源废气非甲烷总烃连续监测系统技术要求及检测方法》（HJ 1013）等执行。

④ 数据记录。监测期间手工监测的记录和自动监测运行维护记录按照《排污单位自行监测技术指南 橡胶和塑料制品》（HJ 1207）执行。应同步记录监测期间的生产工况。

⑤ 连续监测系统日常运行质量保证要求

a. 定期校准。具有自动校准功能的颗粒物 CEMS、气态污染物 CEMS 和流速 CMS 每 24 h 至少自动校准一次仪器零点和量程，同时测定并记录零点漂移和量程漂移。无自动校准功能的颗粒物 CEMS 和直接测量法气态污染物 CEMS 每 15 天、流速 CMS 每 30 天至少校准一次仪器的零点和量程，同时测定并记录零点漂移和量程漂移。抽取式气态污染物 CEMS 每 3 个月至少进行一次全系统的校准，要求零气和标准气体从监测站房发出，经采样探头末端与样品气体通过的路径一致，进行零点和量程漂移、示值误差和系统响应时间的监测等。

b. 定期维护。需要保证在污染源停运到开始生产前及时到现场清洁光学镜面，定期清洗和维护隔离烟气与光学探头的玻璃视窗和清吹空气保护装置，检查气态污染物 CEMS 过滤器、采样探头和管路的结灰和冷凝水情况、气体冷却部件等，检查流速探头积灰和腐蚀情况、反吹泵和管路工作状态等。

c. 定期校验。有自动校准功能的测试单元每 6 个月至少做一次校验，没有此功能的至少每 3 个月校验一次，用参比方法和 CEMS 同时段数据进行校验比较。

3）手工监测

① 手工监测要求

a. 对于重点管理排污单位主要排放口的氨、甲苯、二甲苯、臭气浓度、恶臭特征污染物、二氧化硫、氮氧化物最低监测频次执行 1 次/季度；对于一般排放口，轮胎制造、橡胶板管带制造、橡胶零件制造、运动场地用塑胶制造和其他橡胶制品制造的炼胶和硫化排气筒的颗粒物和非甲烷总烃最低监测频次执行 1 次/季度，其他排放口及其污染物最低监测频次执行 1 次/半年。

b. 对于简化管理的有组织排放口监测点位，轮胎制造、橡胶板管带制造、橡胶零件制造、运动场地用塑胶制造和其他橡胶制品制造的炼胶和硫化排气筒的非甲烷总烃最低监测频次执行 1 次/半年，其他排放口及其污染物最低监测频次执行 1 次/年。

② 采样位置。采样位置应避开对测试人员操作有危险的场所，优先选择在垂直管段，避开烟道弯头和断面急剧变化的部位。采样口应设置在距弯头、阀门、变径管下游方向不小于 6 倍直径，和距上述部件上游方向不小于 3 倍直径处，如图 8-1 所示。对矩形烟道，其当量直径 $D = 2AB/(A+B)$（A、B 指边长），采样断面的气流速度最好在 5m/s 以上。对于圆形烟道，将烟道分成适当数量的等面积同心环，各测点选在各环等面积中心线与垂直相交的两条直径线的交点上，其中一条直径线应在预测浓度变化最大的平面内。对于矩形或方形烟道，将烟道断面分成适当数量的等面积小块，各块中心即为测点。对于恶臭气体，利用真空瓶采集样品时，采样点位应选择在排气压力为正压或常压点位处。

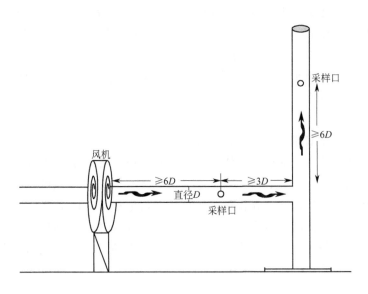

图 8-1　采样口设置示意

测试现场空间位置有限，很难满足上述要求时，可选择比较适宜的管段采样，但采样断面与弯头等的距离应至少是烟道直径的 1.5 倍，并应适当增加测点的数量和采样频次。对于气态污染物，由于混合比较均匀，其采样位置可不受上述规定限制，但应避开涡流区。

采样平台应有足够的工作面积使工作人员安全、方便地操作。平台面积应不小于 $1.5m^2$，并设有 1.1m 高的护栏和不低于 10cm 的脚部挡板，承重应不小于 $200kg/m^2$，采样孔距平台面为 $1.2\sim1.3m$。

③ 监测方法。参照《固定污染源排气中颗粒物测定与气态污染物采样方法》（GB/T 16157）、《固定源废气监测技术规范》（HJ/T 397）、《恶臭污染环境监测技术规范》（HJ 905）等执行。其中，用于恶臭污染废气监测的，连续有组织排放源按照生产周期确定采样频次，样品采集次数不小于 3 次，取其最大测定值；生产周期在 8h 以内的，采样间隔不小于 2h；生产周期大于 8h 的，采样间隔不小于 4h。间歇有组织排放源应在恶臭污染浓度最高时段采样，样品采集次数不少于 3 次，取其最大测定值。

④ 数据记录。监测期间手工监测记录和自动监测运行维护记录按照《排污单位自行监测技术指南　橡胶和塑料制品》（HJ 1207）执行。应同步记录监测期间的生产工况。

（2）无组织废气

重点管理与简化管理排污单位的无组织废气监测均采用手工监测方法，重点管理排污单位监测频次为 1 次/半年，简化管理为 1 次/年。厂界监测点位设置及控制限值与要求应符合《橡胶制品工业污染物排放标准》（GB 27632）、《大气污染物综合排放标准》（GB 16297）、《恶臭污染物排放标准》（GB 14554）、《挥发性有机物无组织排放控制标准》（GB 37822）、《大气污染物无组织排放监测技术导则》（HJ/T 55）、《恶臭污染环境监测技术规范》（HJ 905）等相关规定。

厂区内挥发性有机物无组织排放监测点位设置及控制限值应符合《挥发性有机物无组织排放控制标准》（GB 37822）的相关规定。地方生态环境主管部门可根据当地环境保护需要，对厂区内挥发性有机物无组织排放状况进行监控，具体实施方式由各地自行确定。

① 厂界。根据《大气污染物综合排放标准》（GB 16297）规定，颗粒物监测点设在无组织排放源风向 2～50m 范围内的浓度最高点，相对应的参照点设在排放源上风向 2～50m 范围内；甲苯、二甲苯、非甲烷总烃的监测点设在排污单位周界外 10m 范围内的浓度最高点。按规定监测点最多可设 4 个，参照点只设 1 个。用于恶臭废气监测的，一般设置 3 个点位，根据风向变化情况可适当增加或减少监测点位，连续无组织排放源每 2h 采集一次，共采集 4 次，取其最大测定值；间歇无组织排放源应在恶臭污染浓度最高时段采样，样品采集次数不少于 3 次，取其最大值记录。

② 厂内。根据《挥发性有机物无组织排放控制标准》（GB 37822）规定，对于厂区内 VOCs 无组织排放进行监测时，在厂房门窗或通风口、其他开口（孔）等排放口外 1m，距离地面 1.5m 以上位置处进行监测。若厂房不完整（如有顶无围墙），则在操作工位下风向 1m，距离地面 1.5m 以上位置处进行监测。

厂区内非甲烷总烃（NMHC）任何 1h 平均浓度的监测采用《环境空气　总烃、甲烷和非甲烷总烃的测定　直接进样-气相色谱法》（HJ 604）、《环境空气和废气　总烃、甲烷和非甲烷总烃便携式监测仪技术要求及检测方法》（HJ 1012）规定方法，以连续 1h 采样获取平均值，或在 1h 内以等时间间隔采集 3～4 个样品计算平均值。厂区内 NMHC 任意一次浓度的监测，按便携式监测仪器相关规定执行。

③ 环境空气（敏感点）。若出现企业周边敏感点投诉问题，企业应进行敏感点取样监测，排查导致恶臭投诉的原因。恶臭敏感点的监测采用现场踏勘、调查的方式，确定采样点位。对于水域恶臭监测，若被污染水域靠近岸边，选择该侧岸边为下风向时进行监测，以岸边为周界。关于采样频次，根据现场踏勘、调查确定的时段采样，样品采集次数不少于 3 次，取其最大测定值。

8.1.1.3　废水监测要求

（1）监测方法

废水自动监测参照《氨氮水质在线自动监测仪技术要求及检测方法》（HJ 101）、《水污染源在线监测系统（COD_{Cr}、NH_3-N 等）安装技术规范》（HJ 353）、《水污染源在线监测系统（COD_{Cr}、NH_3-N 等）验收技术规范》（HJ 354）、《水污染源在线监测系统（COD_{Cr}、NH_3-N 等）运行技术规范》（HJ 355）、《水污染源在线监测系统（COD_{Cr}、NH_3-N 等）数据有效性判别技术规范》（HJ 356）、《化学需氧量（COD_{Cr}）水质在线自动监测仪技术要求及检测方法》（HJ 377）执行。

废水手工监测参照《水质采样　样品的保存和管理技术规定》（HJ 493）、《水质　采样方案设计技术规定》（HJ 495）、《污水监测技术规范》（HJ 91.1）等执行。HJ 91.1 规定了监测点位设置在排污单位的总排放口且污水混合均匀的位置，还提出了自行监测采样频次的确定方法，即在正常生产条件下的一个生产周期内进行加密监测：周期在 8h 以内的，每小时采 1 次样；周期大于 8h 的，每 2h 采 1 次样，但每个生产周期采样次数不少于 3 次，采样的同时测定流量。根据加密监测结果，绘制废水污染物排放曲线（浓度-时间、流量-时间、总量-时间），并与所掌握资料对照，如基本一致，即可据此确定企业自行监测的采样频次。

（2）重点管理排污单位

根据《技术规范》和《排污单位自行监测技术指南 橡胶和塑料制品》（HJ 1207）要求，日用及医用橡胶制品排污单位和纳入地方水环境重点排污单位名录的轮胎制造、橡胶板管带制造、橡胶零件制造、运动场地用塑胶制造、其他橡胶制品制造、轮胎翻新排污单位的废水总排放口的流量、pH 值、化学需氧量、氨氮指标实施自动监测，未纳入自动监测的指标最低监测频次执行 1 次/月或 1 次/季度；直接排放的生活污水单独排放口最低监测频次执行 1 次/季度，间接排放的生活污水单独排放口不需监测；雨水排放口按照月或季度进行监测。

（3）简化管理排污单位

针对简化管理排污单位，直接排放的废水排放口最低监测频次执行 1 次/半年；间接排放的厂内综合废水总排放口最低监测频次执行 1 次/年；间接排放的生活污水单独排放口和雨水排放口不需监测。

8.1.2　台账管理

8.1.2.1　档案分类

台账管理可以分为静态管理档案和动态管理档案。台账记录形式应选择"电子台账或纸质台账"，同时备注台账保存期限。

（1）静态管理档案

一般包括企业营业执照复印件，法人机构代码证，法人代表、环保负责人、污染防治设施运营主管等的身份证及工作证复印件（附上联系电话），环保审批文件，排污许可证，污染防治设施设计及验收文件，环保验收监测报告，在线监测（监控）设备验收意见，工业固体废物及危险废物收运合同，危险废物转移审批表，清洁生产审核报告及专家评估验收意见，排污口规范化登记表，生产废水、生活污水、回用水、清净下水管道和生产废水、生活污水、清净下水排放口平面图，环境污染事故应急处理预案以及生态环境部门的其他相关批复文件等。

（2）动态管理档案

一般包括污染防治设施运行台账，原辅材料管理台账，在线监测（监控）系统运行台账，环境监测报告，排污许可证管理制度要求建立的排污单位基本信息记录、生产设施运行管理信息记录、监测信息记录等各种台账记录及执行报告，危险废物管理台账及转移联单，环境执法现场检查记录、检查笔录及调查询问笔录，行政命令、行政处罚、限期整改等相关文书及相关整改凭证等。

8.1.2.2　管理目录清单

（1）项目环评报批及验收资料

① 营业执照；

② 环境影响评价报告书/报告表全本；

③ 环境影响评价报告书/报告表批复文件；

④ 登记表网上备案文件；

⑤ 环境保护设施验收批复、自主验收文件、验收监测（调查）报告。

（2）排污许可证（正、副本）

（3）污染治理设施（包括在线监测设备）运行台账

① 生产废水、废气等污染治理设施设计方案及工艺流程图；

② 污染治理设施运行台账及维护记录（包括运行维护记录、药剂添加记录、活性炭更换记录等台账）；

③ 在线监测设备的安装、验收、使用及定期校验资料。

（4）排污口分布及污染物监测台账

① 排污口规范化设置情况表、排污口标志分布图、排污口标志照片；

② 企业自行监测方案、自行监测报告、重点企业自行监测公开情况。

（5）固体废物产生及处置台账

① 固体废物申报登记表及转移管理联单（通过省固体废物信息管理平台开展固体废物申报登记，严格执行危险废物转移计划报批和转移联单制度）；

② 与有资质单位签订的危险废物处置合同；

③ 危险废物管理台账（包括危险废物产生环节记录表、贮存环节记录表、内部自行利用/处置情况记录表、月度危险废物台账报表等）；

④ 按照标准规范建设的危险废物贮存场所及设置相应警示标志和标签的照片；

⑤ 危险废物应急预案、内部管理制度（危险废物管理组织架构、管理制度、公开制度、培训制度、档案管理制度）。

（6）环境应急管理台账

① 环境应急预案、环境风险评估报告、环境应急资源调查报告以及专家评审意见、生态环境保护部门备案意见；

② 环境应急培训和应急演练方案、照片、总结；

③ 环境安全隐患排查治理档案、环境污染强制责任保险资料。

（7）其他环保管理台账

① 重点企业清洁生产审核报告及验收文件；

② 企业环保管理责任架构图及其他环保管理制度；

③ 生态环境保护部门下达的行政处罚、限期改正通知及整改台账。

8.1.2.3　常见问题举例

问题：①排污单位未记录污染治理设施运行状态，或存在记录不全的问题；记录自动监测设施校验时间与实际操作时间不符，存在未如实记录设施运行、校验情况等问题。

②排污单位在计算排污量时采用的计算方法有误、数据来源不清、数据失真，致使无法准确核算实际排污量，难以判定是否符合许可排放量要求。

案例：某轮胎制造企业未按照《技术规范》要求核算锅炉实际排放量；某日用及医用橡胶制品企业执行报告中核算废水污染物实际排放量时使用废水在线监测年浓度平均值与年流量的乘积，与《技术规范》要求的日平均浓度与日流量的累积值不符。

8.1.3　执行报告

排污许可证执行报告是排污单位对自行监测、污染物排放及落实各项环境管理要求等行为的定期报告。执行报告包括年度执行报告、季度执行报告。企业根据《排污单位环境管理台账及排污许可证执行报告技术规范总则（试行）》（HJ 944）、《技术规范》要求以及地方管理部门要求，提交相应的执行报告。

8.1.3.1　编制流程

编制流程包括资料收集与分析、编制、质量控制、提交四个阶段，如图 8-2 所示。

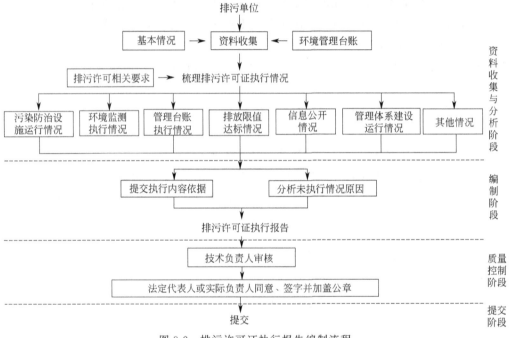

图 8-2　排污许可证执行报告编制流程

① 资料收集与分析阶段：收集排污许可证及申请材料、历史排污许可证执行报告、环境管理台账等相关资料，全面梳理排污单位在报告周期内的执行情况。

② 编制阶段：针对排污许可证执行情况，汇总梳理依证排污的依据，分析违证排污的情形及原因，提出整改计划，在全国排污许可证管理信息平台填报相关内容。

③ 质量控制阶段：开展报告质量审核，确保执行报告内容真实、有效，并经排污单位技术负责人签字确认。

④ 提交阶段：排污单位在全国排污许可证管理信息平台提交电子版执行报告，同时向有排污许可证核发权的生态环境主管部门提交通过平台印制的经排污单位法定代表人或实际负责人签字并加盖公章的书面执行报告。电子版执行报告与书面执行报告应保持一致。

8.1.3.2　编制内容

排污单位应对提交的排污许可证执行报告中各项内容和数据的真实性、有效性负责，并自愿承担相应法律责任；应自觉接受生态环境主管部门监管和社会公众监督，如提交的内容和数据与实际情况不符，应积极配合调查，并依法接受处罚。排污单位应对上述要求做出承诺，并将承诺书纳入执行报告中。

（1）年度执行报告

年度执行报告主要内容包括排污单位基本情况、污染防治设施运行情况、自行监测执行情况、环境管理台账执行情况、实际排放情况及合规判定分析、信息公开情况、排污单位内部环境管理体系建设与运行情况、其他排污许可证规定的内容执行情况、其他需要说明的问题、结论、附图附件等。对于排污单位信息有变化和违证排污等情形，应分析与排污许可证内容的差异，并说明原因。

① 排污单位基本情况

a. 说明排污许可证执行情况，包括排污单位基本信息、产排污节点、污染物及污染防治设施、环境管理要求等。

b. 按照生产单元或主要工艺，分析排污单位的生产状况，说明平均生产负荷、原辅料及燃料使用等情况；说明取水及排水情况；对于报告期内有污染防治投资的，还应说明防治设施建成运行时间、计划总投资、报告周期内累计完成投资等。

c. 说明排放口规范性整改情况（如有）。

d. 说明新（改、扩）建项目环境影响评价及其批复、竣工环境保护验收等情况。

e. 其他需要说明的情况，包括排污许可证变更情况，以及执行过程中遇到的困难、问题等。

② 污染防治设施运行情况

a. 正常情况说明。分别说明有组织废气、无组织废气、废水等污染防治设施的处理效率、药剂添加、催化剂更换、固体废物产生、副产物产生、运行费用等情况，以及污染防治设施运行维护情况。

b. 异常情况说明。排污单位拆除、停运污染防治设施，应说明实施拆除、停运的原因及起止日期等情况，并提供生态环境主管部门同意文件；因故障等紧急情况停运污染防治设施，或污染防治设施运行异常的，排污单位应说明故障原因、故障期间废水废气等污染物排放情况、报告提交情况及采取的应急措施。

c. 如发生污染事故，排污单位应说明发生事故次数、事故等级、事故发生时采取的措施、污染物排放、处理情况等信息。

③ 自行监测执行情况

a. 说明自行监测要求执行情况，并附监测布点图。

b. 对于自动监测，说明是否满足 HJ 75、HJ 76、HJ 353、HJ 354、HJ 355、HJ 356、HJ/T 373 等相关规范要求。说明自动监测系统发生故障时，向生态环境主管部门提交补充监测数据和事故分析报告的情况。

c. 对于手工监测，说明是否满足 GB/T 16157、HJ/T 55、HJ 91.1、HJ/T 373、HJ/T 397 等相关标准与规范要求。

d. 对于非正常工况，说明废气有效监测数据数量、监测结果等。

e. 对于特殊时段，说明废气有效监测数据数量、监测结果等。

f. 对于有周边环境质量监测要求的，说明监测点位、监测指标、监测时间、监测频次、有效监测数据数量、监测结果等内容，并附监测布点图。

g. 对于未开展自行监测、自行监测方案与排污许可证要求不符、监测数据无效等情形，说明原因及采取的措施。

④ 环境管理台账执行情况：说明是否按排污许可证要求记录环境管理台账的情况。

⑤ 实际排放情况及合规判定分析

a. 以自行监测数据为基础，说明各排放口的实际排放浓度范围、有效数据数量等内容。

b. 按照《排污许可证申请与核发技术规范 橡胶和塑料制品工业》，核算排污单位实际排放量，给出计算方法、所用的参数依据来源和计算过程，并与许可排放量进行对比分析。

c. 对于非正常工况，说明发生的原因、次数、起止时间、防治措施等。

d. 对于特殊时段，说明各污染物的排放浓度及达标情况等。

e. 对于大气污染物超标排放，应逐时说明；对于废水污染物超标排放，应逐日说明。说明内容包括排放口、污染物、超标时段、实际排放浓度、超标原因等，以及向生态环境保护主管部门报告及接受处罚的情况。

f. 说明实际排放量与生产负荷之间的关系。

⑥ 排污单位内部环境管理体系建设与运行情况

a. 说明环境管理机构及人员设置情况、环境管理制度建立情况、排污单位环境保护规划、环保措施整改计划等。

b. 说明环境管理体系的实施、相关责任的落实情况。

⑦ 其他排污许可证规定的内容执行情况：说明排污许可证中规定的其他内容执行情况。

⑧ 其他需要说明的问题：对于违证排污的情况，提出相应整改计划。

⑨ 结论：总结排污单位在报告周期内排污许可证执行情况，说明执行过程中存在的问题，以及下一步需进行整改的内容。

（2）季度执行报告

季度执行报告主要包括污染物实际排放浓度和排放量、合规判定分析、超标排放或污染防治设施非正常情况说明等内容，以及各月度生产小时数、主要产品及其产量、主要原辅料及燃料消耗量、新水用量及废水排放量等信息。

8.1.3.3 报告周期

排污单位按照排污许可证规定的时间提交执行报告，应每年提交一次排污许可证年度执行报告；同时，还应依据法律法规、标准等文件的要求，提交季度执行报告。

① 年度执行报告：对于持证时间超过 3 个月的年度，报告周期为当年全年（自然年）；对于持证时间不足 3 个月的年度，当年可不提交年度执行报告，排污许可证执行情况纳入下一年度执行报告。

② 季度执行报告：对于持证时间超过 1 个月的季度，报告周期为当季全季（自然季度）；对于持证时间不足 1 个月的季度，该报告周期内可不提交季度执行报告，排污许可证执行情况纳入下一季度执行报告。

③ 月度执行报告：对于持证时间超过 10 日的月份，报告周期为当月全月（自然月）；对于持证时间不足 10 日的月份，该报告周期内可不提交月度执行报告，排污许可

证执行情况纳入下一月度执行报告。

8.1.4 信息公开

《企业环境信息依法披露管理办法》（生态环境部令 第 24 号）指出，企业是环境信息依法披露的责任主体，企业应当建立健全环境信息依法披露管理制度，规范工作规程、明确工作职责、建立准确的环境信息管理台账、妥善保存相关原始记录、科学统计归集相关环境信息。

具体的，企业需要在全国排污许可证管理信息公开端系统或其他便于公众知晓的方式按照《企业事业单位信息公开办法》等规定进行信息公开；按规定在全国排污许可证管理信息平台上填报自行监测、执行报告内容，并在全国排污许可证管理信息平台上公开；企业需要在生产经营场所方便公众监督的位置悬挂排污许可证正本，并及时公开有关排污信息，主要包括污染物排放浓度、废水排放去向、自行监测结果等，自觉接受公众监督。

8.1.5 延续与变更

《排污许可管理条例》规定，排污许可证有效期为 5 年。排污许可证有效期届满，排污单位需要继续排放污染物的，应当于排污许可证有效期届满 60 日前向审批部门提出延续申请。到期未办理延续的排污许可证视为无效，排污单位继续排污的视为无证排污。

排污单位变更名称、场所、法定代表人或者主要负责人的，应当自变更之日起 30 日内，向审批部门申请办理排污许可证变更手续。

8.2 环境管理部门监管与核查要点

为推进全面实施排污许可制，建立健全以排污许可制为核心的固定污染源环境监管制度体系，生态环境部要求做好"证后"监管，并纳入长效机制，部委要求各地方环境管理部门下企业进行帮扶检查与专业技术指导，帮助企业从源头控制到过程控制再到末端治理全方位发现问题并解决问题，指导企业做好自行监测、建立有效台账记录与执行报告。

2021 年 4 月，生态环境部在《关于加强生态环境监督执法正面清单管理推动差异化执法监管的指导意见》中提出明确要求，环境监管部门要"突出精准治污、科学治污、依法治污，将实施正面清单制度作为支持服务做好'六稳'工作、落实'六保'任务的重要举措，不断深化'放管服'改革，加强事中事后监管，持续优化法制环境。坚持引导企业自觉守法与加强监管执法并重原则，坚持严格规范执法与精准帮扶相结合原则，坚持统一监管标准与差异化监管措施相结合原则。"

2022 年 3 月，生态环境部在关于印发《关于加强排污许可执法监管的指导意见》的通知中要求，到 2023 年年底重点行业实施排污许可清单式执法检查，排污许可日常管理、环境监测、执法监管有效联动，以排污许可制为核心的固定污染源执法监管体系基本形成。到 2025 年年底，排污许可清单式执法检查全覆盖，排污许可执法监管系统化、科学化、法治化、精细化、信息化水平显著提升，以排污许可制为核心的固定污染源执法监管体系全面建立。

2022年4月，生态环境部在《关于印发〈"十四五"环境影响评价与排污许可工作实施方案〉的通知》中明确要求加强排污许可执法监管，构建以排污许可制为核心的固定污染源执法监管体系，强化排污许可证后监管。组织开展排污许可证后管理专项检查，加强对排放污染物种类、许可排放浓度、主要污染物年许可排放量、自行监测、执行报告和台账记录等方面的监督管理，督促排污单位依证履行主体责任。制修订排污许可证质量、台账记录、执行报告监管等技术性文件，印发实施排污许可提质增效行动计划，组织开展排污许可证质量核查，加强执行报告和台账记录检查。落实生态环境损害赔偿制度，对违反排污许可管理要求造成生态环境损害的依法索赔。

本节从环境管理部门角度提出企业核查关键要点，以期为管理部门提供技术支持。具体的，企业核查可以分为"许可证申领"情况检查与"按证排污"情况检查。其中，"许可证申领"是指检查排污单位排污许可证申领情况，"按证排污"是指检查排污许可证规定的许可事项实施情况。排污许可证后监管主要检查内容见图8-3，具体要点如下文所述。

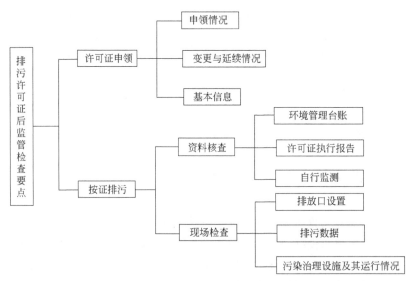

图 8-3　排污许可证后监管主要检查内容

8.2.1　排污许可证申领

排污许可制是生态环境主管部门根据排污单位的申请和承诺，通过发放排污许可证法律文书的形式，依法依规规范和限制排污单位排污行为并明确环境管理要求，依据排污许可证对排污单位实施监管执法的环境管理制度。因此，企业必须按照法律法规要求获得排污资格，持证排污。

8.2.1.1　排污许可证申领情况

检查排污单位是否已申领排污许可证，并且在生产经营场所内方便监督的位置悬挂排污许可证正本。如未申领，根据现行有效的《固定污染源排污许可分类管理名录》进一步核实该排污单位是否属于无证排污。

8.2.1.2　变更与延续情况

对于排污单位有关事项发生变化的，检查是否在规定时间内向审批部门提出变更排污许可证的申请。查看排污许可证是否在有效期内，是否按规定延续排污许可证。

8.2.1.3　基本信息

检查排污单位的名称、注册地址、法定代表人或者主要负责人、技术负责人、生产经营场所地址、行业类别、统一社会信用代码等排污单位基本信息是否与排污许可证中载明的基本信息相符。根据企业性质，检查环评报告、污染物总量分配指标文件等是否齐全。

8.2.1.4　常见问题举例

（1）以欺骗手段取得排污许可证

问题： 故意隐瞒生产工艺中使用的重金属、有毒有害化学物质，以欺骗手段取得排污许可证。

（2）未按照规定开展排污登记

问题： 排污单位未按《固定污染源排污许可分类管理名录（2019 年版）》规定的登记管理要求，在全国排污许可证管理信息平台进行排污登记。

（3）对排污许可制度实施重视不够

问题： 部分持证企业对排污许可管理制度思想认识不到位，重视程度不高，缺乏相关专业环保人员和技术支撑，重申领轻落实，依证排污和落实许可证管理规定有欠缺，过期不换证，未在生产经营场所内方便公众监督的位置悬挂排污许可证正本。

（4）排污许可申报不规范

问题： 部分企业在主要生产设施、污染防治设施、排放口等申报中与现场实际不一致，存在漏报、误报情形。

案例： 某轮胎制造企业在许可证申领时填报废气排放口 10 个，现场核查 11 个；某橡胶手套企业建有烘干机 5 台，与排污许可证申报 2 台不一致；某企业有 3 台生活用锅炉未纳入排污许可证管理。

（5）排污许可证未及时变更

问题： 部分企业未及时增加或调整国家污染物排放控制标准以及未及时更新地方标准等，导致排污许可证变更不及时。

案例： 某企业辅助生产设施存在锅炉，未随锅炉地标变更而及时更新排污许可证。

（6）排污许可证未及时办理延续

问题： 排污单位未按照规定，在排污许可证有效期届满 60 日前向审批部门提出延续申请。

（7）整改措施未按要求落实

问题： 部分被要求改正和限期整改的持证企业未按期完成整改，无证排污。

案例： 某乳胶制品企业污水处理厂未完成恶臭气体达标排放的整改要求；某橡胶板

生产企业未按规定落实废气排放口自动在线监测设施安装。

（8）环评和环保"三同时"制度执行不到位

问题：个别企业仍然存在未批先建、未同步建设污染治理设施、未验先投等环境违法行为。

案例：某轮胎制品公司新增 5 台密炼机项目，未验先投；某轮胎制品公司硫化工艺未安装废气收集和处理设施。

8.2.2　按证排污

8.2.2.1　资料核查

（1）环境管理台账

① 检查内容。检查排污单位是否按照排污许可证中关于环境管理台账记录的要求开展台账记录工作，是否有环境管理台账，环境管理台账是否符合相关规范要求。

主要检查生产设施的基本信息、污染防治设施的基本信息、监测记录信息、运行管理信息和其他环境管理信息等的记录内容、记录频次和记录形式。台账存储形式为电子化或纸质，保存时间不得少于 3 年；记录内容包括企业营业执照复印件，法人机构代码证、法人代表、环保负责人、污染防治设施运营主管等的身份证及工作证复印件，环保审批文件等静态档案，以及原辅材料使用情况、产品产量、危险废物处理情况、与污染物排放相关的主要生产设施运行情况、污染防治设施运行情况及管理信息等动态档案，具体内容详见 8.1.2 部分相关内容。

② 检查方法。现场查阅环境管理台账，对比排污许可证要求，核查台账记录的及时性、完整性、真实性。

③ 常见问题举例

问题：部分企业无环境管理台账，环境管理台账中生产设施、污染防治设施运行记录不完整。

案例：某轮胎公司缺少固体废物处理环境管理台账；某胶板制造企业环境管理台账记录不规范，数据完全一致，存在造假嫌疑。

（2）许可证执行报告

① 检查内容。检查排污单位是否按照排污许可证中关于执行报告的要求开展执行报告编制工作，是否在全国排污许可证管理信息平台提交电子版执行报告，是否向当地生态环境主管部门提交书面执行报告。对于重点管理排污单位，应提交年度执行报告和季度执行报告；对于简化管理排污单位，应提交年度执行报告。

年度执行报告包括排污单位基本情况、污染防治设施运行情况、自行监测执行情况、环境管理台账执行情况、实际排放情况及合规判定分析、信息公开情况、排污单位内部环境管理体系建设与运行情况、其他排污许可证规定的内容执行情况、其他需要说明的问题、结论、附图附件等。季度执行报告应包括污染物实际排放浓度和排放量、合规判定分析、超标排放或污染防治设施非正常情况说明等内容，以及各月度生产小时数、主要产品及其产量、主要原辅料及燃料消耗量、新水用量及废水排放量等信息。具体内容详见 8.1.3。

② 检查方法。在线或现场查阅排污单位执行报告文件及上报记录，核实执行报告中污染物排放浓度、排放量是否真实，是否上传污染物排放量计算过程。

③ 常见问题举例

问题：个别企业没有编制提交排污许可证执行报告，或执行报告频次不够、内容不完整、提交不及时、信息未公开。

案例：某轮胎制造重点企业未填报、未公开 2020 年年度执行报告；某乳胶制品企业未提交 2020 年第三季度、2021 年第二季度执行报告。

（3）自行监测

① 检查内容。检查排污单位是否制定自行监测方案并开展自行监测，以及自行监测的点位、因子、频次是否符合排污许可证要求。具体核查，排污许可证中载明的自行监测方案与相关自行监测技术指南的一致性；排污单位自行监测开展情况与自行监测方案的一致性；自行监测行为与相关监测技术规范要求的符合性，包括自行开展手工监测的规范性、委托监测的合规性和自动监测系统安装和维护的规范性，以及自行监测结果信息公开的及时性和规范性。

根据《关于印发〈2020 年排污单位自行监测帮扶指导方案〉的通知》（环办监测函〔2020〕388 号）相关要求，排污单位自行监测现场评估部分内容如表 8-1 所列。

表 8-1　排污单位自行监测现场评估部分内容

序号	分项内容	单项内容	
1	监测方案制定情况	1. 监测方案的内容是否完整：包括排污单位基本情况、监测点位及示意图、监测指标、执行标准及其限值、监测频次、采样和样品保存方法、监测分析方法和仪器、质量保证与质量控制	
		2. 监测点位及示意图是否完整	
		3. 监测点位数量是否满足自行监测要求	
		4. 监测指标是否满足自行监测的要求	
		5. 监测频次是否满足自行监测的要求	
		6. 执行的排放标准是否正确	
		7. 采样和样品保存方法选择是否合理	
		8. 监测分析方法选择是否合理	
		9. 监测仪器设备（含辅助设备）选择是否合理	
		10. 是否有相应的质控措施（包括空白样、平行样、加标回收或质控样、仪器校准等）	
2	自行监测开展情况	基础考核	1. 排污口是否进行规范化整治，是否设置规范化标识，监测断面及点位设置是否符合相应监测规范要求
			2. 是否对所有监测点位开展监测
			3. 是否对所有监测指标开展监测
			4. 监测频次是否满足要求
		委托手工监测	1. 检测机构的能力项能否满足自行监测指标的要求
			2. 排污单位是否能提供具有 CMA 资质印章的监测报告
			3. 报告质量是否符合要求
			4. 采用的监测分析方法是否符合要求
		排污单位手工自测	1. 采用的监测分析方法是否符合要求
			2. 监测人员是否具有相应能力（如技术培训考核等自认定支撑材料），是否具备开展自行监测所需的采样、分析及质控人员
			3. 实验室设施是否能满足分析基本要求，实验室环境是否满足方法标准要求；是否存在测试区域监测项目相互干扰的情况
			4. 仪器设备档案是否齐全，记录内容是否准确、完整；是否张贴唯一性编号和明确的状态标识；是否存在使用检定期已过期设备的情况

续表

序号	分项内容		单项内容
2	自行监测 开展情况	排污单位 手工自测	5. 是否能提供仪器校验/校准记录；校验/校准是否规范，记录内容是否准确、完整
			6. 是否能提供原始采样记录；采样记录内容是否准确、完整，是否至少2人共同采样和签字；采样时间和频次是否符合规范要求
			7. 是否能提供样品分析原始记录；对原始记录的规范性、完整性、逻辑性进行审核
			8. 是否能提供质控措施记录；记录是否齐全，记录内容是否准确、完整
		废水自动 监测	1. 自动监测设备的安装是否规范；是否符合《水污染源在线监测系统（COD_{Cr}、NH_3-N等）安装技术规范》（HJ 353—2019）等的规定，采样管线长度应不超过50m，流量计是否校准
			2. 水质自动采样单元是否符合《水污染源在线监测系统（COD_{Cr}、NH_3-N等）安装技术规范》（HJ 353—2019）等规范要求，应具有采集瞬时水样和混合水样、混匀及暂存水样、自动润洗、排空混匀桶及留样等功能
			3. 监测站房应不小于$15m^2$，应做到专室专用，房内应有合格的给、排水设施，应有空调和冬季采暖设备、温湿度计、灭火设备等
			4. 设备使用和维护保养记录是否齐全，记录内容是否完整
			5. 是否定期进行巡检并做好相关记录，记录内容是否完整
			6. 是否定期进行校准、校验并做好相关记录，记录内容是否完整；核对校验记录结果和现场端数据库中记录是否一致
			7. 标准物质和易耗品是否满足日常运维要求，是否定期更换、是否在有效期内，并做好相关记录，记录内容是否清晰、完整
			8. 设备故障状况及处理是否做好相关记录，记录内容是否清晰、完整
			9. 对缺失、异常数据是否及时记录，记录内容是否完整
			10. 核对标准曲线系数、消解温度和时间等仪器设置参数是否与验收调试报告一致
		废气自动 监测	1. 自动监测设备的安装是否规范；是否符合《固定污染源烟气（SO_2、NO_x、颗粒物）排放连续监测技术规范》（HJ 75—2017）的规定，采样管线长度原则上不超过70m，不得有"U"形管路存在
			2. 自动监测点位设置是否符合《固定污染源烟气（SO_2、NO_x、颗粒物）排放连续监测技术规范》（HJ 75—2017）等规范要求，手工监测采样点是否与自动监测设备采样探头的安装位置吻合
			3. 监测站房是否满足要求，是否有空调、温湿度计、灭火设备、稳压电源、UPS电源等；监测站房应配备不同浓度的有证标准气体，且在有效期内，标准气体一般包含零气和自动监测设备测量的各种气体（SO_2、NO_x、O_2）的量程标气
			4. 设备使用和维护保养记录是否齐全，记录内容是否完整
			5. 是否定期进行巡检并做好相关记录，记录内容是否完整
			6. 是否定期进行校准、校验并做好相关记录，记录内容是否完整；核对校验记录结果和现场端数据库中记录是否一致
			7. 标准物质和易耗品是否满足日常运维要求，是否定期更换、是否在有效期内，并做好相关记录，记录内容是否清晰、完整
			8. 设备故障状况及处理是否做好相关记录，记录内容是否清晰、完整
			9. 对缺失、异常数据是否及时记录，记录内容是否完整
			10. 自动监测设备伴热管线设置温度、冷凝器设置温度、皮托管系数、速度场系数、颗粒物回归方程等仪器设置参数是否与验收调试报告一致，量程设置是否合理
3	信息公开 情况		1. 自行监测信息是否按要求公开（自行监测方案、自行监测结果等）
			2. 公开的排污单位基本信息是否与实际情况一致
			3. 公开的监测结果是否与监测报告（原始记录）一致
			4. 监测结果公开是否及时
			5. 监测结果公开是否完整（包括全部监测点位、监测时间、污染物种类及浓度、标准限值、达标情况、超标倍数、污染物排放方式及排放去向、未开展自行监测的原因、污染源监测年度报告等）

② 检查方法。主要包括监测情况与监测方案的一致性、监测频次是否满足许可证

要求、监测结果是否达标等。

现场检查主要为资料检查，包括自动监测、手工监测记录，环境管理台账，自动监测设施的比对、验收等文件。对于自动监测设施，可现场查看运行情况、标准气体有效期限等。

③ 常见问题举例

问题：a. 未按排污许可证规定制定自行监测方案并开展自行监测及信息公开。排污许可证明确要求排污单位定期对废气、废水开展自行监测，但排污单位未按照排污许可证的规定制定自行监测方案并开展自行监测，也未按照排污许可证规定公开污染物排放信息。

b. 自行监测方案质控措施不规范、监测方案内容不完整（如缺少监测点位示意图）、监测指标不满足自行监测指南要求（如缺少雨水和废气监测指标等）、监测分析方法选择不合理（如未采用国家或行业标准分析方法）。

c. 自行监测结果公开不完整（如缺少污染物排放方式和排放去向、缺少未开展自行监测的原因、未公开污染源监测年度报告等）、公开的监测结果和监测报告不一致。

d. 手工监测的采样、交接、分析记录等不规范、不完整，质控措施记录内容不准确、不完整，仪器设备档案不齐全，未张贴唯一性编号和明确的状态标识，使用鉴定期已过期设备，自动监测的异常数据未及时记录、记录内容不完整，缺乏设备故障状况及处理相关记录。

案例：某轮胎制造公司废气在线监测设备晚间数据异常，存在不采样监测问题；某橡胶管制造企业在线监测设备管路未开启加热功能导致监测数据偏小，监测设备无定期校验记录，标准曲线量程与实际数据不符；某橡胶小制品企业未按要求监测厂界氨、硫化氢、臭气浓度等恶臭指标。

8.2.2.2　现场检查

现场检查环节主要包括排放口设置检查、排污数据核实、污染治理及治理设施运行情况调查，详见表 8-2。

表 8-2　橡胶制品企业排污许可证废气现场执法检查要点清单

检查环节		检查要点
排放口设置检查	排放口合规性检查	废气、废水的主要排放口、一般排放口基本情况,包括排放口地理坐标、数量、内径、高度与排放污染物种类等与许可要求的一致性,排放口设置的规范性等
排污数据核实	排放浓度与许可浓度一致性检查	采用的废气治理设施与排污许可登记事项的一致性;各主要排放口和一般排放口颗粒物、非甲烷总烃、甲苯、二甲苯、臭气浓度、恶臭特征污染物、二氧化硫、氮氧化物、化学需氧量、氨氮等污染物排放浓度是否低于许可排放限值
	实际排放量与许可排放量一致性检查	颗粒物、化学需氧量、氨氮的实际排放量是否符合年许可排放量的要求
	自行监测情况检查	废气和废水自行监测的执行情况,以及废气自行监测点位、因子、频次是否符合排污许可证要求
污染治理及治理设施运行情况调查	治理设施运行及维护情况检查	是否存在违规搭建旁路导致直排情况,治理设施是否正常运行,故障、检修等非正常情况对应台账是否记录详实等

（1）排放口设置

现场核实废气排放口（主要排放口和一般排放口）地理位置、数量、内径、高度与排放污染物种类等与许可要求的一致性。根据《排污口规范化整治技术要求（试行）》（环监〔1996〕470号）等国家和地方相关文件要求，检查废气排放口、采样口、环境保护图形标志牌、排污口标志登记证是否符合规范要求。如排气筒应设置便于采样、监测的采样口，采样口的设置应符合相关监测技术规范的要求；排污单位应按照《环境保护图形标志—排放口（源）》（GB 15562.1—1995）的规定，设置与之相适应的环境保护图形标志牌等，废气、废水监测标志牌如图8-4所示。

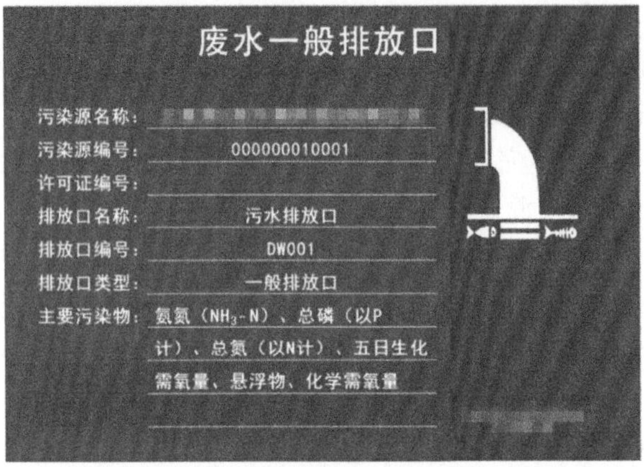

(a) 废水

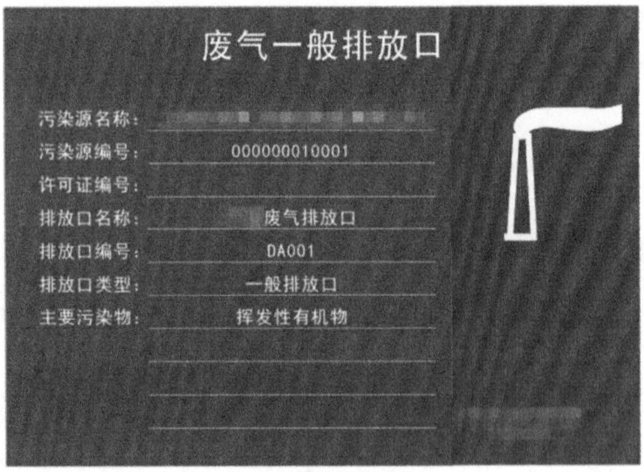

(b) 废气

图8-4　废气、废水监测标志牌

对于橡胶企业废水排放口，监管部门需要就设置位置、测流段规范性设置等方面进行检查，具体要求如下：排放口一般设在厂内或厂围墙（界）外不超过10m处，环境保护图形标志应设置在排放口旁醒目处。设置规范的便于测流量、流速的测流段。一般要求排污口设置成矩形、圆管形或梯形，水深不小于0.1m，流速不小于0.05m/s。测流段直线长度应是其水面宽度的6倍以上，最小1.5倍以上，并安装计量装置。

对于橡胶企业废气有组织排放口，监管部门需要就排气筒设置等方面进行检查，具体要求如下：排气筒高度应符合国家和地方污染物排放标准的有关规定，一般情况下，要求排气筒高度应不低于 15m；一些标准还要求排气筒应高出周围 200m 半径范围内的最高建筑物 3m 或 5m 以上。排气筒应设置便于采样、监测的采样口和采样监测平台。采集颗粒物、非甲烷总烃的位置应设在管道气流平稳段，并优先考虑垂直管道。采样口位置原则上设在距弯头、阀门和其他变径管道下游方向大于 6 倍直径处，上游方向大于 3 倍直径处，最低不小于 1.5 倍直径处，采样口径一般不小于 75mm。

（2）排污数据

通过执法监测、核查台账记录和自动监测数据以及其他监控手段，核实排污数据和执行报告的真实性；根据现场记录数据判定许可排放浓度和许可排放量的符合情况，核实各主要排放口和一般排放口颗粒物、非甲烷总烃、甲苯、二甲苯、臭气浓度、恶臭特征污染物、二氧化硫、氮氧化物、化学需氧量、氨氮等污染物浓度是否低于许可限值要求。排放浓度以资料核查为主，通过登录在线检测系统查看废气排放口自动检测数据，结合执法监测数据、自行监测数据进一步判断排放口的达标情况。

实际排放量为正常和非正常排放量之和。根据检查获取的废气排放口有效自动监测数据，计算重点排污单位主要废气和废水排放口的颗粒物、化学需氧量、氨氮实际排放量，进一步判断是否满足年许可排放量要求。在检查过程中，对于应采用自动监测的排放口或污染物而未采用的企业，采用物料衡算法或产排污系数法核算污染物的实际排放量，且均按直接排放进行核算。橡胶制品行业排污单位如含有适用其他行业排污许可技术规范的生产设施，大气污染物的实际排放量为涉及各行业生产设施实际排放量之和。

（3）污染治理设施及其运行情况

① 污染治理设施。以核发的排污许可证为基础，现场核实废气和废水治理设施是否与登记事项一致，名称、工艺、设施参数等必须符合排污许可证的登记内容。对治理设施是否属于污染防治可行技术进行检查，利用可行技术判断企业是否具备符合规定的污染防治设施或污染物处理能力。在检查过程中发现废气治理设施不属于可行技术的，需在后续的执法中关注排污情况，重点对达标情况进行检查。

② 污染治理设施运行情况。查看排气筒的烟气温度判断旁路是否完全关闭；查阅等离子管、活性炭、催化剂等的使用台账，核实使用量、更换频次是否合理，更换后的等离子管、活性炭、催化剂等是否处理妥当并进行相关记录；查阅中控系统或台账等工作记录，检查静电除尘电流、电压是否正常，以及布袋除尘器压差等数据是否有异常波动及其原因，判断设施是否正常运行；检查无组织管控措施是否符合规定，各工艺集气罩废气收集是否正常运行、设置是否合理；检查车间内能见度和异味污染情况等；检查有无废水偷排问题，废水处理设施有无正常开启，是否设置雨水排放口等；检查废水监测记录，确定监测频次和监测指标是否符合标准要求。

（4）常见问题举例

① 排污口设置不规范

问题：部分企业排污口设置不满足《排污口规范化整治技术要求（试行）》或排污单位执行的排放标准中有关排放口设置的规定。

案例：某轮胎企业活性炭吸收排气筒高度不足 15m；某轮胎企业硫化车间集气罩与硫化罐相距 1.5m，基本属于无效收集，且废气收集管道与集气罩断开；某乳胶制品企业废水排放口标识上的污染物种类未填写。

② 采样监测口设置不规范

问题：部分企业采样口设置不规范；采样平台过窄；超过 2m 的采样平台仅设置垂直爬梯。

案例：某轮胎企业采样口位置设置在弯道处，采样平台宽度不足 50cm；某轮胎企业采样平台距地面高度超过 2m，爬梯宽度设置窄且为直梯。

③ 存在超标超总量排污现象

问题：个别企业提标改造滞后、治污设施不完善、生产管控措施不到位而导致超标排放现象发生。

案例：某轮胎制造企业胶浆车间非甲烷总烃超标排放；某乳胶制品企业提标改造进展缓慢，废水超标现象比较严重。

④ 污染治理设施不正常运行或通过逃避监管方式排放污染物

问题：个别企业通过不正常运行污染防治设施、渗坑、暗管等方式直接排放污染物。

案例：某橡胶制品企业开模机附近无集气设施；某轮胎制品企业上料设施及转运设备无集尘设施，落料口对应布袋除尘器反吹异常，废气治理管路存在旁路，存在直接排放问题；某轮胎制品企业车间废水通过内设沟渠排放至生活污水下水道。

附录

_____年自行监测方案

单位名称：
编制时间：

一、排污单位概况

（一）排污单位基本情况介绍

介绍排污单位的地理位置、占地面积、职工总数、行业类别、污染类别、主要产品名称、生产规模、设计生产能力、实际生产能力等，介绍投入生产时间、各条生产线的环评审批及竣工验收情况以及其他环保手续的履行情况。

（二）生产工艺简述

简要介绍实际各生产线产品及工艺流程，并附工艺流程图。

（三）污染物产生、治理和排放情况

按照废气、废水、噪声、固体废物、危险废物、重金属污染物等类别分别介绍排污单位实际污染物产生、治理及排放状况，内容包括：a. 排污单位各类污染物产生的污染源名称、方式；b. 排污单位各类污染物处理处置措施及设施建设情况，包括处理工艺、处理能力及设施数量等；c. 排污单位各类污染物的排放方式、排放口数量、排放口编号、排气筒高度等；d. 说明实际建设与环评相比规模、生产及环保设施等有变更的情况，并说明变更原因。

二、排污单位自行监测开展情况简介

（一）编制依据

① 依据《XX市XX年重点排污单位名录》，说明本单位属重点或非重点排污单位；依据《固定污染源排许可分类管理名录（2019年版）》，说明本单位为重点管理或简化管理单位。

② 说明编制自行监测方案依据的排污单位自行监测技术指南或排污许可证申请与核发技术规范。

（二）监测手段和开展方式

为履行排污单位自行监测的职责拟采取的污染物（废气、废水、噪声、固体废物）自行监测手段及开展方式：自行监测手段为手工监测、自动监测或手工监测和自动监测相结合三种，应说明哪些项目是自动监测，哪些项目是手工监测，其中针对某一种污染物，只能采用手工监测或自动监测中的一种手段；开展方式为自承担监测、委托监测或自承担和委托监测相结合，应说明哪些项目是自承担监测，哪些项目是委托监测。如更改监测手段或开展方式，需重新编制自行监测方案。

（三）在线自动监测情况

已安装自动在线监测设备并采用该数据作为自行监测数据的排污单位，应说明监测设备名称、型号、数量，及监测项目、与生态环境主管部门联网和验收情况、运维情况等。自动在线监测设备汇总见表1。

表1　自动在线监测设备汇总

序号	监测点位	监测项目	监测设备名称、型号	设备厂家	是否联网	是否验收	运营商

（四）实验室建设情况

自承担监测的排污单位应介绍实验室设施条件、仪器设备、自行监测机构通过检验检测机构资质认定情况或对监测业务能力自行认定情况、为监测技术人员自行发证及人员持证上岗情况、能够开展的监测项目、质量管理情况等。

三、手工监测内容

根据排污单位污染类型制定相应污染物的监测方案，以下是各类污染物监测方案范本，各排污单位根据自身开展情况选择参考。

（一）废气监测

1. 废气监测内容

介绍废气主要排放源、废气排放口数量。监测点位、监测项目及监测频次等，详见表2。

表 2　废气污染源监测内容一览表

序号	污染源类型	污染源名称	监测点位	监测项目	监测频次	样品个数	测试要求	排放方式和排放去向
1	固定源废气	1♯生产线	排气筒上	颗粒物、非甲烷总烃……	按自行监测技术指南或排污许可证申请与核发技术规范要求填写，如每年一次、每天一次、每季度一次等	每次非连续采样至少3个	同步记录工况、生产负荷、烟气参数等	集中排放，环境空气
2						……		
…								
	无组织废气		厂界外下风向4个监控点	非甲烷总烃……			同步记录风速、风向、气温、气压等	无组织排放，环境空气

2. 废气监测点位示意图

固定源废气监测点位示意图应画出污染源、处理设施、监测点位置、管道尺寸及监测点至上下游距离，监测点位用◎表示。无组织废气监测点位示意图应在厂区平面布置图上标注，点位必须标识清楚，监测点位用○表示。需附图。

3. 废气监测方法及使用仪器

大气污染物监测方法及使用仪器情况见表3。

表 3　大气污染物监测方法及使用仪器一览表

序号	监测项目	采样方法及依据	样品保存方法	分析方法及依据	检出限	仪器设备名称和型号	备注
1	非甲烷总烃			《固定污染源废气总烃、甲烷和非甲烷总烃的测定　气相色谱法》（HJ 38—2017）			
	……						
	无组织颗粒物	《大气污染物无组织排放监测技术导则》（HJ/T 55—2000）					

（二）废水监测

1. 废水监测内容

介绍主要废水污染源、废水排污口数量。监测点位、监测项目及监测频次见表4。

表4　废水污染源监测内容一览表

序号	监测点位	监测项目	监测频次	样品个数	排放方式和排放去向
1		化学需氧量	按自行监测技术指南或排污许可证申请与核发技术规范要求填写，如每年一次、每季度一次等	每次非连续采样至少3个	
2		氨氮			
		……			

2. 废水监测点位示意图

在厂区平面布置图上标注清楚废水监测点位。点位必须标识清楚，监测点位用★表示。需附图。

3. 废水监测方法及使用仪器

废水污染物监测方法及使用仪器情况见表5。

表5　废水污染物监测方法及使用仪器一览表

序号	分析项目	采样方法及依据	样品保存方法	分析方法及依据	检出限	仪器设备名称和型号	备注
1	化学需氧量						
2	氨氮						
3	……						

（三）排污单位周边环境质量监测

1. 监测内容

对于排污单位周边环境质量监测，环境影响评价报告书（表）及其批复和其他环境管理有要求的，排污单位应根据要求监测周边的环境空气、地表水、地下水、土壤；环境影响评价报告书（表）及其批复和其他环境管理没有要求的，排污单位应根据实际情况开展环境空气、地表水、地下水、土壤监测。监测点位、监测项目、监测频次见表6。

表6　排污单位周边环境质量监测内容一览表

监测类别	监测点位	监测项目	监测频次
环境空气	1#	臭气浓度、非甲烷总烃……	
	2#		
	3#		
	……		
地表水	1#	pH值、化学需氧量、生化需氧量、悬浮物、氨氮、流量……	
	2#		
	……		
	2#		
	……		

2. 监测点位示意图

在平面布置图上标注清楚监测点位。点位必须标识清楚，环境空气监测点用●表示，地表水、地下水用☆表示，敏感点噪声用△表示，土壤用□表示。需附图。

3. 监测方法及使用仪器

排污单位周边环境质量监测的监测方法及使用仪器情况见表7。

表7 排污单位周边环境质量监测的监测方法及使用仪器一览表

序号	监测类别	监测项目	采样方法及依据	样品保存方法	分析方法及依据	监测仪器名称和型号	备注
1	环境空气	臭气浓度			《空气质量 恶臭的测定 三点比较式臭袋法》(GB/T 14675—1993)		
		……					
2	地表水	pH 值			《水质 pH 值的测定 玻璃电极法》(GB 6920—86)		
		……					

（四）手工监测质量保证

① 机构和人员要求：排污单位对自行监测机构监测业务能力自认定情况，排污单位对自行监测机构人员上岗考核情况及人员持证上岗情况；接受委托的监测机构通过当地检验检测机构资质认定并在有效期内。

② 监测分析方法要求：采用国家标准方法、行业标准方法或生态环境部推荐方法。

③ 仪器要求：所有监测仪器、量具均经过质检部门检定合格并在有效期内使用，按规范定期校准。

④ 环境空气、废气监测要求：按照《环境空气质量手工监测技术规范》(HJ 194—2017)、《固定源废气监测技术规范》(HJ/T 397—2007)、《固定污染源监测质量保证与质量控制技术规范（试行）》(HJ/T 373—2007) 和《大气污染物无组织排放监测技术导则》(HJ/T 55—2000) 等相关标准及规范的要求进行，按规范要求每次监测增加空白样、平行样、加标回收或质控样等质控措施。

⑤ 水质监测分析要求：水样的采集、运输、保存、实验室分析和数据处理按照《地表水和污水监测技术规范》(HJ/T 91—2002)、《地下水环境监测技术规范》(HJ/T 164—2020) 和《固定污染源监测质量保证与质量控制技术规范（试行）》(HJ/T 373—2007) 等相关标准及规范的要求进行，按规范要求每次监测增加空白样、平行样、加标回收或质控样等质控措施。

⑥ 记录报告要求：现场监测和实验室分析原始记录应详细、准确，不得随意涂改。监测数据和报告经"三校""三审"。

四、自动监测方案

（一）自动监测内容

自动监测内容见表8。

表8 自动监测内容一览表

序号	自动监测类别	监测项目	安装位置	监测频次	联网情况	是否验收
1	废气	颗粒物				
		非甲烷总烃				
		……				
		……		全天连续监测		
2	废水	化学需氧量				
		氨氮				
		流量				
		……				

（二）自动监测质量保证

① 运维要求：如委托运维，应说明由哪家运维商负责运行和维护。

② 废气污染物自动监测要求：按照《固定污染源烟气（SO_2、NO_x、颗粒物）排放连续监测技术规范》（HJ 75—2017）和《固定污染源烟气（SO_2、NO_x、颗粒物）排放连续监测系统技术要求及检测方法》（HJ 76—2017）对自动监测设备进行校准与维护。

③ 废水污染物自动监测要求：按照《水污染源在线监测系统（COD_{Cr}、$NH_3\text{-}N$ 等）运行技术规范（试行）》（HJ 355—2019）和《水污染源在线监测系统（COD_{Cr}、$NH_3\text{-}N$ 等）数据有效性判别技术规范》（HJ 356—2019）对自动监测设备进行各类比对、校验和维护。

④ 记录要求：自动监测设备运维记录、各类原始记录内容应完整并有相关人员签字，至少保存 3 年。

五、执行标准

各类污染物排放执行标准见表 9。

表 9　污染物排放执行标准

污染源类型	序号	污染源名称	标准名称	监测项目	标准限值	确定依据
固定源 废气	1			二氧化硫		
	2			氮氧化物		
	3			颗粒物		
	……			……		填写环评中要求的执行标准、竣工验收执行标准或现行标准
无组织 废气	1			颗粒物		
	2			……		
废水	1	生产废水		化学需氧量		
		生活污水		……		
		……				
环境空气						

六、委托监测

排污单位如果不具备手工监测项目的自行监测能力，可委托通过当地检验检测资质认定的社会检（监）测机构代为开展监测。

委托监测协议应与自行监测方案一同报生态环境部门备案。委托监测协议后应附检验检测机构资质认定证书及附表等证明材料。

七、信息记录和报告

（一）信息记录

1. 手工监测的记录

① 采样记录：采样日期、采样时间、采样点位、混合取样的样品数量、采样器名称、采样人姓名等。

② 样品保存和交接：样品保存方式、样品传输交接记录。

③ 样品分析记录：分析日期、样品处理方式、分析方法、质控措施、分析结果、分析人姓名等。

④ 质控记录：质控结果报告单。

2. 自动监测运维记录

包括自动监测系统运行状况、系统辅助设备运行状况、系统校准和校验工作等；仪器说明书及相关标准规范中规定的其他检查项目；校准、维护保养、维修记录等。

3. 生产设施和污染治理设施运行状况

记录监测期间排污单位各主要生产设施运行状况（包括停机、启动情况）、产品产量、主要原辅料使用量、取水量、主要燃料消耗量、燃料主要成分、污染治理设施主要运行状态参数、污染治理主要药剂消耗情况等。日常生产中上述信息也需整理成台账保存备查。

4. 固体废物（危险废物）产生与处理状况

记录监测期间各类固体废物和危险废物的产生量、综合利用量、处置量、贮存量、倾倒丢弃量，危险废物还应详细记录其具体去向。

（二）信息报告

排污单位应编写自行监测年度报告，年度报告至少应包含以下内容：

① 监测方案的调整变化情况及变更原因；

② 排污单位各主要生产设施全年运行天数，各监测点、各 监测指标全年监测次数、超标情况、浓度分布情况；

③ 按要求开展的周边环境质量影响状况监测结果；

④ 自行监测开展的其他情况说明；

⑤ 排污单位实现达标排放所采取的主要措施。

八、自行监测信息公布

（一）公布方式

① 排污单位应按要求及时向生态环境主管部门报送自行监测信息，并在生态环境主管部门网站向社会公布自行监测信息。

② 排污单位通过本单位对外网站或报纸、广播、电视、厂区外的电子屏幕等便于公众知晓的方式公开自行监测信息（需确定其中一种方式）。

（二）公布内容

① 基础信息：排污单位名称、法定代表人、所属行业类别、地理位置、生产周期、联系方式、委托监测机构名称等；

② 自行监测方案（排污单位基础信息、自行监测内容如有变更，应重新编制自行监测方案，报生态环境主管部门备案并重新公布）；

③ 自行监测结果：全部监测点位、监测时间、污染物种类及浓度、标准限值、达标情况、超标倍数、污染物排放方式及排放去向；

④ 未开展自行监测的原因；

⑤ 自行监测年度报告；

⑥ 其他需要公布的内容。

（三）公布时限

① 手工监测数据应于每次监测完成后的次日公布，公布日期不得跨越监测周期；

② 自动监测数据应实时公布，其中，废水自动监测设备产生的数据为每 2 小时均值，废气自动监测设备产生的数据为每 1 小时均值。

参考文献

［1］ 国务院办公厅．关于印发控制污染物排放许可制实施方案的通知:国办发［2016］81 号［A］．2016-11-21.

［2］ 环境保护部办公厅．关于做好环境影响评价制度与排污许可制衔接相关工作通知:环办环评［2017］84 号［A/OL］．2017-11-15. http:∥www. mee. gov. cn/gkml/hbb/bgt/201711/t20171122_426716. html.

［3］ 生态环境部．固定污染源排污许可分类管理名录(2019 年版):生态环境部令［2019］第 11 号［A/OL］．2019-12-20. http:∥www. mee. gov. cn/xxgk2018/xxgk/xxgk02/202001/t20200103_757178. html.

［4］ 生态环境部办公厅．关于印发《固定污染源排污登记工作指南(试行)》的通知:环办环评函［2020］9 号［A/OL］．2020-01-06. http:∥www. mee. gov. cn/xxgk2018/xxgk/xxgk06/202001/t20200107_757946. html.

［5］ 生态环境部．2018—2020 年全国恶臭/异味污染投诉情况分析［A/OL］．https:∥www. mee. gov. cn/xxgk2018/xxgk/sthjbsh/202108/t20210802_853623. html.

［6］ 徐伟敏．《加拿大环境保护法》(1999)介评——兼论我国环境基本法的完善［C］．2001 年环境资源法学国际研讨会，2001.

［7］ 王海燕,吴江丽,钱小平,等．欧盟综合污染预防与控制(IPPC)指令简介及对我国水污染物排放标准体系建设的启示［C］．环境安全与生态学基准/标准国际研讨会、中国环境科学学会环境标准与基准专业委员会 2013 年学术研讨会、中国毒理学会环境与生态毒理学专业委员会第三届学术研讨会．

［8］ 陈果．我国排污许可管理制度立法研究［D］．长沙:湖南师范大学,2020.

［9］ 孙田田．我国环境影响评价制度与排污许可制度衔接研究［D］．武汉:武汉大学,2020.

［10］ 郑翔如．我国排污许可管理制度法律问题研究［D］．南宁:广西大学,2020.

［11］ 郑永祥,樊敬鹏．橡胶行业硫化烟气治理技术的探讨［J］．化工劳动保护,2000,21(9):311-313.

［12］ 薛志钢,郝吉明,陈复,柴发合．国外大气污染控制经验［J］．重庆环境科学,2003(11):159-161, 183.

［13］ 秦虎,张建宇．以《清洁空气法》为例简析美国环境管理体系［J］．环境科学研究,2005(04):55-62, 111.

［14］ 张芝兰．橡胶制品生产过程中有机废气的排放系数［J］．橡胶工业,2006,53(11):682-683.

［15］ 宋国君,沈玉欢．美国水污染物排放许可体系研究［J］．环境与可持续发展,2006(04):20-23.

［16］ 徐亚男．排污许可证制度在总量控制工作中的思考［J］．环境与可持续发展,2010,35(04):46-47.

［17］ 王之晖,宋乾武,冯昊,等．欧盟最佳可行技术(BAT)实施经验及其启示［J］．环境工程技术学报,2013,3(03):266-271.

［18］ 韩博,吴建会,王凤炜,等．典型工业恶臭源恶臭排放特征研究［J］．中国环境科学,2013,33(3):416-422.

［19］ 王志芳,曲云欢．中瑞排污许可证制度比较研究［J］．环境污染与防治,2013,35(05):101-104.

［20］ 郑祥远,周碧冰．二级 AO 工艺处理 PU 合成革高有机氮废水［J］．中国给水排水,2016,32(18):73-76.

［21］ 施晓亮,吴高强,郑磊,等．橡胶制品生产过程中废气污染物的排放系数［J］．橡胶工业,2016,63(2):123-127.

［22］ 张建宇．美国排污许可制度管理经验:以水污染控制许可证为例［J］．环境影响评价,2016(38):23-26.

［23］ 纪志博,王文杰,刘孝富,等．排污许可证发展趋势及我国排污许可设计思路［J］．环境工程技术学报,2016,6(04):323-330.

［24］ 朱永康．世界橡胶消费量及产量排名分析［J］．中国橡胶,2017(9):29-33.

［25］ 陈吉宁．坚持问题导向推进环保领域改革［J］．紫光阁,2017(5):55-56.

［26］ 王淑梅,荣丽丽,于杨．国外排污许可证管理的经验与启示［J］．油气田环境保护,2017,27(02):1-5, 60.

［27］ 栾志强,王喜芹,郝郑平,等. 有机废气治理行业 2017 年发展综述［J］. 中国环保产业,2018(6):13-24.

［28］ 司雷霆,王浩,何泓,等. 山西省再生橡胶行业的现状及发展方向［J］. 橡胶工业,2019,9(66):712-715.

［29］ 王浩,袁进,解磊,等. 再生橡胶生产排放的大气污染物特征研究［J］. 橡胶工业,2019,66(10):790-794.

［30］ 王博. 橡胶行业挥发性有机废气处理工艺综述［J］. 橡塑技术与装备,2020,46(11):36-39.

［31］ 姚群,宋七棣,陈志炜. 2019 年袋式除尘行业发展评述及展望［J］. 中国环保产业,2020(02):19-22.

［32］ 林业星,沙克昌,王静,等. 国外排污许可制度实践经验与启示［J］. 环境影响评价,2020,42(01):14-18.

［33］ 张君臣. 环境影响评价排污许可、环保验收三项环保制度比较分析［J］. 世界环境,2020(06):60-62.

［34］ 闫昱程,高雪莹,郭利利,等. 某再生橡胶厂工艺过程 VOCs 排放特征研究［J］. 太原科技大学学报,2020,41
(2):100-110.

［35］ 邹世英,杜蕴慧,柴西龙,等. 排污许可制度改革进展及展望［J］. 环境影响评价,2020,42(02):1-5.

［36］ 王新娟,肖洋,王国锋,等. 排污许可制下污染物总量控制及实际案例分析［J］. 环境保护科学,2020(5):
30-34.

［37］ 王亚琼,王颖,张怡悦,等. 美德排污许可证合规管理经验启示［J］. 环境影响评价,2020,42(02):35-39.

［38］ 郭瑶帅. 瑞典环境法法典化对我国的启示［J］. 环境与发展,2020,32(02):1-3.

［39］ 贺蓉,徐祥民,王彬,等. 我国排污许可制度立法的三十年历程——兼谈《排污许可管理条例》的目标任务
［J］. 环境与可持续发展,2020,45(01):90-94.

［40］ 曲迪,杨轶博,郑美佳,等. 排污许可制度与环境影响评价等制度的有效衔接［J］. 当代化工研究,2020
(21):97-98.

［41］ 王亚男. 建立"环评-许可-执法"一体化生态环境管理体系:重点、难点与体系设计［J］. 环境与可持续发
展,2021,46(01):15-19.

［42］ 翟美丹,米俊锋,马文鑫,等. 静电除尘技术及其影响因素的发展现状［J］. 应用化学,2021,50(9):
2572-2577.

［43］ 刘志全. 完善排污许可制度体系,全面服务生态环境质量改善［J］. 环境与可持续发展,2021,46(01):
11-14.

［44］ 刘磊,韩力强,李继文,等. "十四五"环境影响评价与排污许可改革形势分析和展望［J］. 环境影响评价,
2021,43(01):1-6.

［45］ 柳静献,毛宁,孙熙,等. 我国袋式除尘技术历史、现状与发展趋势综述［J］. 中国环保产业,2022(01):
47-58.

［46］ Flynn P. COUNCIL DIRECTIVE of 7 June 1990 on the freedom of access to information on the environment
［J］. Journal of Environmental Law,1990,2:291-293.

［47］ Gaba J M. Generally Illegal:NPDES General Permits under the Clean Water Act［J］. Harvard Environmen-
tal Law Review,2007,31,413.

［48］ Karavanas A,Chaloulakou A,Spyrellis N. Evaluation of the implementation of best available techniques in
IPPC context:an environmental performance indicators approach［J］. Journal of Cleaner Production,2009,
17(4):480-486.

［49］ Ancev T,Betz R,Contreras Z. The New South Wales load based licensing scheme for NO$_x$:Lessons learnt
after a decade of operation［J］. Ecological Economics,2012,80:70-78.

［50］ Bachmann T M,Kamp J. Environmental Cost-Benefit Analysis and the EU Industrial Emissions Directive:
comparing air emission abatement costs and environmental benefits to avoid social inefficiencies［J］. Energy,
2014,68:125-139.

［51］ Hoven V P,Rattanakarun K,Tanaka Y. Reduction of offensive odor from natural rubber by odor-reducing sub-
stance［J］. Journal of Applied Polymer Science,2014,92(4):2253-2260.

［52］ Abdullah A H,Rushdi A N A,Abdul Shukor S A,et al. Monitoring rubber factory malodour using artifical
neural network［J］. Jurnal Teknologi(Sciences & Engineering),2015,77(28):11-16.

［53］ Gagol M,Boczkaj G,Haponiuk J,et al. Investigation of volatile low molecular weight compounds formed dur-
ing continuous reclaiming of ground tire rubber［J］. Polymer Degradation and Stability,2015,119:113-120.

[54] Kwon E E,Oh J,Kim K. Polycyclic aromatic hydrocarbons (PAHs) and volatile organic compounds (VOCs) mitigation in the pyrolysis process of waste tires using CO_2 as a reaction medium [J]. Journal of Environmental Management,2015,160:306-311.

[55] Hayes J E, Stevenson R J, Stuetz R M. Survey of the effect of odour impact on communities [J]. Journal of Environmental Management,2017,204(1):349-354.

[56] Pajarito B B,Castaneda K C,Jeresano S D M,et al. Reduction of offensive odor from natural rubber using zinc-modified bentonite [J]. Advances in materials Science and Engineering,2018(1):1-8.

[57] Curtis A, Bowe S J, Coomber K,et al. Risk-based licensing of alcohol venues and emergency department injury presentations in two Australian states [J]. International Journal of Drug Policy, 2019, 70:99-106.

[58] Kamarulzaman N H,Le-minh N,Fisher Ruth M,et al. Quantification of VOCs and the development of odour wheels for rubber processing [J]. Sicence of the Total Environment,2019,657:154-16.

[59] 王志良,夏明芳,李建军,等. 精细化工行业废气污染物控制技术及示范 [M]. 北京:中国环境出版社,2014.

[60] 卢瑛莹,冯晓飞,陈佳. 排污许可制度实践与改革探索 [M]. 北京:中国环境出版社,2016.

[61] 李守信,苏建华,马德刚,等. 挥发性有机物污染控制工程 [M]. 北京:化学工业出版社,2017.

[62] 邹克华,张涛,刘咏,等. 恶臭防治技术与实践 [M]. 北京:化学工业出版社,2018.

[63] 生态环境部规划财务司. 中国排污许可制度改革:历史、现实和未来 [N]. 中国环境监察,2018(09):63-67.

[64] 梁忠. 加快制度整合衔接,推进排污许可制改革 [N]. 中国环境报,2019-11-08(003).